HUAXUE FENXI JISHU
YU YUANLI YANJIU

化学分析技术
与原理研究

杨玲娟 陈亚玲 马茹燕 编著

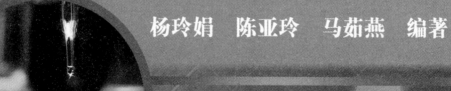

中国水利水电出版社
www.waterpub.com.cn

内 容 提 要

本书主要讲的是化学中常见的分析技术,如滴定分析技术、色谱分析技术、分子发光分析技术、原子光谱分析技术、电化学分析技术、核磁共振波谱分析技术、质谱与质谱联用技术、生化分析技术等。另外,本书还简单介绍了化学分析方面较前沿的技术,如放射分析技术、X 射线粉末衍射技术、活体分析技术、危险物品分析技术等。本书可供化学、药学、产品分析、环境监测等相关研究人员参考和学习。

图书在版编目(CIP)数据

化学分析技术与原理研究/杨玲娟,陈亚玲,马茹燕编著.--北京:中国水利水电出版社,2014.3(2022.10重印)
ISBN 978-7-5170-1773-8

Ⅰ.①化…　Ⅱ.①杨…②陈…③马…　Ⅲ.①化学分析　Ⅳ.①O65

中国版本图书馆 CIP 数据核字(2014)第 038517 号

策划编辑:杨庆川　责任编辑:杨元泓　封面设计:崔　蕾

书　　名	化学分析技术与原理研究
作　　者	杨玲娟　陈亚玲　马茹燕　编著
出版发行	中国水利水电出版社
	(北京市海淀区玉渊潭南路 1 号 D 座 100038)
	网址:www. waterpub. com. cn
	E-mail:mchannel@263. net(万水)
	sales@ mwr.gov.cn
	电话：(010)68545888(营销中心)、82562819（万水）
经　　售	北京科水图书销售有限公司
	电话:(010)63202643、68545874
	全国各地新华书店和相关出版物销售网点
排　　版	北京鑫海胜蓝数码科技有限公司
印　　刷	三河市人民印务有限公司
规　　格	184mm×260mm　16 开本　17.25 印张　420 千字
版　　次	2014 年 6 月第 1 版　2022年10月第2次印刷
印　　数	3001-4001册
定　　价	60.00 元

前　言

现代分析化学的研究范围和应用领域非常广泛,在推动科技的进步和社会的发展方面起着重要作用。化学分析技术是从事化学研究、开发、生产、检测和控制等人必备的专业技能。

分析科学是研究物质的组成、结构和性质等理论和方法的一门科学,并正发展为一门综合性科学,不断深入到物理、数学、计算机等领域。随着科学技术的发展,分析化学由过去的经典方法为主转向以仪器分析方法为主,仪器设备和分析方法的发展使分析技术的发展有了迅猛的突破。

仪器分析对科技的发展和社会的进步越来越重要。近年来,仪器分析逐渐向药学、医学和生物学等领域渗透,特别是在新药研究、中药等痕量分析、临床检验和复杂体系研究等方面都取得了广泛的应用,其重要性越来越大。另外,随着生命、环境和能源发展要求的不断增大,化学分析技术面临着极大挑战。

本书主要介绍化学分析技术的原理和应用,共分为10章。第1章的绪论简要阐述分析化学的形成、发展与分类;第2~9章为多种分析技术的介绍,如滴定分析技术、色谱分析技术、分子发光分析技术、原子光谱分析技术、电化学分析技术、热分析技术、质谱技术、质谱联用技术、生化分析技术;第10章讲的是新型化学分析技术。

本书在编撰过程中主要突出以下几个特点:

(1)突出重点理论,力求理论鲜明,详略得当,层次清晰;

(2)内容的安排以简明、易懂、实用为原则;

(3)强调各个分析技术的实用性,部分分析技术适当引入实例;

(4)在仪器分析技术中适当增加仪器设备的结构和功能内容;

(5)注重理论的前沿性,在传统分析技术的基础上引入新型分析技术,以增强理论的先进性。

本书在编撰的过程中参考了大量同类书籍,并咨询了众多同行的参考意见,再次对相关作者和支持者表示感谢。由于作者能力有限,书中难免存在疏漏和错误,望广大读者批评指正。

作者
2013 年 11 月

目　　录

第1章 绪 论

分析化学是化学学科的重要分支,它通过建立、改进和应用分析方法,对物质的化学组成、结构及现象进行定性鉴别和定量检测的科学。分析化学与物质的理化性质有关,从分析技术与方法的建立,到物质化学特征与相关信息的获取、解析和确定,均依赖于物质所特有的物理性质或化学性质。

分析化学主要是为了建立和改进分析方法,鉴别物质的化学组成与结构,测定其组成的含量,以及确定产生特定化学效应的物质基础等。

分析化学在国民经济的发展、国防力量的壮大、自然资源的开发及科学技术的进步等各个方面的作用是举足轻重的。例如,从土壤成分、化肥、农药到作物生长过程的研究;从武器装备的生产和研制到刑事犯罪案件的侦破;从资源勘探、矿山开发到"三废"的处理和综合利用,无一不需要分析化学的配合。

在医药卫生事业方面,临床检验、新药研制、药品质量控制、中药有效成分的分离和测定、药物代谢和药物动力学研究、药物制剂稳定性研究及生物利用度研究都离不开分析化学的知识。在中药学教育中,分析化学是一门重要的专业基础课,其理论知识在中药化学、中药药剂学、中药鉴定学、中药炮制学、药理学和中药制剂分析等各个学科领域都有广泛应用。

分析化学是一门获得物质的组成和结构信息的科学,这些信息对于生命科学、材料科学、环境科学和能源科学都是必不可少的,因此分析化学被称为科学技术的眼睛,是进行科学研究的基础。

分析化学起始于人们对物质组成奥秘的探索,在其过程中必然涉及一些技术和方法的使用,如通过简单的分离或提纯手段,逐步加深对组成物质中不同组分特性的了解与认识。反之,又依据物质组分特性,改进和发展所使用的技术和方法。所以,分析化学作为人们认识物质世界运动规律的有效手段与工具,在不断的实践、认识、再实践、再认识的过程中逐步形成和发展。其显著的特点表现在:

①在人们对物质世界的深入探索进程中,对新的分析技术与方法的需求不断加剧。

②其他学科以及化学相关学科的发展,尤其是与这些学科的交叉、渗透和结合,引起分析化学的革命性变革。

③科学技术研究和国民经济发展的各个领域所面对的复杂问题,促使分析技术与方法不断改进和创立。

1.1 分析化学的发展简史

现代科学技术的发展促进了分析化学迅速发展,同时,分析化学的发展也为现代科学提供了更多的关于物质组成和结构的信息。就近代分析化学而言,一般认为分析化学经历了三次巨大的变革。

（1）第一次变革(20世纪初)

随着物理化学的溶液平衡理论的建立,并且被引入到分析化学,从而使分析化学由一种检测技术发展成为一门具有系统理论的科学,确立了作为化学分支学科的地位。

（2）第二次变革(20世纪40年代后)

由于物理学和电子学、半导体以及原子能技术的发展,促进了分析化学中物理方法的发展,出现了以光谱分析、极谱分析为代表的仪器分析方法,改变了以化学分析为主的局面,使经典分析化学发展成为现代分析化学。

（3）第三次变革(20世纪70年代末至今)

由于生命科学、环境科学、新材料科学等发展的要求,生物学、信息科学、计算机技术的引入,分析化学的内容和任务不断地扩大和复杂;再者,由于学科之间的相互交叉与促进,特别是与生物学、信息学、计算机技术等学科的交叉与渗透,使得分析化学的新理论、新技术、新方法、新仪器不断产生和发展,已经成为人们获取物质全面信息,进一步认识自然、改造自然的重要科学工具,标志着分析化学已经发展到具有综合性和交叉性特征的分析科学阶段。

很多学科的理论和实际问题的解决越来越需要分析化学的参与。分析化学在许多涉及人类健康和生命安全的领域得到了充分的发挥,如食品安全、环境保护、突发事件的处理等;另一方面,分析化学建立在高灵敏度、高选择性、自动化和智能化的新方法基础上,内容随之丰富起来了。这必然要求分析化学的分析手段越来越灵敏、准确、快速、简便和自动化。

分析化学的发展趋势可概括为:

①在分析理论上与其他学科相互渗透。

②在分析方法上趋于与各类方法相互融合。

③在分析技术上趋于更灵敏、快速、实用、遥测、仪器化、自动化、信息化、智能化和仿生化。

1.2　分析技术分类

分析化学的技术有多种不同分类方式。

1. 按分析目的分类

按照需要解决实际问题的测量要求,分为定性分析、定量分析和结构分析。

定性分析的任务为鉴定试样的组成,即试样由哪些元素、离子、基团或者化合物组成。

定量分析的任务为测定试样中某一或某些有关组分的含量,例如,大气污染中 NO_x、SO_2 等的分析,继而给出了空气污染的信息。有时是测定所有组分,即全分析,此时所有分析量之和等于原始样品的质量。

结构分析的任务为研究物质内部的分子结构或晶体结构。

定量分析是最常用的分析方式。通常应先对试样进行定性分析,了解试样的组成,即对主要成分和各种微量成分进行定性,而后根据试样组成和分析要求选择适当的方法进行定量。在试样成分已知的情况下,则可直接进行定量分析。对于结构未知的化合物,则需要进行结构分析,从而确定化合物的分子结构。随着现代分析技术尤其是联用技术、计算机和信息学的发展,往往可以同时进行定性、定量和结构分析。

2.按分析试样的用量及操作规模分类

可分为常量分析、半微量分析、微量分析和超微量分析。无机定性分析一般为半微量分析;化学定量分析一般为常量分析;进行微量分析和超微量分析时,往往采用仪器分析法。分类情况如表1-1所示。

表 1-1 不同分析方法的试样用量

分析方法	试样质量(mg)	试液体积(mL)
常量分析法	>100	>10
半微量分析法	10~100	10~1
微量分析法	10~0.1	1~0.01
超微量分析法	<0.1	<0.01

3.按仪器属性分类

随着分析化学的发展,仪器分析已成为分析化学的主体内容,且不断丰富和发展。主要的仪器分析技术包括光学分析技术、电化学分析技术、色谱分析技术和其他分析技术等,如表1-2所示。

表 1-2 主要仪器分析的分类

类别		基本原理	具体方法
光学分析技术		基于被测物质与电磁辐射的相互作用产生辐射信号变化而建立的分析方法	分子光谱技术、原子光谱技术等
电化学分析技术		根据物质在溶液中的电化学性质及其变化规律而建立的分析方法	电位分析技术、库仑分析技术、极谱分析技术等
色谱分析技术		基于物质的物理化学性质及相互作用特性而建立的分离分析方法	气相色谱技术、高效液相色谱技术等
其他分析法	质谱分析技术	物质被电离形成带电离子,在质量分析器中按离子质荷比进行测定的分析方法	串联质谱技术、质谱成像技术等
	热分析技术	基于物质的质量、体积、热导或反应热等与温度之间关系,建立的分析方法	差热分析技术、热重分析技术、差示扫描量热技术

各种分析技术都有其各自的特长和局限性,且有其特定的应用范围。虽然仪器分析技术应用越来越重要,但化学分析法仍旧有着其重要的作用,始终为整个分析化学的基础。如仪器分析法通常要与样品处理、富集、分离和掩饰等化学手段相结合,并且依靠化学方法给出标准物质作相对分析。其实化学分析法和仪器分析法是相互补充、相辅相成的。

另外,还有一些专门的、特殊的分析技术。例如,在分析过程中不损坏试样,称之为无损分析;对试样的微小空间中的物质进行分析,称之为微区分析;对固体试样的表面组成和分布进行分析,称之为表面分析;一般化验室日常生产中的分析称之为例行分析等。

第 2 章　滴定分析技术

滴定分析是将一种已知准确浓度的试剂即标准溶液滴加到一定体积的被测物质的溶液中,直到所加的试剂与被测物质按化学计量关系定量反应为止,然后根据标准溶液的浓度和用量,求算被测物质含量的分析方法。因为这类分析方法是以测量容积为基础的方法,故又称容量分析。

用滴定管把标准溶液滴加到被测物溶液中的操作过程称为滴定。当滴入的标准溶液的物质的量与被测组分的物质的量正好符合化学反应方程式所表示的化学计量关系时,称反应到达了化学计量点。

滴定分析适用于常量组分的测定,准确度较高,一般情况下,测定的相对误差≤±0.1%,故常作为标准方法使用。该法所需仪器设备简单,易于操作,快速,用途广泛。因此滴定分析至今仍有重要的实用价值,是化学定量分析中很重要的一种方法。

2.1　酸碱滴定技术

酸碱滴定法以酸碱反应为基础,其特点是反应速度快、反应过程简单、完全程度高,滴定终点较易确定。因此,酸碱滴定法的应用比较广泛。酸碱滴定法的理论研究主要是研究滴定过程中溶液的 pH 值变化规律、化学计量点的确定、指示剂的选择以及终点误差的计算等。要解决上述问题,必须了解有关酸碱平衡理论。除此而外,溶液的酸碱度对其他类型的化学反应如氧化还原反应、配位反应、沉淀反应等有着重要影响。

2.1.1　概述

1. 酸碱的定义

酸碱质子理论认为:凡是能给出质子的物质都是酸,如 HCl、HAc、HCO_3^-、NH_4^+ 等都是酸。凡能接受质子的物质都是碱,如 Cl^-、Ac^-、$NaOH$、HCO_3^-、$Fe(H_2O)_5(OH)^{2+}$ 等都是碱。

从酸碱质子理论定义可看出:

①酸和碱可以是分子,也可以是阳离子或阴离子。

②酸和碱不是孤立的,酸给出质子后生成碱,碱接受质子后就变成酸。例如:

$$HA \Longleftrightarrow H^+ + A^-$$
$$酸 \qquad 碱$$

上述反应称为酸碱半反应。反应中或是 HA 失去一个质子生成其共轭碱 A^-;或是碱 A^- 得到一个质子转变为其共轭酸 HA。HA 和 A^- 称为共轭酸碱对,共轭酸碱对彼此只相差一个质子,而酸碱半反应就是共轭酸碱对之间质子传递过程。

由上述反应可以看出,酸给出质子的能力越强,则酸越强,其共轭碱就越弱;反之,碱得到质子的能力越强,碱越强,其共轭酸则越弱。

③有些物质既能体现酸也能体现碱的性质。即既能给出质子,又能接受质子。这样的物质称为两性物质。如:

$$HCO_3^- \Longrightarrow H^+ + CO_3^{2-}, HCO_3^- + H^+ \Longrightarrow H_2CO_3$$

HCO_3^- 就是两性物质,按质子理论,两性物质是非常多的。

④质子理论中没有盐的概念。酸碱解离理论中的盐,在质子论中都是离子酸或离子碱,如 NH_4Cl 中的 NH_4^+ 是酸,Cl^- 是碱。

2. 酸碱反应

酸碱反应是质子转移的反应,酸给出质子而碱同时接受质子,如:

$$H_3O^+ + NH_3 = NH_4^+ + H_2O$$
$$H_3O^+ + OH^- = 2H_2O$$
$$H_3O^+ + H_3PO_4 + 3OH^- = 4H_2O + HPO_4^{2-}$$

上述反应中,H_3O^+ 和 H_3PO_4 给出质子,同时 NH_3 和 OH^- 接受质子,所以上述反应都是酸碱反应。

酸碱在水中的解离过程就是酸碱与水分子之间的质子传递过程。

$$HCl + H_2O = H_3O^+ + Cl^-$$
$$H_3BO_4 + H_2O \Longrightarrow B(OH)_4^- + H^+$$
$$HAc + H_2O \Longrightarrow H_3O^+ + Ac^-$$

在酸的解离过程中,H_2O 接受质子称为碱;而在 NH_3 的解离过程中,H_2O 给出质子称为酸,所以水是两性物质。

水的自偶解离也体现了酸碱的共轭关系:

$$H_2O + H_2O \Longrightarrow H_3O^+ + OH^-$$

酸碱的中和反应也是酸碱之间质子的传递过程:

$$HAC + NH_3 \Longrightarrow NH_4^+ + AC$$

酸碱质子理论中没有盐的概念,也没有盐的水解反应之说。解离理论中的水解反应相当于质子理论中水与离子酸、离子碱的质子传递反应。

$$H_2O + AC^- \Longrightarrow HAC + OH^-$$
$$NH_4^+ + H_2O \Longrightarrow H_3O^+ + NH_3$$

酸碱的质子理论扩大了酸碱的含义和酸碱反应的范围,摆脱了酸碱必须在水中发生反应的局限性,并把水溶液中的各种离子反应系统地归纳为质子传递的酸碱反应。

3. 水的离解平衡

水为两性物质,既能给出质子又能接受质子。反应式为:

$$H_2O + H_2O \Longrightarrow OH^- + H_3O^+$$

这种质子在水分子之间发生的传递过程,称为溶剂水的质子自递反应。反应的平衡常数称为水的质子自递常数 K_w,也称水的离子积。

$$K_w = [H_3O^+] \cdot [OH^-]$$

为了方便,以 H^+ 代表 H_3O^+,则有:

$$K_w = [H^+] \cdot [OH^-]$$

每种水溶液中都存在水的离解平衡,水的离子积适用于任何水溶液。在酸碱溶液中 H^+ 和 OH^- 的浓度一般很小,为了表示方便,通常用 pH 或 pOH 表示:

$$pH = -lg[H^+], pOH = -lg[OH^-]$$

在 198.15 K 时,水溶液中 $[H^+] \cdot [OH^-] = 10^{-14}$,即 $pH + pOH = 14$。

4.酸碱指示剂

(1)指示剂作用原理

酸碱指示剂一般为弱的有机酸或有机碱,它们在溶液中或多或少地离解成离子。其分子和离子具有不同的结构,且具有不同的颜色。例如:酚酞是一种弱酸,它在溶液中存在如下离解平衡:

$$HIn \rightleftharpoons H^+ + In^-$$

无色(酸式)　　　红色(碱式)

(碱式)　　　　　　　　　　　(酸式)

指示剂的颜色和酸度有关。

离解常数

$$K_{HIn} = \frac{[H^+][In^-]}{[HIn]}$$

$$[H^+] = K_{HIn} \cdot \frac{[HIn]}{[In^-]}$$

$$pH = pK_{HIn} - lg\frac{[HIn]}{[In^-]}$$

当 $[HIn] = [In^-]$ 时,$pH = pK_{HIn}$。

由此可见,溶液的 pH 值即酸度是由 $\left\{\frac{[HIn]}{[In^-]}\right\}$ 决定的,也即指示剂颜色的变化是由 $\left\{\frac{[HIn]}{[In^-]}\right\}$ 决定的。

当 $\left\{\frac{[HIn]}{[In^-]}\right\} \leqslant \frac{1}{10}$,即 $pH \geqslant pK_{HIn} + 1$ 时,溶液以 $[In^-]$ 为主要存在形式,肉眼所见为碱式色;

当 $\left\{\frac{[HIn]}{[In^-]}\right\} \geqslant 10$,即 $pH \leqslant pK_{HIn} - 1$ 时,溶液以 $[HIn]$ 为主要存在形式,肉眼所见为酸

式色；

$\dfrac{1}{10} \leqslant \left\{ \dfrac{[\text{HIn}]}{[\text{In}^-]} \right\} \leqslant 10$ 时，溶液呈现为酸式和碱式的混合色。

当 $[\text{HIn}]/[\text{In}^-]=1$ 时，溶液的 $\text{pH}=\text{p}K_{\text{HIn}}$，称为指示剂的理论变色点，又称指示剂滴定指数 pT。

指示剂的变色范围为人们的视觉能明显看出指示剂由一种颜色转变为另一种颜色的 pH 范围。即：

$$\text{pH}=\text{p}K_{\text{HIn}}\pm 1$$

称为指示剂的理论变色范围。

（2）影响指示剂变色范围的因素

①指示剂的用量。

由于指示剂本身为弱酸或弱碱，用量过多会消耗滴定剂，另外，指示剂浓度大时将导致终点颜色变化不敏锐。但指示剂也不能太少，否则颜色太浅，不易观察到颜色的变化，通常每 10 ml 溶液加 1～2 滴指示剂。

②溶剂的种类。

指示剂在不同的溶剂中，$\text{p}K_{\text{HIn}}$ 值不同。例如甲基橙在水溶液中 $\text{p}K_{\text{HIn}}=3.4$，而在甲醇中 $\text{p}K_{\text{HIn}}=3.8$。

③温度。

指示剂的变色范围和 K_{HIn} 有关，而 K_{HIn} 随着温度的变化而变化。如 18℃ 酚酞的变色范围为 8.0～10.0，而在 100℃ 时则为 8.0～9.2。因此，滴定时应注意控制合适的滴定温度。

④滴定的方向。

由于肉眼对不同颜色的敏感程度不同，滴定时应注意根据滴定的步骤选择适当的指示剂。例如，用 NaOH 滴定 HCl 时，选用酚酞作指示剂，终点由无色变到红色，变化明显，易于辨认；若用甲基橙作指示剂，终点由红色变成黄色，变色不太明显，滴定剂易滴过量。当用 HCl 滴定 NaOH 时，则宜选用甲基橙作指示剂。

（3）混合指示剂

混合指示剂的颜色变化明显，变色范围较窄。混合指示剂可分为两类。

①惰性染料。

例如，由甲基橙和靛蓝组成的混合指示剂，靛蓝颜色不随 pH 改变而变化，只作甲基橙的蓝色背景，其单独存在和混合后的颜色随 pH 变化的如下：

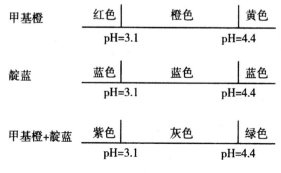

此类指示剂能使颜色变化敏锐,易于观察,但变色范围不变。

②两种及以上的混合物。

如溴甲酚绿和甲基红组成的混合指示剂,其单独存在和混合后的颜色随pH变化如下。

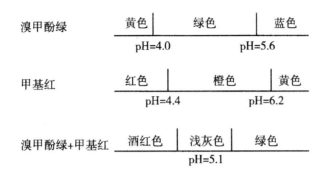

5.酸碱缓冲溶液

许多药物的制备、分析测定条件等都与控制溶液的酸碱度有重要关系,许多化学反应,特别是生物体内发生的化学反应,必须在适宜而稳定的pH范围内才能进行,缓冲溶液常用于控制溶液的pH。

缓冲溶液要具有缓冲酸碱的能力,需要存在抗酸和抗碱的缓冲对,组成缓冲溶液的缓冲对常见的有以下三种类型:

①弱酸及其对应的盐,例如 $HAc-NaAc$、$H_2CO_3-NaHCO_3$、$H_3PO_4-NaH_2PO_4$ 等。

②弱碱及其对应的盐,例如 $NH_3 \cdot H_2O-NH_4Cl$ 等。

③多元酸的酸式盐及其对应的次级盐,例如 $NaHCO_3-Na_2CO_3$ 等。

缓冲溶液总是由一对共轭酸碱组成。现以 $HAc-NaAc$ 缓冲系为例来讨论缓冲溶液的抗酸性和抗碱性。在 $HAc-NaAc$ 溶液中存在着如下解离平衡:

$$HAc+H_2O = H_3O^+ + Ac^-$$

$$NaAc = Na^+ + Ac^-$$

由于同离子效应,HAc解离度减小,则 HAc 与 Ac^- 都具有足够大的浓度。当外加少量强酸时,H^+ 浓度增加,大量存在的共轭碱 Ac^- 立即接受质子生成难解离的 HAc,使平衡左移。当达到新的平衡时,H^+ 离子浓度不会显著增加,溶液的 pH 不会明显下降。Ac^- 在此起抵抗酸的作用,称之为抗酸成分。若加入少量强碱时,溶液中[OH^-]增加,OH^- 立即接受 H^+ 生成难解离的 H_2O,促使大量存在的 HAc 立即将质子转移给 H_2O,平衡右移,以补充碱所消耗的那部分 H^+,当建立新平衡时,溶液中的 pH 也几乎不变。HAc 在此起抵抗碱的作用,称之为抗碱成分。

缓冲溶液是由共轭酸碱对组成的,其中共轭酸是抗碱成分,共轭碱是抗酸成分。缓冲溶液因有足够浓度的抗碱成分和抗酸成分,当外加少量强酸、强碱时,可以通过解离平衡的移动来保持溶液的 pH 基本不变。需要注意的是,不同的缓冲溶液只有在有效的 pH 的范围内才能起到缓冲作用。

在实际工作中,需要配制一定 pH 的缓冲溶液,一般按下列原则和步骤进行:

①所选缓冲对不能对所要进行的反应产生干扰。

②选择一个缓冲对,使其中弱酸的 pK_a 尽可能与所配缓冲溶液的 pH 相等或接近,以保证缓冲溶液有较大的缓冲容量。

③为使缓冲溶液具有较大的缓冲能力,通常缓冲溶液的总浓度宜选在 $0.05 \sim 0.2 \; mol \cdot L^{-1}$ 之间。

④按所要求的 pH,利用缓冲公式计算所需共轭酸碱的量。配制药用缓冲溶液时,还需要考虑其稳定性及其对人体的毒副作用。如硼酸-硼酸盐缓冲液对人体有一定毒性,就不能作注射液或口服液的缓冲溶液。

2.1.2　酸碱滴定原理

不同类型的酸碱反应的化学计量点的 pH 不同,不同指示剂变色的 pH 也不同。为了减小滴定误差,必须了解滴定过程中溶液 pH 的变化,尤为重要的是化学计量点前后相对误差为 $\pm 0.1\%$ 以内溶液 pH 的变化情况,以便选择一个刚好能在化学计量点附近变色的指示剂,正确地确定滴定终点。

在酸碱滴定过程中,以所加入滴定液的体积为横坐标,以相应溶液的 pH 为纵坐标,每一个滴加的滴定液体积对应一个 pH,将这些点连成曲线,称为酸碱滴定曲线。酸碱滴定曲线能很好的描述滴定过程中溶液 pH 的变化情况,且能直观显示不同类型的反应的特点。在酸碱滴定过程中,pH 的变化的特点、滴定曲线的形状和指示剂的选择都有所不同。

1. 强酸(强碱)的滴定

滴定反应为:

$$H^+ + OH^- = H_2O$$

现以 $0.1000 \; mol \cdot L^{-1} \; NaOH$ 溶液滴定 $20.00 \; ml(V_0)$ 等浓度的 HCl 溶液为例进行讨论,设滴定中加入 NaOH 的体积为 $V(ml)$,整个滴定过程可以分为四个阶段。

滴定前($V = 0$),溶液的酸度等于 HCl 的原始浓度。

$$[H^+] = c_{HCl} = 0.1000 \; mol \cdot L^{-1}, pH = 1.00$$

滴定开始至化学计量点前($V < V_0$)这段时间内,随着滴定剂的加入,溶液中 $[H^+]$ 取决于剩余 HCl 的浓度,即:

$$[H^+] = \frac{V_0 - V}{V_0 + V} \times c_{HCl}$$

当滴入 $19.98 \; ml \; NaOH$ 溶液时($Er = -0.1\%$)

$$[H^+] = \frac{(20.00 - 19.98)}{(20.00 + 19.98)} \times 0.1000 = 5.00 \times 10^{-5} (mol \cdot L^{-1})$$

$$pH = 4.30$$

当达到化学计量点时($V = V_0$),滴入 $20.00 \; ml \; NaOH$ 溶液时,HCl 与 NaOH 恰好完全反应,溶液呈中性,H^+ 来自水的离解。

$$[H^+] = [OH^-] = 1.0 \times 10^{-7} (mol \cdot L^{-1})$$

$$pH = 7.00$$

在计量点后($V > V_0$),溶液的 pH 由过量的 NaOH 的浓度决定,即:

$$[OH^-] = \frac{V_0 - V}{V + V_0} \times c_{NaOH}$$

当滴入 20.02 ml 溶液时(Er = +0.1%)

$$[OH^-] = \frac{(20.02 - 20.00)}{(20.00 + 20.02)} \times 0.1000 = 5.00 \times 10^{-5} (mol \cdot L^{-1})$$

$$pOH = 4.30$$

$$pH = 9.70$$

如此逐一计算滴定过程中各阶段溶液 pH 变化的情况,将主要计算结果列入表 2-1 中。

表 2-1　0.1000 mol · L⁻¹ NaOH 溶液滴定 0.1000 mol · L⁻¹ HCl 溶液 20.00 mlpH 变化

加入的 NaOH(ml)	HCl 被滴定百分数	剩余 HCl(ml)	过量 NaOH(ml)	$[H^+]/(mol \cdot L^{-1})$	pH
0.00	0.00	20.00		1.0×10^{-1}	1.00
18.00	90.00	2.00		5.26×10^{-3}	2.28
19.80	99.00	0.20		5.02×10^{-4}	3.30
19.98	99.90	0.02		5.00×10^{-5}	4.30
20.00	100.0	0.00		1.00×10^{-7}	7.00
20.02	100.1		0.02	2.00×10^{-10}	9.70
20.20	101.0		0.20	2.01×10^{-11}	10.70
22.00	110.0		2.00	2.10×10^{-12}	11.68
40.00	200.0		20.00	2.00×10^{-13}	12.70

以 NaOH 加入量为横坐标,以溶液的 pH 为纵坐标,绘制滴定曲线如图 2-1 所示。

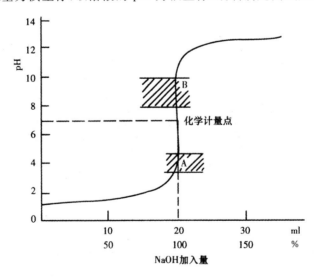

图 2-1　0.1000 mol · L⁻¹ NaOH 溶液滴定 0.1000 mol · L⁻¹ HCl
溶液 20.00 ml 的滴定曲线

由此可知,从滴定开始到加入 NaOH 液 19.98 ml 时,HCl 被滴定了 99.9%,溶液的 pH 仅改变了 3.30 个 pH 单位,但从 19.98～20.02 ml,即在化学计量点前后±0.1%范围内,溶液的 pH 由 4.30 急剧增到 9.70,增大了 5.40 个 pH 单位,即[H$^+$]降低了 25 万倍,溶液由酸性突变到碱性。这种 pH 的突变称为滴定突跃,突跃所在的 pH 范围称为滴定突跃范围。

凡在突跃范围以内能发生颜色变化的指示剂都可以在该滴定中使用,例如酚酞、甲基红等。虽然使用这些指示剂确定的终点并非计量点,但是可以保证由此差别引起的相对误差不超过±0.1%。

在其他条件不变的情况下,如果用 HCl 溶液滴定 NaOH 溶液,其滴定曲线与上述曲线互相对称,但溶液 pH 变化的方向相反。滴定突跃由 pH＝9.70 降至 pH＝4.30,可选择酚酞和甲基红为指示剂;若采用甲基橙,从黄色滴定至溶液显橙色(pH＝4.0),将产生±0.2%的相对误差。

强碱与强酸的滴定具有较大的滴定突跃,正是这类反应具有很高完全程度的体现。但滴定突跃的大小还与滴定剂和被滴定物的浓度有关,如图 2-2 所示,浓度越大,滴定突跃亦越大。例如,用 1.00 mol·L^{-1}的 NaOH 溶液滴定 20.00 ml 的 1.00 mol·L^{-1}的 HCl 溶液,突跃范围为 pH＝3.3～10.7。说明强酸、强碱溶液的浓度各增大 10 倍,滴定突跃范围则向上下两端各延伸一个 pH 单位。滴定突跃越大,可供选用的指示剂亦越多,此时甲基橙、甲基红和酚酞均可采用。若 NaOH 和 HCl 的浓度均为 0.01 mol·L^{-1},则突跃范围为 pH＝5.3～8.7,此时欲使终点误差不超过 0.1%,采用甲基红为指示剂最适宜,酚酞略差一些,甲基橙则不可使用。

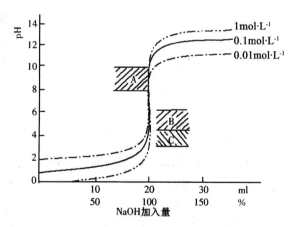

图 2-2　不同浓度 NaOH 溶液滴定不同浓度 HCl 溶液的滴定曲线

A. 酚酞;B. 甲基红;C. 甲基橙

2. 一元弱酸(碱)的滴定

以 0.1000 mol·L^{-1}NaOH 溶液滴定 20.00 ml(V_0)等浓度的 HAc 溶液为例进行讨论。滴定前,溶液的[H$^+$]根据 HAc 在水中的离解平衡计算。求得

$$[H^+] = \sqrt{K_a \cdot c} = \sqrt{1.8 \times 10^{-5} \times 0.1000} = 1.3 \times 10^{-3} \text{ mol·L}^{-1}$$

$$pH = 2.89$$

从滴定开始到计量点前,溶液的 pH 值可以根据按缓冲溶液计算公式求得。

例如:当加入 19.98 ml NaOH 溶液,即 99.9% 的 HAc 被滴定时:

$$[HAc] = \frac{0.1000 \times (20.00 - 19.98)}{20.00 + 19.98} = 5.0 \times 10^{-5} \text{ mol} \cdot L^{-1}$$

$$[Ac^-] = \frac{0.1000 \times 19.98}{20.00 + 19.98} = 5.0 \times 10^{-2} \text{ mol} \cdot L^{-1}$$

$$pH = pK_a + \lg \frac{[Ac^-]}{[HAc]} = -\lg 1.8 \times 10^{-5} + \lg \frac{5.0 \times 10^{-2}}{5.0 \times 10^{-5}} = 7.74$$

在计量点处,HAc 与全部 NaOH 反应生成 NaAc,此时溶液的 pH 值由 Ac⁻ 的离解计算

$$K_b(AC^-) = \frac{K_S(H_2O)}{K_a(HAc)} = 5.6 \times 10^{-10}$$

$$[OH^-] = \sqrt{K_a \cdot c} = \sqrt{5.6 \times 10^{-10} \times \frac{0.1000}{2}} = 5.3 10^{-3} \text{ mol} \cdot L^{-1}$$

$$pOH = 5.27$$
$$pH = 8.73$$

在计量点后,溶液中过量的 NaOH 抑制了 Ac⁻ 的离解,溶液的 pH 值由过量 NaOH 的量计算,计算方法与强碱滴定强酸相同。

例如,当滴入 20.02 mlNaOH 溶液,即过量 0.1% NaOH(+0.1% 相对误差)时

$$[OH^-] = \frac{0.1000 \times (20.02 - 20.00)}{20.02 + 20.00} = 5.0 \times 10^{-5} \text{ mol} \cdot L^{-1}$$

$$pOH = 4.30$$
$$pH = 9.70$$

根据以上计算结果可绘制 pH 滴定曲线如图 2-3 所示。

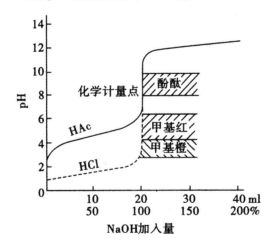

图 2-3 0.1000 mol·L⁻¹NaOH 溶液滴定 0.1000 mol·L⁻¹HAc 溶液的滴定曲线

3. 多元酸(碱)的滴定

在多元酸(碱)的滴定中情况复杂,因为多元酸发生分步离解。需要确定多元酸(碱)能否

分步滴定、滴定到哪一级、各步选择何种指示剂等问题。

多元酸的滴定和指示剂的选择原则为：

①用 $c_a K_{a_1} \geqslant 10^8$ 判断第一级离解的 H^+ 能否被准确滴定。

②根据相邻两级离解常数的比值 $\dfrac{K_{a_1}}{K_{a_2}}$ 来判断相邻两级离解的 H^+ 能否分步滴定。

若 $\dfrac{K_{a_1}}{K_{a_2}} \geqslant 10^4$，而 $C_{SP_1} K_{a_1} \geqslant 10^{-8}$，则第一级离解的 H^+ 先被滴定，形成第一个突跃。第二级离解的 H^+ 后被滴定，是否有第二个突跃，则取决于 $C_{SP_2} K_{a_2}$ 是否能大于等于 10^{-8}。

2.1.3　酸碱标准溶液的配制

1. 盐酸标准溶液的配制

配制 HCl 滴定液时，只能先配制成近似浓度的溶液，然后用基准物质标定它们的准确浓度，或者用另一已知准确浓度的滴定液滴定该溶液，再根据它们的体积比计算该溶液的准确浓度。常用的基准物质有硼砂和无水碳酸钠等。

(1)使用无水碳酸钠(Na_2CO_3)标定

将分析纯的碳酸氢钠用重结晶方法提纯，在 100℃ 烘干后再在 270±10℃ 加热至恒重，即可获得碳酸钠基准物。Na_2CO_3 吸湿性较强，还会吸收空气中 CO_2，所以应该密闭保存，使用前最好在(270±10)℃加热一小时以除去可能存在的 H_2O 和 CO_2。Na_2CO_3 的摩尔质量较小(106.00)，30 ml 0.1 mol·L^{-1} 的 HCl 只消耗 0.16 gNa_2CO_3，所以标定时称量误差较大，这是它的主要缺点。滴定反应是：

$$CO_3^{2-} + 2H^+ = H_2O + CO_2$$

化学计量点时 pH=3.9，通常选用甲基橙为指示剂。根据 Na_2CO_3 的质量 $m_{Na_2CO_3}$ 和 HCl 溶液所消耗体积 V_{HCl} 计算其浓度。

$$c(HCl) = \frac{2000 \times m(Na_2CO_3)}{106.00 \times V(HCl)}$$

(2)使用硼砂($Na_2B_4O_7 \cdot 10H_2O$)标定

硼砂在水中重结晶两次后，其纯度就可以满足基准物质的要求，再放在相对湿度为 60% 的恒湿器中(放有饱和的蔗糖和氯化钠溶液)恒重后，便成为硼砂基准物。硼砂优点之一，是在相对湿度为 39%～99%(20℃)时都是稳定的，不吸湿也不风化。但是当相对湿度低于 39% 时，部分风化成五水化合物，故需保存在上述恒湿器中。硼砂作为基准物质的另一优点在于它的摩尔质量大(381.37)，每 10 ml 0.1 mol·L^{-1} 的 HCl 溶液能与 0.19 g 硼砂作用，因而标定时称出量大，称量误差小。

硼砂溶液可以看作是浓度相等的 H_3BO_3 和 $H_2BO_3^-$ 的混合溶液。

$$B_4O_7^{2-} + 5H_2O = 2H_3BO_3 + 2H_2BO_3$$

H_3BO_3 的 $K_a = 5.8 \times 10^{-10}$，它的共轭碱 $H_2BO_3^-$ 的离解常数为

$$K_b = \frac{1.0 \times 10^{-14}}{5.8 \times 10^{-10}} = 1.7 \times 10^{-5}$$

用 HCl 滴定硼砂时,反应完全,突跃明显。滴定反应是
$$B_4O_7^{2-}+2H^++5H_2O=4H_3BO_3$$
设化学计量点时,滴定产物 H_3BO_3 的浓度为 $0.10\ mol\cdot L^{-1}$,则
$$[H^+]=\sqrt{K_a\cdot c(H_3BO_3)}=\sqrt{5.8\times10^{-10}\times0.10}=7.6\times10^{-6}\ mol\cdot L^{-1}$$
$$pH=5.12$$

选用甲基红为指示剂。由硼砂的质量 $m_{Na_2B_4O_7\cdot10H_2O}$ 和 HCl 溶液所消耗的体积 V_{HCl} 计算其浓度:
$$c(HCl)=\frac{2000\times m(Na_2B_4O_7\cdot10H_2O)}{381.37\times V(HCl)}$$

2.氢氧化钠标准溶液的配制

氢氧化钠很容易吸收空气中的水分和二氧化碳,所以应该先配成接近于所需浓度的溶液,然后用基准物质标定。标定氢氧化钠常用的基准物质有邻苯二甲酸氢钾和草酸等。市售的氢氧化钠含有少量的碳酸钠,因此一般的氢氧化钠溶液中都含有碳酸钠。
$$2NaOH+CO_2\Longrightarrow Na_2CO_3+H_2O$$
另外需要注意的是,碳酸钠的存在对指示剂的使用影响较大,应设法除去。

除去 Na_2CO_3 最通常的方法是将 NaOH 先配成饱和溶液,由于 Na_2CO_3 在饱和 NaOH 溶液中几乎不溶解,会慢慢沉淀出来,因此可用饱和氢氧化钠溶液配制不含 Na_2CO_3 的 NaOH 溶液。待 Na_2CO_3 沉淀后,可吸取一定量的上清液,稀释至所需浓度即可。此外,用来配制 NaOH 溶液的蒸馏水,也应加热煮沸放冷,除去其中的 CO_2。

(1)粗配

饱和 NaOH 溶液物质的量浓度为:
$$c=\frac{1.56\times10^3\times0.52}{40}\approx20\ mol\cdot L^{-1}$$

配制 $0.1\ mol\cdot L^{-1}$ 溶液 500 ml 应取饱和 NaOH 溶液 2.5 ml。

(2)标定

标定碱溶液的基准物质很多,常用的有草酸、苯甲酸和邻苯二甲酸氢钾等。最常用的是邻苯二甲酸氢钾,滴定反应如下:

最终产物邻苯二甲酸根属二元弱碱,近似浓度 $0.1\ mol\cdot L^{-1}$,计量点时:
$$[OH^-]=\sqrt{K_{b_1}\cdot c}=1.5\times10^{-4}\ mol\cdot L^{-1}$$
$$pOH=4.74$$
$$pH=9.26$$

应选用酚酞作指示剂。若条件许可,盐酸滴定液比较法更方便。

2.1.4　酸碱滴定方式

1.直接滴定方式

凡能溶于水,或其中的酸或碱的组分可用水溶解,而它们的 $c_aK_a \geqslant 10^{-8}$ 的酸性物质和 $c_bK_b \geqslant 10^{-8}$ 的碱性物质均可用酸、碱标准溶液直接滴定。

（1）测定药用 NaOH

NaOH 在生产和贮存中因吸收空气中的 CO_2 而成为 NaOH 和 Na_2CO_3 的混合碱,分别测定各自的含量有两种方法。

①氯化钡法。

准确称取一定量样品,溶解后吸取两份。一份以甲基橙作指示剂,用 HCl 标准溶液滴定至橙色,消耗 HCl 溶液的体积为 V_1,此时测得的是总碱。另一份加入过量的 $BaCl_2$ 溶液,使全部碳酸盐转换为 $BaCO_3$ 沉淀,以酚酞作指示剂,用 HCl 标准溶液滴定至红色消失,消耗 HCl 溶液的体积为 V_2,此时测得的是混合碱中的 NaOH,$V_1 > V_2$。滴定 NaOH 溶液的体积为 V_2,滴定 Na_2CO_3 用去体积为 $V_1 - V_2$。

②双指示剂滴定法。

准确称取一定量样品,溶解后,以酚酞作指示剂,用硫酸标准溶液滴定至终点,消耗 H_2SO_4 溶液的体积为 V_1,此时溶液组成有 Na_2SO_4 和 $NaHCO_3$。再加入甲基橙,并继续滴定至第二终点,消耗 H_2SO_4 溶液的体积为 V_2,此时溶液组成为 CO_2 和 H_2O。滴定 NaOH 溶液的体积为 $V_1 - V_2$,与 Na_2CO_3 反应用去体积为 $2V_2$。NaOH 和 Na_2CO_3 的百分含量可分别按下列两式计算

$$\omega_{NaOH}(\%) = \frac{2c_{H_2SO_4}(V_1 - V_2)\dfrac{M_{H_2SO_4}}{1000} \times 100\%}{m}$$

$$\omega_{Na_2CO_3}(\%) = \frac{2V_2 c_{H_2SO_4}\dfrac{M_{Na_2CO_3}}{1000} \times 100\%}{m}$$

此法操作简便,但因第一计量点时酚酞的红色消失,相对误差在 1% 左右,若要求提高测定的准确度,可用氯化钡法。

双指示剂法不仅用于混合碱的定量分析,还用于未知碱样的定性分析。若 V_1 为滴定至酚酞变色时消耗标准酸的体积,V_2 为继续滴定至甲基橙变色时消耗标准酸的体积。当 $V_1 \neq 0$,$V_2 = 0$ 时,OH^-;当 $V_1 = 0$,$V_2 \neq 0$ 时,HCO_3^-;当 $V_1 = V_2 \neq 0$ 时,CO_3^{2-};当 $V_1 > V_2 > 0$ 时,OH^- 和 CO_3^{2-};当 $V_2 > V_1 > 0$ 时,HCO_3^- 和 CO_3^{2-}。

（2）测定阿司匹林

阿司匹林为乙酰水杨酸,是常用的解热镇痛药,属芳酸酯类结构,在水溶液中可离解出 H^+,故可用标准碱溶液直接滴定,以酚酞为指示剂,其反应为:

为了防止分子中的酯键水解而使测定结果偏高,滴定应在中性乙醇溶液中进行。

2.间接滴定方式

有些物质虽具有酸碱性,但难溶于水;有些物质酸碱性很弱,不能用强酸、强碱直接滴定,于是需用间接滴定法测定。

NH_4^+ 是弱酸,如(NH_4)$_2SO_4$、NH_4Cl 等,不能直接用碱滴定。通常采用的方法有以下几种。

(1)甲醛法

甲醛与 NH_4^+ 生成六亚甲基四胺离子,同时放出定量的酸,其反应如下:

$$4NH_4^+ + 6NCHO \Longrightarrow (CH_2)_6N_4H^+ + 3H^+ + 6H_2O$$

选酚酞为指示剂,用 NaOH 标准溶液滴定。若甲醛中含有游离酸,使用前应以甲基红作指示剂,用碱预先中和除去。甲醛法也可用于氨基酸的测定。将甲醛加入氨基酸溶液中时,氨基与甲醛结合失去碱性,然后用标准碱溶液来滴定它的羧基。

(2)蒸馏法

在含 NH_4^+ 溶液中加入过量 NaOH,加热煮沸将 NH_3 蒸出后,用过量的 H_2SO_4 或 HCl 标准溶液吸收,过量的酸用 NaOH 标准溶液滴定;也可用 H_3BO_3 溶液吸收,生成的 $H_2BO_3^-$ 是较强碱,可用酸标准溶液滴定。

$$NH_4^+ + OH^- \Longrightarrow NH_3 \uparrow + H_2O$$
$$NH_3 + H_3BO_3 \Longrightarrow NH_4^+ + H_2BO_3^-$$
$$H_2BO_3^- + H^+ \Longrightarrow H_3BO_3$$

终点产物是 H_3BO_3 和 NH_3(混合弱酸),pH=5,可用甲基红作指示剂。

此法的优点是只需一种酸标准溶液。吸收剂 H_3BO_3 的浓度和体积无须准确,但要确保过量。蒸馏法准确,但比较繁琐费时。

(3)凯氏定氮方式

在催化剂存在下,将蛋白质、生物碱及其他有机样品在 $CuSO_4$ 催化下,用浓 H_2SO_4 煮沸分解,并将氮转化变成 NH_3,然后按上述蒸馏法进行测定。

2.2 氧化还原滴定技术

2.2.1 概述

氧化还原滴定技术是以氧化还原反应为基础的滴定分析技术。按所用氧化剂和还原剂的不同,可将其分为高锰酸钾法、重铬酸钾法、碘量法等。

氧化还原反应是基于电子转移的反应,反应机理复杂,反应速率一般较慢;而其他类型的反应均是基于离子间相互结合的反应,反应简单、快速。因此,在滴定过程中必须考虑氧化还原反应的速率,注意滴定速率与氧化还原反应速率相适应。

氧化还原反应比较复杂,常伴有各种副反应。反应介质不同,同种物质生成的产物也不同。例如 $KMnO_4$ 在强酸性、强碱性与中性溶液中的还原产物分别为 Mn^{2+}、MnO_4^{2-} 与

MnO_2。因此,在滴定过程中必须严格选择、控制适宜的滴定条件才能达到预期的效果。

与酸碱滴定法和配位滴定法相比较,氧化还原滴定法应用广泛。此法可用于滴定具有氧化性或还原性的物质;可以滴定能与氧化剂或还原剂定量反应的物质;可用于无机或有机分析;等等。许多具有氧化性或还原性的有机化合物都可以用氧化还原滴定法进行测定。

2.2.2 氧化还原平衡

氧化剂和还原剂的强弱,可用有关电对的电极电位来衡量。电对的电极电位越高,其氧化型的氧化能力越强;电对的电极电位越低,其还原型的还原能力越强。

1. 电极电位

(1)电极电位的表示

对于一个可逆氧化还原电对的半电池反应,可表示为:

$$Ox + ne^- \rightleftharpoons Red$$

它的电极电位大小可用能斯特(Nernst)方程式计算:

$$\varphi_{Ox/Red} = \varphi^{\ominus}_{Ox/Red} + \frac{RT}{nF}\ln\frac{a_{Ox}}{a_{Red}} = \varphi^{\ominus}_{Ox/Red} + \frac{2.303RT}{nF}\lg\frac{\alpha_{Ox}}{\alpha_{Red}}$$

式中,$\varphi_{Ox/Red}$ 为 Ox/Red 电对的电极电位,简写成 φ;$\varphi^{\ominus}_{Ox/Red}$ 为 Ox/Red 电对的标准电极电位,简写成 $\varphi^{\ominus}$;R 为气体常数,其值为 $8.314\ \mathrm{J \cdot K^{-1} \cdot mol^{-1}}$;$T$ 为热力学温度;F 为法拉第常数,$96484\ \mathrm{C \cdot mol^{-1}}$;$n$ 为半电池反应中电子的转移数。

在 25℃时,将各常数代入,则

$$\varphi = \varphi^{\ominus} + \frac{0.0592}{n}\lg\frac{a_{Ox}}{a_{Red}}$$

分析工作中通常知道的是反应物的浓度而不是活度,活度等于平衡浓度与活度系数的乘积,即:

$$\alpha_{Ox} = \gamma_{Ox}[Ox], \alpha_{Red} = \gamma_{Red}[Red]$$

用浓度代替活度将会引起较大的误差,而其他的副反应如酸度的影响、沉淀或配合物的形成,都会引起氧化型及还原型浓度的改变,进而使电对的电极电位改变。若要以浓度代替活度,还需引入副反应系数。

$$\alpha_{Ox} = \frac{C_{Ox}}{[Ox]}, \alpha_{Red} = \frac{C_{Red}}{[Red]}$$

C_{Ox}、C_{Red} 分别表示溶液中 Ox、Red 的分析浓度,得

$$\varphi = \varphi^{\ominus} + \frac{0.0592}{n}\lg\frac{\gamma_{Ox}C_{Ox}\alpha_{Red}}{\gamma_{Red}C_{Red}\alpha_{Ox}}$$

$$= \varphi^{\ominus} + \frac{0.0592}{n}\lg\frac{\gamma_{Ox}\alpha_{Red}}{\gamma_{Red}\alpha_{Ox}} + \frac{0.0592}{n}\lg\frac{C_{Ox}}{C_{Red}}$$

令

$$\varphi' = \varphi^{\ominus} + \frac{0.0592}{n}\lg\frac{\gamma_{Ox}\alpha_{Red}}{\gamma_{Red}\alpha_{Ox}}$$

则

$$\varphi = \varphi' + \frac{0.0592}{n}\lg\frac{C_{Ox}}{C_{Red}}$$

式中，φ' 称为条件电极电位。它是在一定条件下，氧化型和还原型的分析浓度均为 $1.000\ \mathrm{mol \cdot L^{-1}}$ 或它们的浓度比为 1 时的实际电极电位。实验条件不变时为常数。

条件电极电位不同于标准电极电位，标准电极电位是指在一定温度下，氧化还原半反应中各组分活度均为 1 时的电极电位，它的大小为常数，只与电对本性及温度有关；而条件电极电位则随介质的种类和浓度的改变而改变。因此用它处理分析工作中的问题既简单，也更符合实际情况。

目前，条件电极电位都是由实验测得，人们只测出了部分氧化还原电对的条件电极电位数据。若缺乏相关电对的条件电极电位值，可用标准电极电位值进行粗略近似计算，否则应用实验方法测定。

（2）条件电极电位的影响因素

影响条件电位的因素主要有副反应和离子强度。

①副反应。

生成沉淀和生成配合物是氧化还原滴定中常见的副反应。氧化态生成沉淀将使电对的条件电位降低；还原态生成沉淀将使电对的条件电位升高。

当溶液中存在能与电对的氧化态或还原态反应生成配合物的配位剂时，电对的条件电位就会受到影响。如果氧化态配合物的稳定性高于还原态配合物，那么条件电位将降低；反之，条件电位将升高。由此可知，在氧化还原滴定中，经常借助配位剂与干扰离子生成稳定的配合物来消除对测定的干扰。

②离子强度。

电解质浓度的变化会改变溶液中的离子强度，从而改变氧化态和还原态的活度系数。在氧化还原滴定体系中，若电解质浓度较大，则离子强度也较大，活度与浓度的差别较大，能斯特方程中用浓度代替活度计算的结果与实际情况会有较大差异；若副反应对条件电位的影响远比离子强度的影响大，则在估算条件电位时则可忽略离子强度的影响，而着重考虑副反应对电极电位的影响。

2.反应进行的方向

根据电对的电位可以判断氧化还原反应进行的方向。但外界条件的改变都会使氧化还原电对的电位发生变化，甚至改变氧化还原反应的方向。例如

$$\mathrm{H_3AsO_4 + 2I^- + 2H^+ = H_3AsO_3 + I_2 + H_2O}$$

其半电池反应式为

$$\mathrm{H_3AsO_4 + 2H^+ + 2e = H_3AsO_3 + H_2O}$$
$$\mathrm{I_2 + 2e^- \Longrightarrow 2I^-}$$

根据能斯特（Nernst）方程可得到：

$$\varphi_{\mathrm{H_3AsO_4/H_3AsO_3}} = \varphi'_{\mathrm{H_3AsO_4/H_3AsO_3}} + \frac{0.0592}{2}\lg\frac{[\mathrm{H_3AsO_4}][\mathrm{H^+}]^2}{[\mathrm{H_3AsO_3}]}$$

$$\varphi_{\frac{\mathrm{I_2}}{\mathrm{I^-}}} = \varphi'_{\frac{\mathrm{I_2}}{\mathrm{I^-}}} + \frac{0.0592}{2}\lg\frac{1}{[\mathrm{I^-}]^2}$$

由于电对 I_2/I^- 的电位值与溶液 pH 值几乎无关,而电对 H_3AsO_4/H_3AsO_3 的电位值受溶液 pH 值影响很大。据此,若将溶液调至酸性,电对 H_3AsO_4/H_3AsO_3 的电位高于电对 I_2/I^- 的电位,反应向右进行,可用间接碘量法测定 As(V);若将溶液调至弱碱性(pH＝8),电对 H_3AsO_4/H_3AsO_3 电位低于电对 I_2/I^- 的电位,反应向左进行,可用直接碘量法测定 As(Ⅲ)。

3. 反应进行的速度

氧化还原反应平衡常数可衡量氧化还原反应进行的程度,但不能说明反应的速度。有的反应平衡常数很大,但实际上觉察不到反应的进行。其主要原因是反应的机制较复杂,且常分步进行,反应速度较慢。氧化还原反应速度除与反应物的性质有关外,还与下列外界因素有关。

(1)反应物浓度

根据质量作用定律,反应速度与反应物浓度的乘积成正比。但是,许多氧化还原反应是分步进行的,整个反应速度由最慢的一步决定。因此,不能简单地按总的氧化还原方程式来判断浓度对反应速度的影响程度。但通常来看,增大反应物的浓度可以加快反应速度。

(2)催化剂

使用催化剂是加快反应速率的有效方法之一。催化反应的机理非常复杂。在催化反应中,由于催化剂的存在,可能产生了一些不稳定的中间价态离子、游离基或活泼的中间配合物,从而改变了氧化还原反应历程,或者改变了反应所需的活化能,使反应速率发生变化。催化剂有正催化剂和负催化剂之分,正催化剂增大反应速率,负催化剂减小反应速率。分析化学中,常用正催化剂来加快反应的速率。

(3)温度

升高反应温度一般可提高反应速率。通常温度每升高 $10℃$,反应速率可提高 2～4 倍。这是由于升高反应温度时,不仅增加了反应物之间碰撞的几率,而且增加了活化分子数目。

(4)氧化剂和还原剂的性质

不同性质的氧化剂和还原剂,其反应速率相差极大。这与它们的电子层结构、条件电极电位的差异和反应历程等因素有关,具体情况较为复杂。目前对此问题的了解尚不完整。

(5)诱导作用

有些氧化还原反应在通常情况下,并不进行或进行得很慢的反应,但是由于另一个反应的进行,受到诱导而得以进行。这种由于一个氧化还原反应的发生促进另一氧化还原反应进行的现象,称为诱导作用,所发生的反应称为诱导反应。

需要注意的是,诱导作用和催化作用是不同的。在催化反应中,催化剂在反应前后的组成和质量均不发生改变;而在诱导反应中,诱导体参加反应后转变为其他物质。因此,对于滴定分析而言,诱导反应往往是有害的,应该尽量避免。

4. 反应进行的程度

滴定分析要求氧化还原反应能够定量进行,反应的完全程度,可以用条件平衡常数 K' 来衡量。K' 值越大,反应进行越完全。

(1)平衡常数

根据条件电极电位 φ',由能斯特方程式可求得条件平衡常数 K'。

对于任一氧化还原反应：

$$n'_1 \text{Red}_2 + n'_2 \text{Ox}_1 \Longrightarrow n''_2 \text{Red}_1 + n''_1 \text{Ox}_2$$

两电对的电极电位分别为：

$$\text{Ox}_1 + n_1 \text{e}^- \Longrightarrow \text{Red}_1 \qquad \varphi_1 = \varphi'_1 + \frac{0.0592}{n_1} \lg \frac{C_{\text{Ox}_1}}{C_{\text{Red}_1}}$$

$$\text{Red}_2 \Longrightarrow \text{Ox}_2 + n_2 \text{e}^- \qquad \varphi_2 = \varphi'_2 + \frac{0.0592}{n_2} \lg \frac{C_{\text{Ox}_2}}{C_{\text{Red}_2}}$$

反应达到平衡时，两电对的电极电位相等，即 $\varphi_1 = \varphi_2$，并令 $\Delta\varphi = \varphi'_1 - \varphi'_2$，整理可得

$$\Delta\varphi = \frac{0.0592}{n_2} \lg \frac{C_{\text{Ox}_2}}{C_{\text{Red}_2}} - \frac{0.0592}{n_1} \lg \frac{C_{\text{Ox}_1}}{C_{\text{Red}_1}}$$

$$= \frac{0.0592}{n_1 n_2} \lg \left[\left(\frac{C_{\text{Ox}_2}}{C_{\text{Red}_2}} \right)^{n_1} \left(\frac{C_{\text{Red}_1}}{C_{\text{Ox}_1}} \right)^{n_2} \right]$$

由于

$$K' = \left(\frac{C_{\text{Ox}_2}}{C_{\text{Red}_2}} \right)^{n_1} \left(\frac{C_{\text{Red}_1}}{C_{\text{Ox}_1}} \right)^{n_2}$$

所以

$$\lg K' = \lg \left[\left(\frac{C_{\text{Ox}_2}}{C_{\text{Red}_2}} \right)^{n_1} \left(\frac{C_{\text{Red}_1}}{C_{\text{Ox}_1}} \right)^{n_2} \right]$$

于是有

$$\lg K' = \frac{n_1 n_2 \Delta\varphi'}{0.0592} = \frac{n \Delta\varphi'}{0.0592}$$

根据两个电对的条件电极电位值，就可以计算反应的条件平衡常数 K' 值。显然，$\Delta\varphi'$ 值越大，反应中得失电子数越多，$\lg K'$ 也越大，反应向右进行越完全。式中，n 为 n_1 和 n_2 的最小公倍数。

（2）判断反应程度

当滴定相对误差不大于 0.1% 时，则反应完成程度就能达到 99.9% 以上，因此，当氧化还原反应达到化学计量点时，其反应物与生成物的浓度关系为：

$$\frac{C_{\text{Ox}_2}}{C_{\text{Red}_2}} \geqslant \frac{99.9}{0.1} \approx 10^3$$

$$\frac{C_{\text{Red}_1}}{C_{\text{Ox}_1}} \geqslant \frac{99.9}{0.1} \approx 10^3$$

于是得

$$\lg K' = \lg \left[\left(\frac{C_{\text{Ox}_2}}{C_{\text{Red}_2}} \right)^{n_1} \left(\frac{C_{\text{Red}_1}}{C_{\text{Ox}_1}} \right)^{n_2} \right] \approx \lg(10^{3n_1} 10^{3n_2}) = 3(n_1 + n_2)$$

$$\Delta\varphi = \frac{0.0592}{n_1 n_2} \lg K' \geqslant \frac{0.0592 \times 3(n_1 + n_2)}{n_1 n_2}$$

即 $\lg K' \geqslant 3(n_1 + n_2)$，或 $\Delta\varphi' \geqslant 0.0592 \times 3(n_1 + n_2)/n_1 n_2$ 的氧化还原反应才能用于滴定分析。

另外，两电对的条件电极电位相差很大时，反应不一定能定量进行。例如 $K_2Cr_2O_7$ 与

$Na_2S_2O_7$ 的反应,虽然两电对的电极电位差值很大,但它们之间的副反应复杂,没有定量关系。因此,在碘量法中以 $K_2Cr_2O_7$ 作基准物质标定 $Na_2S_2O_7$ 时,采用间接法标定。

2.2.3　氧化还原滴定原理

1. 氧化还原滴定预处理

利用氧化还原滴定测定物质之前,经常要进行预处理,使待测组分转变成有利于反应的同一价态,除去对测定有干扰的物质。预处理方法分为预氧化、预还原和除去还原性共存物等。

（1）除去有机物

测定试样中的无机物时,有机物常干扰测定,为此常用灰化法除去。干法灰化是在充有氧气的瓶中将试样燃烧,使有机物完全氧化成 CO_2 除去。湿法灰化是利用氧化性酸在沸点温度下使有机物分解除去。

（2）预氧化与预还原

例如,测定试样中的 Mn 或 Cr 含量,需要将试样溶解后用强氧化剂（如 $(NH_4)_2S_2O_8$）预先将 Mn^{2+}、Cr^{3+} 氧化成 MnO_4^-、$Cr_2O_7^{2-}$,然后用还原剂标准溶液直接滴定。预处理用的氧化剂或还原剂应满足下列条件:

①能够将欲测组分定量地氧化或还原。

②应有一定的选择性。

③容易除去过量的预处理试剂,包括自行分解、生成沉淀物等。

④反应速率快。

2. 氧化还原反应滴定曲线

在滴定过程中,随着滴定剂的加入,被测物质的氧化态和还原态的浓度逐渐改变,其有关电对的电极电势也随之不断变化,即被测试液的特征变化就是溶液电极电势的变化。这种电极电位的变化类似与其他滴定法,可以用滴定曲线来表示。以加入滴定剂的体积或滴定分数为横坐标,溶液的电极电势为纵坐标描绘的曲线就为氧化还原滴定曲线。可以用实验的方法测得氧化还原滴定曲线,对可逆氧化还原体系也可以用能斯特方程式进行计算得到。

现以在 $1.00\ mol \cdot L^{-1}\ H_2SO_4$ 介质中,$0.1000\ mol \cdot L^{-1}\ Ce(SO_4)_2$ 标准溶液滴定 $20.00\ ml$ $0.1000\ mol \cdot L^{-1}\ FeSO_4$ 溶液为例,计算滴定过程体系的电极电势,并绘制滴定曲线。

反应方程式为:

$$Ce^{4+} + Fe^{2+} = Ce^{3+} + Fe^{3+}$$

已知在此条件下两电对的电极反应及条件电极电势分别为:

$$Ce^{4+} + e^- = Ce^{3+}, Fe^{3+} + e^- = Fe^{2+}$$

$$\varphi^{\theta'}[Ce(IV)/Ce(III)] = 1.44\ V, \varphi^{\theta'}[Fe(III)/Fe(II)] = 0.68\ V$$

滴定过程中任一时刻,当反应体系达平衡时,溶液中同时存在两个电对,并且两电对的电极电势相等,即

$$\varphi[Ce(IV)/Ce(III)] = \varphi[Fe(III)/Fe(II)]$$

故在滴定的不同阶段,可选择方便于计算的电对,用能斯特方程式计算滴定过程中溶液的

电极电势,即体系电势。

在化学计量点前,由于空气中的氧化作用,其中必然存在极少量的 Fe^{3+},溶液中存 Fe(Ⅲ)/Fe(Ⅱ)电对,由于此时 Fe^{3+} 的浓度从理论上无法确定,故此时电极电位无法依据 Nernst 方程式进行计算。

滴定开始后,溶液中同时存在两个氧化还原电对。在滴定过程中的任何时刻,反应达到平衡后,两个电对的电极电位相等,即

$$\varphi^{\ominus\prime}[\text{Fe}(Ⅲ)/\text{Fe}(Ⅱ)] + 0.059\lg\frac{c(\text{Fe}^{3+})}{c(\text{Fe}^{2+})} = \varphi^{\ominus\prime}[\text{Ce}(Ⅳ)/\text{Ce}(Ⅲ)] + 0.059\lg\frac{c(\text{Ce}^{4+})}{c(\text{Ce}^{3+})}$$

此时,溶液体系中存在 Fe^{3+}/Fe^{2+} 和 Ce(Ⅳ)/Ce(Ⅲ)两个电对,达到平衡时溶液中 Ce^{4+} 在溶液中存在量极少且难以确定其浓度,故只能用 Fe^{3+}/Fe^{2+} 电对计算该阶段的电极电位。$\frac{c(\text{Fe}^{3+})}{c(\text{Fe}^{2+})}$ 的值则可根据加入滴定剂 Ce^{4+} 的百分数来确定。所以,利用 Fe(Ⅲ)/Fe(Ⅱ)电对来计算体系的电极电位比较方便。

当有 10.00 ml 的滴定剂 Ce^{4+} 加入时,50.0%的 Fe^{2+} 被氧化并生成 Fe^{3+},因此,体系的电极电位为

$$\varphi = \varphi^{\ominus\prime}[\text{Fe}(Ⅲ)/\text{Fe}(Ⅱ)] + 0.059\lg\frac{50.0\%}{50.0\%} = 0.68 \text{ V}$$

若有 19.98 ml 的滴定剂 Ce^{4+} 加入时,99.9%的 Fe^{2+} 被氧化并生成 Fe^{3+},即

$$\frac{c(\text{Fe}^{3+})}{c(\text{Fe}^{2+})} = \frac{99.9}{0.1} = 999$$

$$\varphi[\text{Fe}(Ⅲ)/\text{Fe}(Ⅱ)] = \varphi^{\ominus\prime}[\text{Fe}(Ⅲ)/\text{Fe}(Ⅱ)] + 0.059\lg\frac{c(\text{Fe}^{3+})}{c(\text{Fe}^{2+})}$$

$$= 0.68 + 0.059\lg 999 = 0.86 \text{ V}$$

这时,加入的滴定剂 Ce^{4+} 体积为 20.00 ml,Ce^{4+} 和 Fe^{2+} 分别定量地反应生成 Ce^{3+} 和 Fe^{3+}。溶液中的 Ce^{4+} 和 Fe^{2+} 浓度极小,不易求得。可利用 $c(\text{Ce}^{4+})=c(\text{Fe}^{2+})$,$c(\text{Ce}^{3+})=c(\text{Fe}^{3+})$ 关系计算体系的电极电位。以 φ_{sp} 表示化学计量点时的电极电位,则有两式相加,得

$$\varphi_{sp} = \varphi^{\ominus\prime}[\text{Ce}(Ⅳ)/\text{Ce}(Ⅲ)] + 0.59\lg\frac{c(\text{Ce}^{4+})}{c(\text{Ce}^{3+})}$$

$$\varphi_{sp} = \varphi^{\theta}[\text{Fe}(Ⅲ)/\text{Fe}(Ⅱ)]' + 0.59\lg\frac{c(\text{Fe}^{3+})}{c(\text{Fe}^{2+})}$$

上述两式相加可得

$$2\varphi_{sp} = \varphi^{\ominus\prime}[\text{Ce}(Ⅳ)/\text{Ce}(Ⅲ)] + 0.59\lg\frac{c(\text{Ce}^{4+})c(\text{Fe}^{3+})}{c(\text{Ce}^{3+})c(\text{Fe}^{2+})}$$

$$= 1.44 + 0.68 + 0.59\lg 1$$

$$= 2.12 \text{ V}$$

故 $$\varphi_{sp} = 1.06 \text{ V}$$

在化学计量点后,溶液中的 Fe^{2+} 基本上都被氧化而生成 Fe^{3+},Fe^{2+} 的浓度极小,不易求得,但 $c(\text{Ce}^{4+})/c(\text{Ce}^{3+})$ 的值可根据加入滴定剂 Ce^{4+} 的百分数来确定。因此,利用 Ce(Ⅳ)/Ce(Ⅲ)的电对来计算体系的电极电位比较方便。

当加入的 Ce^{4+} 过量 0.1%(20.02 ml)时,体系的电极电位为

$$\varphi=\varphi^{\ominus\prime}[\text{Ce}(\text{IV})/\text{Ce}(\text{III})]+0.59\lg\frac{0.1\%}{100\%}=1.26\text{ V}$$

当加入的 Ce^{4+} 过量 $10\%(22.00\text{ ml})$ 时,体系的电极电位为

$$\varphi=\varphi^{\ominus\prime}[\text{Ce}(\text{IV})/\text{Ce}(\text{III})]+0.59\lg\frac{10\%}{100\%}=1.38\text{ V}$$

用同样的方法,计算滴定曲线上任意一点的电极电位,具体可见表 2-2,由此可得如图 2-4 所示的滴定曲线。滴定突跃范围根据化学计量点前、后 0.1% 时的电极电位确定为 $0.86\sim$ 1.26 V,即滴定曲线的电位突跃是 0.4 V,这为判断氧化还原反应滴定的可能性以及选择指示剂提供了依据。

表 2-2　$0.1000\text{ mol}\cdot\text{L}^{-1}\text{ Ce}(\text{SO}_4)_2$ 滴定 $0.1000\text{ mol}\cdot\text{L}^{-1}\text{ Fe}^{2+}$ 体系的电位

$(V_{\text{Fe}(\text{II})}=20.00\text{ ml},1.0\text{ mol}\cdot\text{L}^{-1}\text{ H}_2\text{SO}_4\text{ 中})$

加入 Ce^{4+} 标准溶液的体积/ml	滴定分数	φ/V
1.00	5.0%	0.60
4.00	20.0%	0.64
10.00	50.0%	0.68
18.00	90.0%	0.74
19.80	99.0%	0.80
19.98	99.9%	0.86
20.00	100.0%	1.06(化学计量点)
20.02	100.1%	1.26
20.20	101.0%	1.32
22.00	110.0%	1.38
40.00	200.0%	1.44

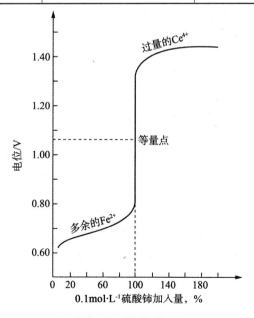

图 2-4　滴定曲线

对于一般的可逆氧化还原反应：

$$n_2 Ox_1 + n_1 Red_2 \rightleftharpoons n_1 Ox_2 + n_2 Red_1$$

有：

$$\varphi_{sp} = \frac{n_1 \varphi_1^{\ominus}{}' + n_2 \varphi_2^{\ominus}{}'}{n_1 + n_2}$$

根据化学计量点相对误差±0.1%得到滴定突跃范围为

$$\left(\varphi_1^{\ominus}{}' + \frac{3 \times 0.059}{n_2}\right) \sim \left(\varphi_2^{\ominus}{}' - \frac{3 \times 0.059}{n_1}\right) \text{ V}$$

由此可知,若氧化还原滴定中,两个氧化还原电对的电子转移数相等($n_1 = n_2$),则化学计量点的电极电位 φ_{sp} 恰好位于滴定突跃的正中间,化学计量点前、后的曲线基本对称;若 $n_1 \neq n_2$,则化学计量点的电极电位 φ_{sp} 不在滴定突跃的正中间,而是偏向电子转移数较多的电对一方。

3.氧化还原指示剂

在滴定过程中,除了用电位法确定滴定终点外,通常用指示剂指示滴定终点。氧化还原滴定法常用的指示剂有四类。

(1)氧化还原指示剂

氧化还原指示剂本身具有弱的氧化还原性质,其氧化态和还原态具有明显不同的颜色。在滴定过程中,指示剂被氧化或被还原,发生颜色变化,从而指示滴定的终点。

例如,用 $K_2Cr_2O_7$ 溶液滴定 Fe^{2+} ,用二苯胺磺酸钠为指示剂。二苯胺磺酸钠的还原态是无色,氧化态为紫红色。当用 $K_2Cr_2O_7$ 溶液滴定 Fe^{2+} 达到计量点时,稍微过量的 $K_2Cr_2O_7$ 就能使二苯胺磺酸钠氧化,使它由还原态(无色)转变为氧化态(紫红色),从而可以判断滴定终点。

可以用下式表示氧化还原指示剂所发生的氧化还原反应：

$$In(Ox) + ne \rightleftharpoons In(Red)$$

$$\text{氧化态} \qquad\qquad \text{还原态}$$

根据能斯特方程,氧化还原指示剂的电位与其浓度之间的关系式是：

$$\varphi_{In} = \varphi_{In}^{\ominus} + \frac{0.0592}{n} \lg \frac{c_{In(Ox)}}{c_{In(Red)}}$$

$\varphi_{In}^{\ominus}$ 为指示剂的条件电极电位。当溶液的电位改变时,指示剂的氧化态和还原态浓度之比也会发生改变,溶液的颜色因而发生变化。氧化还原指示剂变色的电位范围是：

$$\varphi_{In} = \varphi_{In}^{\ominus}{}' \pm \frac{0.0592}{n}$$

不同指示剂的 $\varphi_{In}^{\ominus}{}'$ 值各不相同,同一指示剂在不同介质中,条件电极电位 $\varphi_{In}^{\ominus}{}'$ 也不同。

在选择氧化还原指示剂时,应该使氧化还原指示剂的条件电极电位尽量与反应的计量点的电位相一致,以减小滴定误差。指示剂变色范围应部分或全部落在滴定的突跃范围内。或者说,凡变色点处于滴定突跃范围内的指示剂均可选用。

(2)自身指示剂

有些标准溶液或被测溶液的颜色与其生成物的颜色明显不同,在滴定过程中可利用其自身的颜色变化指示滴定的终点,而无须另加指示剂,称为自身指示剂。

例如,在酸性溶液中用 $KMnO_4$ 标准溶液滴定 Fe^{2+} 时,滴到计量点后过量一滴,溶液即呈现 $KMnO_4$ 的紫红色,由此来确定滴定终点。

另外,有些物质的溶液虽然也有颜色,但是由于灵敏度不够,不能用作自身指示剂。

(3)外指示剂

有的物质本身具有氧化还原性,能与标准溶液或被测溶液发生氧化还原反应,故不能将其加到被测溶液中,只能在化学计量点附近,用玻璃棒蘸取被滴定的溶液在外面与其作用,根据颜色变化来判定滴定终点,这类物质称为外指示剂。例如,重氮化滴定法就可以用碘化钾－淀粉糊这种外指示剂来滴定终点。

(4)特殊指示剂

特殊指示剂能与滴定剂或被测定物质发生显色反应,而且显色反应是可逆的,因而可以指示滴定终点。这类指示剂最常用的是淀粉,如可溶性淀粉与碘溶液反应生成深蓝色的化合物,当 I_2 被还原为 I^- 时,蓝色就突然褪去。因此,在碘量法中,多用淀粉溶液作指示液。用淀粉指示液可以检出约 1.0×10^{-5} $mol \cdot L^{-1}$ 的碘溶液,但淀粉指示液与 I_2 的显色灵敏度与淀粉的性质和加入时间、温度及反应介质等条件有关。

2.2.4　氧化还原滴定方法

1. 高锰酸钾法

(1)基本原理

高锰酸钾法是以 $KMnO_4$ 为滴定剂的氧化还原滴定法。$KMnO_4$ 是一种强氧化剂。它在不同酸度的溶液中反应不同。

在强酸性溶液中,$KMnO_4$ 与还原剂反应后被还原为 Mn^{2+}:
$$MnO_4^- + 8H^+ + 5e = Mn^{2+} + 4H_2O \qquad \varphi^\circ = 1.51 \text{ V}$$
在弱酸性、中性或弱碱性溶液中,$KMnO_4$ 被还原为 MnO_2:
$$MnO_4^- + 2H_2O + 3e = MnO_2 + 4OH^- \qquad \varphi^\circ = 0.58 \text{ V}$$
在 $[OH^-] > 2.0$ $mol \cdot L^{-1}$ 的强碱性条件下,$KMnO_4$ 被还原为 MnO_4^{2-}:
$$MnO_4^- + e = MnO_4^{2-} \qquad \varphi^\circ = 0.56 \text{ V}$$
由于 $KMnO_4$ 在强酸性溶液中有更强的氧化能力,同时生成无色的 Mn^{2+},便于滴定终点的观察,因此一般都在强酸性条件下使用。但在强碱性条件下 $KMnO_4$ 氧化有机物的反应速率,比在酸性条件下更快,所以用高锰酸钾测定有机物时,大都在碱性溶液中进行。

(2)滴定方法

在使用 $KMnO_4$ 法时,根据被测组分的性质,选择不同的酸度条件和不同的滴定方法。

①直接滴定法。

直接滴定法主要应用于测定还原性较强的物质,如 Fe^{2+}、$Sb(II)$、$As(III)$、H_2O_2、$C_2O_4^{2-}$、NO_2^-、W^{5+}、U^{4+} 等都可用 $KMnO_4$ 标准溶液直接滴定。

②间接滴定法。

某些非氧化还原性物质,如 Ca^{2+},可向其中加入一定量且过量的 $Na_2C_2O_4$ 标准溶液,使 Ca^{2+} 全部沉淀为 CaC_2O_4,沉淀经过滤洗涤后,再用稀 H_2SO_4 溶解,最后用 $KMnO_4$ 标准溶液滴定沉淀溶解释放出的 $C_2O_4^{2-}$，从而求出 Ca^{2+} 的含量。

$$5H_2C_2O_4 + 2KMnO_4 + 3H_2SO_4 \Longrightarrow 2MnSO_4 + K_2SO_4 + 10CO_2 \uparrow + 8H_2O$$

$$Ca^{2+} + C_2O_4^{2-} \Longrightarrow CaC_2O_4 \downarrow$$

$$CaC_2O_4 + H_2SO_4 \Longrightarrow CaSO_4 + H_2C_2O_4$$

某些有机物,如:甲醇、甲醛、甲酸、甘油、乙醇酸、酒石酸、柠檬酸、水杨酸、葡萄糖、苯酚等,亦可用间接法测定。测定时,在强碱性溶液中进行。反应如下:

$$6MnO_4^- + CH_3OH + 8OH^- \Longrightarrow CO_3^{2-} + 6MnO_4^{2-} + 6H_2O$$

以甲醇、甘油等测定为例,先向试样中加入一定量过量的 $KMnO_4$ 标准溶液,待反应完全后,将溶液酸化,用还原性 $FeSO_4$ 标准溶液滴定溶液中所有的高价锰离子为 Mn^{2+},计算出消耗还原性 $FeSO_4$ 标准溶液的物质的量;用同样的方法,测定出反应前一定量碱性 $KMnO_4$ 标准溶液相当于还原性 $FeSO_4$ 标准溶液的物质的量。根据两次消耗还原性 $FeSO_4$ 标准溶液物质的量之差,即可求出试样中甲醇、甘油等物质的含量。

③返滴定法。

某些氧化性物质不能用 $KMnO_4$ 溶液直接滴定,但可用返滴定法测定。例如,MnO_2 等,可在 H_2SO_4 溶液中加入一定量且过量的 $Na_2C_2O_4$ 标准溶液,待 MnO_2 与 $Na_2C_2O_4$ 反应完全后,再用 $KMnO_4$ 标准溶液滴定剩余的 $Na_2C_2O_4$。

（3）高锰酸钾的特点

高锰酸钾的特点主要有:

①$KMnO_4$ 标准溶液不能直接配制,且标准溶液不够稳定,不能久置,需经常标定。

②$KMnO_4$ 溶液呈紫红色,当试液为无色或颜色很浅时,滴定不需要外加指示剂。

③$KMnO_4$ 与还原性物质的反应历程比较复杂,易发生副反应,方法的选择性欠佳。

④$KMnO_4$ 氧化能力强,应用广泛,可直接或间接地测定多种无机物和有机物。可直接滴定许多还原性物质如 Fe^{2+}、$As(Ⅲ)$、Sb^{2+}、$W(V)$、$U(Ⅳ)$、H_2O_2、$C_2O_4^{2-}$、NO_2^- 等;返滴定法可测 MnO_2、PbO_2 等物质;也可以通过 MnO_4^- 与 $C_2O_4^{2-}$ 反应间接测定一些非氧化还原物质如 Ca^{2+}、Th^{4+} 等。

（4）高锰酸钾标准溶液的配制和标定

①高锰酸钾标准溶液的配制。

市售的 $KMnO_4$ 试剂中一般含有少量的 MnO_2 和其他杂质,纯化水中也常含有微量的还原性物质,也与 $KMnO_4$ 发生缓慢反应,使 $KMnO_4$ 滴定液的浓度在配制初期有很大的变化。此外,热、光、酸碱均能使 $KMnO_4$ 分解。因此,一般不能用直接法配制滴定液,而是先配制成近似浓度的溶液,再进行标定。

一般采用间接配制法:先配成近似需要的浓度,然后再进行标定。为了配制较稳定的 $KMnO_4$ 溶液,常采取以下措施:

· 称取稍多于理论量的 $KMnO_4$,溶于一定体积的蒸馏水中。

· 将配好的 $KMnO_4$ 溶液加热至沸,并保持微沸约 1h,然后放置 2～3d。

· 用垂熔玻璃漏斗过滤,去除沉淀。

· 过滤后的 $KMnO_4$ 溶液贮存在棕色瓶中,置阴凉干燥处存放。

②高锰酸钾标准溶液的标定。

常见的用于标定 $KMnO_4$ 溶液的基准物质有 $Na_2C_2O_4$、$H_2C_2O_4 \cdot 2H_2O$、As_2O_3、$Fe(NH_4)_2(SO_4)_2 \cdot 6H_2O$、纯铁丝等。因 $Na_2C_2O_4$ 易于提纯、性质稳定,故最为常用。$KMnO_4$ 与 $Na_2C_2O_4$ 在酸性溶液中的反应方程式为:

$$2MnO_4^- + 5C_2O_4^{2-} + 16H^+ = 2Mn^{2+} + 10CO_2\uparrow + 8H_2O$$

为使标定反应较快进行,标定时需控制下列滴定条件。

· 滴定终点:用 $KMnO_4$ 溶液滴定至溶液呈淡粉红色 30 s 不褪色即为终点。放置时间过长,空气中还原性物质能使 $KMnO_4$ 还原而褪色。

· 酸度:酸度过低,$KMnO_4$ 易分解为 MnO_2;酸度过高则会促使 $H_2C_2O_4$ 分解。一般开始滴定时的酸度控制在 $0.5\sim1.0$ mol·L^{-1},滴定结束时为 $0.2\sim0.5$ mol·L^{-1}。

· 温度:将 $Na_2C_2O_4$ 溶液加热至 75℃~85℃,且滴定过程中应保持溶液温度不低于 60℃。温度也不宜过高,若高于 90℃,会有部分 $H_2C_2O_4$ 分解。

$$H_2C_2O_4 = CO_2\uparrow + CO\uparrow + H_2O$$

· 滴定速度:该反应的初始速率较慢,但一经反应生成 Mn^{2+} 后,Mn^{2+} 可对该反应起催化作用,使反应速率加快。故刚开始滴定时,速度不宜太快,需待紫红色褪去后再继续滴加;也可在滴定前加入少量 Mn^{2+} 作为催化剂,加快初始阶段的反应速率。

标定好的 $KMnO_4$ 溶液放置一段时间后,若发现有 MnO_2 沉淀析出,应重新过滤并标定。

2. 碘量法

(1)基本原理

碘量法是利用 I_2 的氧化性和 I^- 的还原性来进行滴定的氧化还原滴定方法,其基本反应是:

$$I_2 + 2e^- \rightleftharpoons 2I^-$$

固体碘在水中溶解度很小并且容易挥发,所以通常将碘溶解于 KI 溶液中,此时它以 I_3^- 配离子形式存在,其半反应为:

$$I_3^- + 2e^- \rightleftharpoons 3I^- \qquad \varphi_{I_3^-/I^-}^\circ = 0.545\ V$$

从 φ° 值可以看出,I_2 是较弱的氧化剂,能与较强的还原剂作用;而 I^- 是中等强度的还原剂,能与许多氧化剂作用。因此碘量法可以用直接滴定或者间接滴定的两种方式进行。

碘量法既可测定氧化剂,又可测定还原剂。I_3^-/I^- 电对反应的可逆性好,副反应少,又有很灵敏的淀粉指示剂指示终点,因此碘量法的应用范围很广。

(2)滴定方法

①直接碘量法。

凡标准电极电位 φ° 值比碘低的电对,其还原型可用 I_2 标准溶液直接滴定,这种滴定分析方法,称为直接碘量法,亦称为碘滴定法。例如,试样中硫的测定,将试样在近 1300℃ 的燃烧管中通入 O_2 燃烧,使硫转化为 SO_2,再用 I_2 溶液滴定,其反应为:

$$I_2 + SO_2 + 2H_2O \rightleftharpoons 2I^- + SO_4^{2-} + 4H^+$$

滴定时以淀粉为指示剂,终点十分明显。

直接碘量法还可以用来测定含有 S^{2-}、SO_3^{2-}、$S_2O_3^{2-}$、Sn^{2+}、AsO_3^{3-}、SbO_3^{3-} 及含有二级醇基等物质的含量。

②间接碘量法。

电位值比 $\varphi^{\ominus}_{I_3/I^-}$ 高的氧化性物质,可在一定的条件下,用 I^- 还原,然后用 $Na_2S_2O_3$ 滴定液滴定释放出来的 I_2,这种方法称为间接碘量法,又称为滴定碘法。间接碘量法的基本反应为:

$$I_2 + 2S_2O_3^{2-} \Longleftrightarrow S_4O_6^{2-} + 2I^-$$

利用这一方法可以测定许多氧化性物质,如 Cu^{2+}、$Cr_2O_7^{2-}$、IO_3^-、BrO_3^-、AsO_4^{3-}、ClO^-、NO_2^-、H_2O_2、MnO_4^- 和 Fe^{3+} 等。

(3)终点指示剂

碘量法一般选择淀粉水溶液做终点指示剂,I_2 与淀粉呈现蓝色,其显色灵敏度高,但应注意以下几点:

①直接碘量法终点时,溶液由无色突变为蓝色,故应在滴定开始时加入淀粉溶液。间接碘量法用淀粉指示液指示终点时,应等滴至 I_2 的黄色很浅时再加入淀粉指示液,若滴定开始时就加入淀粉溶液,它易与 I_2 形成蓝色配合物而吸附 I_2,使终点提前。

②由于 I^- 与淀粉的蓝色在热溶液中会消失,所以不能在热溶液中进行滴定。

③所用的淀粉必须是可溶性淀粉。

④淀粉在弱酸性溶液中灵敏度很高,显蓝色;但当 pH<2 时,淀粉会水解,与 I_2 作用显红色;当 pH>9 时,I_2 转变为 IO^- 离子与淀粉不显色。

(4)滴定液的配制与标定

①I_2 滴定液的配制。

用升华法制得的纯碘,可直接配制成滴定液。但纯碘因其具有挥发性和腐蚀性,不宜用电子天平准确称量,通常采用间接法配制碘滴定液,用市面上销售的碘先配成近似浓度的碘滴定液,然后用基准试剂或已知准确浓度的 $Na_2S_2O_3$ 滴定液来标滴定液的准确浓度。由于 I_2 难溶于水,易溶于 KI 溶液,配制时应该将 I_2、KI 与少量水一起研磨后再用水稀释,并保存在棕色试剂瓶中待标定。

②I_2 滴定液的标定。

I_2 滴定液通常可用 As_2O_3 基准物来滴定。As_2O_3 难溶于水,易溶解于碱溶液,故多用 NaOH 溶解,使之生成亚砷酸钠,再用 I_2 滴定液滴定 AsO_3^{3-}。反应如下:

$$As_2O_3 + 6NaOH \Longleftrightarrow 2Na_3AsO_3 + 3H_2O$$
$$AsO_4^{3-} + I_2 + H_2O \Longleftrightarrow AsO_4^{3-} + 2I^- + 2H^+$$

此反应为可逆反应,为使反应快速定量地向右进行,可加入 $NaHCO_3$,以保持溶液 pH≈8。

根据称取的 As_2O_3 质量和滴定时消耗 I_2 溶液的体积,可计算出 I_2 滴定液的浓度。计算公式如下:

$$C_{I_2} = \frac{2 \times m_{As_2O_3} \times 10^3}{M_{As_2O_3} \times V_{I_2}}$$

③$Na_2S_2O_3$(0.1 mol·L^{-1})标准溶液的配制。

$Na_2S_2O_3 \cdot 5H_2O$ 容易风化、氧化,且含少量的 S、S^{2-}、SO_3^{2-}、CO_3^{2-}、Cl^- 等杂质,故不能用直接法配制,只能用间接法配制。

在 500 ml 新煮沸放冷的蒸馏水中加入 0.1 gNa_2CO_3,溶解后加入 12.5 $gNa_2S_2O_3$·

$5H_2O$,充分混合溶解后转入棕色试剂瓶中,放置两周予以标定。

配制 $Na_2S_2O_3$ 溶液应注意的问题:

蒸馏水中有 CO_2 时会促使 $Na_2S_2O_3$ 分解:

$$S_2O_3^{2-}+CO_2+H_2O \Longleftrightarrow HSO_3^-+HCO_3^-+S\downarrow$$

此处,$S_2O_3^{2-}$ 发生歧化反应生成 SO_3^{2-} 和 S。虽然 SO_3^{2-} 也具有还原性,但它与 I_2 的反应却不同于 $S_2O_3^{2-}$。

$$SO_3^{2-}+I_2+H_2O \Longleftrightarrow SO_4^{2-}+2I^-+2H^+$$

1 mol SO_3^{2-} 与 1 mol I_2 作用,而 $Na_2S_2O_3$ 与 I_2 作用时间却是 2∶1 的摩尔比。

空气中 O_2 氧化 $S_2O_3^{2-}$,使 $Na_2S_2O_3$ 浓度降低。

$$2O_2+S_2O_3^{2-}+H_2O \Longleftrightarrow 2SO_4^{2-}+2H^+$$

蒸馏水中嗜硫菌等生物作用,促使 $Na_2S_2O_3$ 分解。

④$Na_2S_2O_3$(0.1 mol·L^{-1})标准溶液的标定。

标定 $Na_2S_2O_3$ 溶液常用的基准物质有:$K_2Cr_2O_7$、KIO_3 等,其中以 $K_2Cr_2O_7$ 基准物质最为常用。

精密称取一定量的 $K_2Cr_2O_7$ 基准物质(于 105℃干燥至恒重),在酸性溶液中与过量的 KI 作用,反应生成的 I_2 以待标定的 $Na_2S_2O_3$ 滴定,淀粉为指标剂。根据消耗 $Na_2S_2O_3$ 体积和 $K_2Cr_2O_7$ 质量,求出 $Na_2S_2O_3$ 浓度。

$$Cr_2O_7^{2-}+6I^-+14H^+ \Longleftrightarrow 2Cr^{3+}+3I_2+7H_2O$$
$$I_2+2S_2O_3^{2-} \Longleftrightarrow S_4O_6^{2-}+2I^-$$

可见 1 mol $K_2Cr_2O_7$ ∼ 6 mol $Na_2S_2O_3$

$$C_{Na_2S_2O_3}=\dfrac{6\times m_{K_2Cr_2O_7}}{\dfrac{M_{K_2Cr_2O_7}}{1000}\times V_{Na_2S_2O_3}}$$

3.重铬酸钾法

重铬酸钾法是以重铬酸钾为标准溶液的氧化还原滴定法。$K_2Cr_2O_7$ 是一种常用的强氧化剂,在酸性介质中与还原性物质作用时,本身被还原为 Cr^{3+},其电极反应如下:

$$K_2Cr_2O_7+14H^++6e^-=2Cr^{3+}+2K^++7H_2O \qquad \varphi^{\ominus}=1.33 \text{ V}$$

虽然 $K_2Cr_2O_7$ 的氧化能力比 $KMnO_4$ 稍弱,又只能在酸性条件下测定,应用范围比 $KMnO_4$ 法稍窄,但与 $KMnO_4$ 法相比,$K_2Cr_2O_7$ 具有以下优点:

①容易提纯,性质非常稳定,经 140℃∼250℃干燥后可直接配制标准溶液。

②标准溶液非常稳定,只要保持在密闭的容器中,其浓度保持不变,可长期储存。

③氧化能力较 $KMnO_4$ 弱,室温下不会与 Cl^- 作用($\varphi^{\ominus'}(Cl_2/Cl^-)=1.36$ V),故可在稀盐酸介质中进行滴定,并且受其他还原性物质的干扰较 $KMnO_4$ 少。

虽然 $K_2Cr_2O_7$ 本身显橙色,但其还原产物 Cr^{3+} 显绿色,常导致终点时难以辨别稍过量的 $K_2Cr_2O_7$ 的橙色,故不宜用做自身指示剂。故重铬酸钾法常用二苯胺磺酸钠作指示剂。

$K_2Cr_2O_7$ 标准溶液可用直接法配制,但在配制前应将 $K_2Cr_2O_7$ 基准试剂在 105℃∼110℃下烘至恒重。准确称取一定的量,加蒸馏水溶解后转移至一定体积的容量瓶中稀释至刻度,摇匀。然后根据其质量和定容的体积,计算其标准溶液的浓度。

2.3 沉淀滴定技术

2.3.1 概述

沉淀滴定法以沉淀反应为基础,在众多的能生成沉淀的反应中,真正能够适用于沉淀滴定分析的非常少,这主要是由于很多反应生成沉淀的组成不恒定,或溶解度较大,或容易形成过饱和溶液,或达到平衡的速度慢,或共沉淀现象严重等。

通常能够用于沉淀滴定的反应必须满足以下几点要求:

①生成沉淀的溶解度必须很小,才能获得敏锐的终点和准确的结果。

②沉淀反应必须迅速、定量地进行,并且要求具有确定的计量关系。

③沉淀的吸附作用不影响滴定结果及终点判断。

④可以用指示剂或其他适当的方法指示滴定终点的到达。

目前,运用较多的主要是生成难溶性银盐的反应,对应的沉淀滴定法就是银量法。

银量法根据确定终点所用的指示剂不同,可分为三种,铬酸钾指示剂法、铁铵矾指示剂法和吸附指示剂法,三种方法也分别以创立者的姓名予以命名,亦分别称为莫尔法、福尔哈德法和法扬司法。

银量法是利用 Ag^+ 与卤素阴离子等的反应来测定 Cl^-、Br^-、I^-、SCN^- 和 Ag^+,即以 $AgNO_3$ 为标准溶液滴定样品中能与 Ag^+ 生成沉淀的物质或以能与 Ag^+ 形成沉淀的物质为标准溶液滴定样品中的 Ag^+。其反应通式为

$$Ag^+ + X^- = AgX \downarrow \quad (X = Cl^-、Br^-、I^-、SCN^- 及 CN^- 等)$$

例如,Ag^+ 离子与 Cl^- 离子或 SCN^- 离子的反应:

$$Ag^+ + Cl^- = AgCl \downarrow$$
$$Ag^+ + SCN^- = AgSCN \downarrow$$

除了上述银量法外,在沉淀滴定法中还有一些其他沉淀反应,例如某些汞盐(HgS)、铅盐($PbSO_4$)、钡盐($BaSO_4$)、锌盐($K_2Zn[Fe(CN)_4]_2$)、钍盐(ThF_4)和某些有机沉淀剂参加的反应,也可用于沉淀滴定法。但各种沉淀滴定法在实际应用中都不如银量法广泛。

2.3.2 沉淀的溶解度

在沉淀重量分析法中,要求沉淀反应进行完全。一般可根据沉淀溶解度大小来衡量,因为沉淀的溶解损失是误差的主要来源之一,所以人们总是希望待测组分沉淀得越完全越好。但是绝对不溶解的物质是没有的,通常在重量分析中,沉淀溶解损失不超过分析天平的称量误差,即可认为沉淀已经完全。因为一般的沉淀很少能达到这一要求,所以如何减小沉淀的溶解损失保证分析结果的准确度成为一个重要的问题。在实际中,如果控制好沉淀条件,就可以降低溶解损失,使其达到上述要求,为此必须了解沉淀的溶解度及其影响因素。

1.溶解度

沉淀在水中溶解有两步平衡,有固相与液相间的平衡,溶液中未解离分子与离子之间的解

离平衡。如 1：1 型难溶化合物 MA，在水中有如下的平衡关系

$$MA(固) \Longleftrightarrow MA(水) \Longleftrightarrow M^+ + A^-$$

由此可见，在水溶液中固体 MA 的溶解部分以 M^+，A^- 和 MA(水) 两种状态存在。其中，MA(水) 可以是分子，也可以是 $M^+ \cdot A^-$ 离子对化合物。

例如，

$$AgCl(固) \Longleftrightarrow Ag^+ \cdot Cl^-(水) \Longleftrightarrow Ag^+ + Cl^-$$

$$CaSO_4(固) \Longleftrightarrow Ca^{2+} \cdot SO_4^{2-}(水) \Longleftrightarrow Ca^{2+} + SO_4^{2-}$$

根据 MA(固) 和 MA(水) 之间的沉淀平衡可得

$$S = \frac{\alpha_{MA(水)}}{\alpha_{MA(固)}}$$

考虑到纯固体活度 $\alpha_{MA(固)} = 1$，那么 $\alpha_{MA(水)} = S^0$，所以在一定温度下溶液中分子状态或离子对化合物的活度为一常数，叫做固有溶解度(或分子溶解度)，用 S^0 表示。一定温度下，在有固相存在时，溶液中以分子状态(或离子对)存在的活度为一常数。

根据沉淀 MA 在水溶液中的平衡关系，得到

$$\frac{\alpha(M^+) \cdot \alpha(A^-)}{\alpha_{MA(水)}} = K$$

将 S^0 代入可得

$$\alpha(M^+) \cdot \alpha(A^-) = S^0 \cdot K = K_{ap}$$

K_{ap} 为活度积常数，简称活度积。活度与浓度的关系是

$$K_{ap} = \alpha(M^+) \cdot \alpha(A^-) = \gamma(M^+) \cdot c(M^+) \cdot \gamma(A^-) \cdot c(A^-)$$

上式中，K_{sp} 为溶度积常数，简称溶度积。

因为溶解度是指在平衡状态下所溶解的 MA(固) 的总浓度，所以如果溶液中不再存在其他平衡关系时，那么固体 MA(固) 的溶解度 S 应为固有溶解度 S^0 和构晶离子 M^+ 或 A^- 的浓度之和，即

$$S = S^0 + [M^+] = S + [A^-]$$

固有溶解度不易测得，大多数物质的固有溶解度都比较小。例如，AgBr、AgI、AgCl、$AgIO_3$ 等的固有溶解度仅占其总溶解度的 $0.1\% \sim 1\%$；其他如 $Fe(OH)_3$、$Zn(OH)_2$、CdS、CuS 等的固有溶解度也很小，所以固有溶解度可忽略不计，那么 MA 的溶解度近似认为

$$S = [M^+] = [A^-] = \sqrt{K_{sp}}$$

对于 M_mA_n 型难溶盐溶解度的计算，其溶解度的公式推导如下。

$$[M^{n+}]^m [A^{m-}]^n = \frac{K_{sp}}{\gamma(M^{n+})\gamma(A^{m-})} = K_{sp}$$

$$K_{sp} = [M^{n+}]^m [A^{m-}]^n$$

$$= (mS)^m (nS)^n$$

$$= m^m n^n S^{m+n}$$

$$S = \sqrt[m+n]{\frac{K_{sp}}{m^m n^n}}$$

难溶盐的溶解度小，在纯水中离子强度也很小，此种情况下活度系数可视为 1，所以活度

积 K_{ap} 等于溶度积 K_{sp}。一般溶度积表中所列的 K 均为活度积,但应用时一般作为溶度积,不加区别。但是,如果溶液中离子强度较大时,K_{ap} 与 K_{sp} 差别就大了,应采用活度系数加以校正。

2. 条件溶度积

实际上,在沉淀的平衡过程中,除了被测离子与沉淀剂形成沉淀的主反应之外,往往还存在多种副反应,如水解效应、配位效应和酸效应等可表示如下。

$$MA \Longleftrightarrow M + A$$

$$\text{OH} \swarrow\nwarrow \quad \text{L} \searrow\nwarrow \quad \text{H} \updownarrow$$

$$M(OH) \qquad ML \qquad HA$$

其中,在副反应中省略了各种离子的电荷。

此时构晶离子在溶液中以多种型体存在,其各种型体的总浓度分别为 $[M']$ 和 $[A']$。引入相应的副反应系数 α_M、α_A,则

$$K_{sp} = [M][A] = \frac{[M'][A']}{\alpha_M \alpha_A} = \frac{K'_{sp}}{\alpha_M \alpha_A}$$

即

$$K'_{sp} = [M'][A'] = K_{sp}\alpha_M\alpha_A$$

K'_{sp} 称为条件溶度积。因为 α_M、α_A 均大于 1,由此可见,因副反应的发生,使条件溶度积 K'_{sp} 大于 K_{sp},此时沉淀的实际溶解度为

$$S = [M'] = [A'] = \sqrt{K'_{sp}}$$

对于 M_mA_n 型的沉淀,其条件溶度积为

$$K'_{sp} = K_{sp}\alpha_M^m\alpha_A^n$$

K'_{sp} 能反映溶液中沉淀平衡的实际情况,用它进行有关计算较之用溶度积 K_{sp} 更能反映沉淀反应的完全程度,反映各种因素对沉淀溶解度的影响。

3. 影响溶解度的因素

(1)温度的影响

溶解一般是吸热过程,绝大多数沉淀的溶解度是随温度升高而增大,温度越高,溶解度越大。但增大的程度各不相同。根据图 2-5 可知,温度对 AgCl 的溶解度影响比较大,对 $BaSO_4$ 的影响则不显著。在重量分析中,如果沉淀物的溶解度非常小或者温度对溶解度的影响很小时,一般采用热过滤和热洗涤。热溶液的黏度小,可加快过滤和洗涤的速度;同时,杂质的溶解度也可能增大而易洗去。如 $Fe_2O_3 \cdot nH_2O$ 沉淀采用热过滤、热洗涤,测定 SO_4^{-2} 时用温水洗涤 $BaSO_4$ 沉淀等。在热溶液中溶解度较大的沉淀,如 CaC_2O_4 应在过滤前冷却,以减少溶解损失。

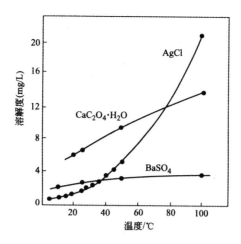

图 2-5 温度对溶解度的影响

（2）颗粒性质的影响

晶体内部的分子或离子都处于静电平衡状态，彼此的吸引力大。而处于表面上的分子或离子，尤其是晶体的棱上或角上的分子或离子，受内部的吸引力小，同时受溶剂分子的作用，易进入溶液，溶解度增大。同一种沉淀，在相同重量时，颗粒愈小，表面积愈大，所以具有更多的棱和角，所以小颗粒沉淀比大颗粒沉淀溶解度大。另外，有些沉淀初生成时是一种亚稳态晶型，有较大的溶解度，需待转化成稳定结构，才有较小的溶解度。如 CoS 沉淀初生成时为 α 型，$K_{sp} = 4 \times 10^{-20}$，放置后转化为 β 型，$K_{sp} = 7.9 \times 10^{-24}$。

（3）溶剂的影响

大部分无机难溶盐溶解度受溶剂极性影响较大，溶剂极性越大，无机难溶盐溶解度就越大，改变溶剂极性可以改变沉淀的溶解度。对一些水中溶解度较大的沉淀，加入适量与水互溶的有机溶剂，可以降低溶剂的极性，减小难溶盐的溶解度。如 PbSO$_4$ 在 30％乙醇水溶液中的溶解度比在纯水中小约 20 倍。

（4）酸效应的影响

溶液的酸度对沉淀溶解度的影响称为酸效应。产生酸效应的原因主要是溶液中 H$^+$ 溶度对弱酸、多元酸或难溶解离平衡的影响。也可以说是沉淀的构晶离子与溶液中 H$^+$ 或 OH$^-$ 发生了副反应。不同类型的沉淀其影响程度不同。如果沉淀是酸强盐，则影响不大；如果沉淀是弱酸盐或者多元酸盐，或者沉淀本身是弱酸（如硅酸），以及许多与有机沉淀形成的沉淀，酸效应影响较大。根据溶度积和弱电解质解离两种平衡关系，改变溶液的 pH 可使氢氧化物和弱酸盐沉淀的溶解度发生变化。如果溶液的 pH 值是已知的，就可以利用酸效应系数 α 或分布系数 δ 来计算溶解度。

（5）配位效应的影响

配位效应是当溶液中存在能与金属离子生成可溶性配合物的配位剂时，使难溶盐溶解度增大的现象。

有些沉淀反应，当沉淀剂适当过量时，同离子效应起主要作用；当沉淀剂过量太多时，配位效应起主要作用。例如，在 Ag$^+$ 溶液中加入 Cl$^-$，生成 AgCl 沉淀，但如果继续加入过量的

Cl^-,则 Cl^- 能与 AgCl 配位生成 $AgCl_2^-$ 和 $AgCl_3^{2-}$ 配位离子,而使 AgCl 沉淀逐渐溶解,参见表 2-3。

表 2-3　AgCl 在不同浓度 NaCl 溶液中的溶解度

过量 Cl^- 浓度($mol \cdot L^{-1}$)	AgCl 溶解度($mol \cdot L^{-1}$)
0.0	1.3×10^{-5}
3.9×10^{-3}	7.2×10^{-7}
3.6×10^{-2}	1.9×10^{-6}
8.8×10^{-2}	3.6×10^{-6}
3.5×10^{-1}	1.7×10^{-5}
5.0×10^{-1}	2.8×10^{-5}

（6）络合效应的影响

如果溶液中存在的络合剂能与生成沉淀的离子形成可溶性络合物,则会使沉淀的溶解度增大。络合物越稳定,络合剂的浓度越大,溶解度就增加得越大。在重量分析中,必须注意由络合效应引起的溶解损失。如果络合剂的浓度是已知的,就可以利用络合效应系数来计算溶解度。

（7）同离子效应的影响

组成沉淀晶体的离子称为构晶离子。当沉淀反应达到平衡后,向溶液中增加某一构晶离子的浓度,使沉淀溶解度降低的现象,称为同离子效应。同离子效应是降低沉淀溶解度的有效手段,所以在沉淀重量分析中,一般都要加入适当过量的沉淀剂来减少沉淀的溶解损失。但是,沉淀剂的量并不是越多越好,沉淀的溶解度 S 不可能小于它的固有溶解度,沉淀剂加的太多,还可能引起盐效应等副反应,反而使沉淀的溶解度增加。一般情况下,沉淀剂过量 $50\% \sim 100\%$,如果沉淀剂不易挥发除去,则以过量 $20\% \sim 30\%$ 为宜。如果过量太多则又有可能引起酸效应盐效应、及配位效应等副反应,反而使沉淀的溶解度增大。

（8）盐效应的影响

盐效应是指难溶盐溶解度随溶液中离子强度增大而增加的现象。溶液的离子强度越大,离子活度系数越小。

在一定温度下,K_{ap} 是一常数,活度系数与 K_{sp} 成反比,活度系数 γ_{M^+}、γ_{A^-} 减小,K_{sp} 增大,溶解度必然增大。高价离子的活度系数受离子强度的影响较大,所以构晶离子的电荷越高,盐效应越严重。一般由盐效应引起沉淀溶解度的变化与同离子效应、酸效应和配位效应等相比,影响要小得多,常常可以忽略不计。

所以,利用同离子效应降低沉淀溶解度的同时应考虑到盐效应和配位效应的影响,否则沉淀溶解度不但不能减小反而增加,达不到预期的目的。

（9）水解作用的影响

因为沉淀构晶离子发生水解,使难溶盐溶解度增大的现象称为水解作用。例 $MgNH_4PO_4$ 的饱和溶液中,三种离子都能水解。

$$Mg^{2+} + H_2O \Longrightarrow MgOH^+ + H^+$$

$$NH_4^+ + H_2O \Longrightarrow NH_4OH + H^+$$
$$PO_4^{3-} + H_2O \Longrightarrow HPO_4^{2-} + OH^-$$

因为水解使 $MgNH_4PO_4$ 离子浓度乘积大于溶度积,沉淀溶解度增大。为了抑制离子的水解,在 $MgNH_4PO_4$ 沉淀时需加入适量的 NH_4OH。

(10)胶溶作用的影响

进行无定形沉淀反应时,极易形成胶体溶液,甚至已经凝集的胶体沉淀还会重新转变成胶体溶液。同时胶体微粒小,可透过滤纸而引起沉淀损失。因此在无定形沉淀时常加入适量电解质防止沉淀胶溶。如 $AgNO_3$ 沉淀 Cl^- 时,需加入一定浓度的 HNO_3 溶液;洗涤 $Al(OH)_3$ 沉淀时,要用一定浓度 NH_4NO_3 溶液,而不用纯水洗涤。

2.3.3　沉淀滴定原理

沉淀滴定法在滴定过程中,溶液中离子浓度变化的情况相似于其他滴定法,可用滴定曲线表示。

现以 $0.1000\ mol \cdot L^{-1}$ 的 $AgNO_3$ 标准溶液滴定 $20.00\ ml$ $0.1000\ mol \cdot L^{-1}$ 的 $NaCl$ 溶液为例。沉淀反应方程式为:

$$Ag^+ + Cl^- = AgCl \downarrow (白色)$$
$$K_{sp} = 1.77 \times 10^{-10}$$

(1)滴定前

溶液中$[Cl^-]$为溶液的原始溶度,

$$[Cl^-] = 0.1000\ mol \cdot L^{-1} \qquad pCl = -\lg 0.1000 = 1.00$$

(2)滴定至化学计量点前

溶液中$[Cl^-]$取决于剩余的 $NaCl$ 浓度。若加入 $AgNO_3$ 溶液 V ml 时,

$$[Cl^-] = \frac{(20.00 - V) \times 10^{-3} \times 0.1000}{(20.00 + V) \times 10^{-3}} mol \cdot L^{-1}$$

当加入 $AgNO_3$ 溶液 $19.98\ ml$ 时,

$$[Cl^-] = \frac{(20.00 - 19.98) \times 10^{-3} \times 0.1000}{(20.00 + 19.98) \times 10^{-3}} = 5.0 \times 10^{-5} mol \cdot L^{-1}$$

$$pCl = 4.30$$

(3)化学计量点时

溶液为 $AgCl$ 的饱和溶液,

$$[Ag^+][Cl^-] = K_{sp}$$

$$[Cl^-] = [Ag^+] = \sqrt{K_{sp}(AgCl)} = \sqrt{1.8 \times 10^{-10}} = 1.3 \times 10^{-5} mol \cdot L^{-1}$$

$$pCl = pAg = 4.88$$

(4)化学计量点后

溶液中$[Ag^+]$由过量的 $AgNO_3$ 浓度决定。若加入 $AgNO_3$ 溶液的体积为 V 时,则溶液个$[Ag^+]$为

$$[Ag^+] = \frac{(V - 20.00) \times 10^{-3} \times 0.1000}{(V + 20.00) \times 10^{-3}} mol \cdot L^{-1}$$

当加入 $AgNO_3$ 溶液 20.02 ml 时，

$$[Ag^+]=\frac{(20.02-20.00)\times10^{-3}\times0.1000}{(20.02+20.00)\times10^{-3}}=5.0\times10^{-5}\ mol \cdot L^{-1}$$

$$pAg=4.30$$

$$pCl=5.51$$

逐一计算,可得表 2-4 中。根据表中列数据绘出滴定曲线,如图 2-4 所示。

表 2-4　以 0.1000 mol·L^{-1}的 AgNO$_3$ 标准溶液滴定 20.00 ml 0.1000 mol·L^{-1}的 NaCl 溶液过程中 pAg 及 pCl

加入 AgNO$_3$ 溶液的体积		滴定 Cl$^-$	
ml	%	pCl	pAg
0.00	0	1.0	
18.00	90	2.3	7.5
19.60	98	3.0	6.8
19.80	99	3.3	6.5
19.96	99.8	1.0	5.8
19.98	99.9	4.3	5.5
20.00	100	4.9	4.9
20.02	100.1	5.5	4.3
20.04	100.2	5.8	4.0
20.20	101	6.5	3.3
20.40	102	6.8	3.0
22.00	110	7.5	2.3

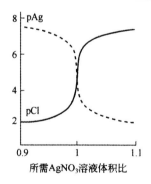

图 2-6　沉淀滴定曲线

根据表 2-4 和图 2-6 可以看出:

①滴定开始时,溶液中离子浓度较大,滴入 Ag^+ 所引起的 Cl^- 浓度改变不大,曲线比较平坦;接近化学计量点时,溶液中 Cl^- 浓度已经很小,再滴入少量 Ag^+ 即可使浓度产生很大变化

而产生突跃

②pAg 与 pCl 两条曲线以化学计量点对称。这表示随着滴定的进行,溶液中 Ag^+ 浓度增加,而 Cl^- 浓度以相同比例减少,化学计量点时,两种离子浓度相等,因此,两条曲线的交点即是化学计量点。

③突跃范围的大小,取决于沉淀的溶度积常数与溶液的浓度。溶度积常数越小,突跃范围越大;溶液的浓度越小,突跃范围越小。

2.3.4 沉淀滴定方法

1.福尔哈德法

福尔哈德法是以铁铵矾$[NH_4Fe(SO_4)_2 \cdot 12H_2O]$作指示剂的银量法,包括返滴定法和直接滴定法。

(1)返滴定法

在含有卤素离子的试液中,首先加入一定量过量的 $AgNO_3$ 标准溶液,使之与卤素离子充分反应,然后以铁铵矾为指示剂,用 NH_4SCN 标准溶液返滴定过量的 $AgSCN$。

用返滴定法测定 Cl^- 时,由于 $AgCl$ 的溶解度比 $AgSCN$ 大,故终点后,稍过量的 SCN^- 将与 $AgCl$ 发生沉淀转化反应,使 $AgCl$ 转化为溶解度更小的 $AgSCN$:

$$AgCl + SCN^- = AgSCN \downarrow + Cl^-$$

所以溶液中出现了红色之后,随着不断地摇动溶液,红色又逐渐消失,不仅多消耗一部分 NH_4SCN 标准溶液,同时也使终点不易判断。

为了避免上述误差,可采取下列措施:

①加入有机溶剂如硝基苯或 1,2 - 二氯乙烷 1~2 ml。用力摇动,使 $AgCl$ 沉淀表面覆盖一层有机溶剂,避免沉淀与溶液接触,这样就可以阻止转化反应发生。此法虽然比较简便,但由于硝基苯的毒性,操作时应多加小心。

用返滴定法测定 Br^- 或 I^- 时,由于 $AgBr$ 及 AgI 的溶解度均比 $AgSCN$ 小,不发生上述的转化反应。但在测定 I^- 时,指示剂必须在加入过量的 $AgNO_3$ 后加入,否则 Fe^{3+} 将氧化 I^- 为 I_2,影响分析结果的准确度。

②当加入过量 $AgNO_3$ 标准溶液,立即加热煮沸溶液,使 $AgCl$ 沉淀凝聚,以减少 $AgCl$ 沉淀对 Ag^+ 的吸附。滤去 $AgCl$ 沉淀,并用稀 HNO_3 洗涤沉淀,洗涤液并入滤液中,然后用 NH_4SCN 标准溶液返滴滤液中过量的 Ag^+。

(2)直接滴定法

在酸性介质中,以铁铵矾做指示剂,用 NH_4SCN 标准溶液滴定 Ag^+。在滴定过程中,先析出白色的 $AgSCN$ 沉淀,

$$Ag^+ + SCN^- \rightleftharpoons AgSCN \downarrow$$

达到化学计量点时,微过量的 NH_4SCN 与 Fe^{3+} 生成红色 $FeSCN^{2+}$,

$$Fe^{3+} + SCN^- \rightleftharpoons FeSCN^{2+} \downarrow$$

即为滴定终点。

在滴定过程中,会不断生成 $AgSCN$ 沉淀,由于它有较强烈的吸附作用,所以有部分 Ag^+

被吸附在沉淀表面,这样就会造成终点出现过早的情况,导致结果偏低。所以滴定时要剧烈振荡,避免吸附,减小测定误差。

通常情况下,将溶液的酸度控制为 $0.1 \sim 1 \text{ mol} \cdot \text{L}^{-1}$ 之内。酸度过低,Fe^{3+} 易水解。为使终点时刚好能观察到 $FeSCN^{2+}$ 明显的红色,所需 $FeSCN^{2+}$ 的最低浓度为 $6 \times 10^{-6} \text{ mol} \cdot \text{L}^{-1}$。要维持 $FeSCN^{2+}$ 的配位平衡,Fe^{3+} 的浓度应远高于这个数值,但 Fe^{3+} 的浓度过大,它的黄色干扰重点的观察。综合这两方面的因素,终点时 Fe^{3+} 的浓度一般控制在 $0.015 \text{ mol} \cdot \text{L}^{-1}$。

2.莫尔法

用铬酸钾作指示剂的银量法称为莫尔法。

(1)基本原理

莫尔法主要用于以 $AgNO_3$ 为标准溶液,直接测定氯化物或溴化物的滴定方法。在这个滴定中,产生白色或浅黄色的卤化银沉淀;在加入第一滴过量的 $AgNO_3$ 溶液时,即产生砖红色的 Ag_2CrO_4 沉淀指示终点的到达。莫尔法依据的是 $AgCl$(或 $AgBr$)与 Ag_2CrO_4 溶解度和颜色有显著差异。滴定反应为:

终点前 $\qquad\qquad\qquad Ag^+ + Cl^- \Longrightarrow AgCl \downarrow$
$$\text{白色}$$

终点时 $\qquad\qquad 2Ag^+ + CrO_4^{2-} \Longrightarrow Ag_2CrO_4 \downarrow$
$$\text{砖红色}$$

其中,

$$K_{sp}(AgCl) = 1.56 \times 10^{-10}$$
$$K_{sp}(Ag_2CrO_4) = 9.0 \times 10^{-12}$$

由于 $AgCl$ 和 Ag_2CrO_4 不是同一类型的沉淀,所以不能用溶度积直接进行比较和计算,需要用他们的溶解度进行讨论。求得 $AgCl$ 的溶解度为 1.25×10^{-5} 小于 Ag_2CrO_4 的溶解度 1.3×10^{-4},根据分步沉淀的原理,在滴定过程中,Ag^+ 首先和 Cl^- 生成 $AgCl$ 沉淀,而此时 $[Ag^+]^2[CrO_4^{2-}] < K_{sp}$,所以不能形成 Ag_2CrO_4 沉淀。随着滴定进行,溶液中 Cl^- 浓度越来越低,Ag^+ 浓度越来越高,在计量点后稍稍过量的 Ag^+,可使 $[Ag^+]^2[CrO_4^{2-}] > K_{sp}$,产生砖红色的 Ag_2CrO_4 沉淀,即滴定终点。

(2)滴定条件

①溶液的酸度。

滴定溶液应为中性或弱碱性(pH=6.5~10.5)。

若溶液为酸性,则 CrO_4^{2-} 与 H^+ 发生反应:

$$2CrO_4^{2-} + 2H^+ \Longrightarrow 2HCrO_4^- \Longrightarrow Cr_2O_7^{2-} + H_2O$$

若溶液碱性太强,则 Ag^+ 与 OH^- 发生反应:

$$2OH^- + 2Ag^+ \Longrightarrow 2AgOH \downarrow \Longrightarrow Ag_2O \downarrow + H_2O$$

当试液中有铵盐时,要求溶液的酸度范围更窄,pH=6.5~7.2,因为当溶液的 pH 值更高时,便有相当数量的 NH_3 释出,形成 $[Ag(NH_3)_2]^+$,使 $AgCl$ 及 Ag_2CrO_4 溶解度增大,影响定量滴定。

②指示剂的用量。

用 $AgNO_3$ 标准溶液滴定 Cl^- 时,在滴定终点时,应有:

$$[Ag^+][Cl^-]=1.8\times10^{-10}$$
$$[Ag^+]^2[CrO_4^{2-}]=9.0\times10^{-12}$$
$$[Cl^-]=\frac{1.8\times10^{-10}}{\sqrt{9.0\times10^{-12}}}\sqrt{[CrO_4^{2-}]}$$

滴定至终点时,溶液中剩余的 Cl^- 浓度的大小与 CrO_4^{2-} 的浓度有关。若 CrO_4^{2-} 的浓度过大,则终点提前到达,溶液中剩余的 Cl^- 浓度就大,从而使测定结果产生较大的负误差。若 CrO_4^{2-} 的浓度过小,则终点推迟,消耗的 Ag^+ 又会增多,从而使测定结果产生较大的正误差。因此为了获得准确的测定结果,则必须严格控制 CrO_4^{2-} 的浓度。

滴定达到化学计量点时,溶液中的 $[Ag^+]$ 为

$$[Ag^+]=[Cl^-]=\sqrt{K_{sp,AgCl}}=\sqrt{1.8\times10^{-10}}=1.3\times10^{-5}\ mol\cdot L^{-1}$$

Ag_2CrO_4 沉淀恰好析出,则溶液中的 $[CrO_4^{2-}]$ 为

$$[CrO_4^{2-}]=\frac{K_{sp,AgCl}}{[Ag^+]^2}=\frac{9.0\times10^{-12}}{(1.3\times10^{-5})^2}=5.3\times10^{-2}\ mol\cdot L^{-1}$$

由此可知,在滴定到达化学计量点时,刚好生成 Ag_2CrO_4 沉淀所需 $[CrO_4^{2-}]$ 较高,由于 K_2CrO_4 溶液呈黄色,浓度较高时颜色较深,会影响滴定终点的判断,所以指示剂的浓度应略低一些为宜,一般滴定溶液中 K_2CrO_4 的浓度约为 $5.0\times10^{-3}\ mol\cdot L^{-1}$。显然,$K_2CrO_4$ 浓度降低,要生成 Ag_2CrO_4 沉淀就要多消耗一些 $AgNO_3$,这样滴定剂就会过量,滴定终点将在化学计量点后出现,因此需做指示剂的空白值对测定结果进行校正,以减小误差。具体就是在不含 Cl^- 的同量的溶液中加入同量的指示剂,滴入 $AgNO_3$ 呈现砖红色,记录其用量,即为指示剂空白值。

③干扰离子。

莫尔法的选择性较差,以下几类离子都会干扰到滴定,应预先分离出去。

· 能与 Ag^+ 生成沉淀的阴离子,例如 PO_4^{3-}、AsO_4^{3-}、CO_3^{2-}、S^{2-}、$C_2O_4^{2-}$ 等离子;
· 能与 CrO_4^{2-} 生成沉淀的阳离子,例如 Ba^{2+}、Pb^{2+}、Bi^{3+} 等离子;
· 大量有色离子,例如 Cu^{2+}、Co^{2+}、Ni^{2+} 等离子。

由于生成的 AgCl 沉淀易吸附溶液中的 Cl^-,使溶液中的 Cl^- 浓度降低,以致终点提前而引入误差。因此,测定时必须剧烈摇动,使被吸附的 Cl^- 释出。测定 Br^- 时,AgBr 吸附 Br^- 比 AgCl 吸附 Cl^- 严重,测定时更要注意剧烈摇动,否则会引入较大的误差。

3. 法扬司法

用 $AgNO_3$ 为标准溶液,吸附指示剂确定终点,测定卤化物含量的方法称为法扬司法。

(1)基本原理

胶状沉淀(如 AgCl)具有强烈的吸附作用,能够选择性地吸附溶液中的离子,首先是构晶离子。如在 Cl^- 过量时沉淀优先吸附 Cl^- 离子,使胶粒带负电荷;在 Ag^+ 过量时,首先吸附 Ag^+ 离子,使胶粒带正电荷。

吸附指示剂,是在接近计量点时能够突然被吸附到沉淀表面层上的物质,在吸附时伴随有

颜色(双色吸附指示剂)或荧光(荧光吸附指示剂)的明显变化。指示剂离子的突然吸附,是由于在沉淀表面层上的电荷的改变而引起的。

例如荧光黄指示剂,它是一种有机弱酸,用 HFI 表示,在溶液中可解离为阴离子 FI⁻,呈黄绿色。当用 $AgNO_3$ 标准溶液滴定 Cl^- 时,加入荧光黄指示剂,在化学计量点之前,溶液中 Cl^- 过量,AgCl 沉淀表面胶体微粒吸附 Cl^- 而带负电荷(AgCl·Cl^-),不吸附指示剂阴离子 FI⁻,溶液呈黄绿色。滴定到化学计量点之后,稍过量的 $AgNO_3$ 可使 AgCl 沉淀表面胶体微粒吸附 Ag^+ 而带正电荷(AgCl·Ag^+)。这时,带正电荷的胶体微粒吸附 FI⁻,形成表面化合物(AgCl·Ag^+·FI⁻),使整个溶液由黄绿色变成淡红色,以指示终点的到达。

(2)指示剂性质

为使终点时指示剂颜色变化明显,使用吸附指示剂应注意以下几点:

①对光敏感。

因为带有吸附指示剂的卤化银胶体对光极为敏感,遇光溶液很快变为灰色或黑色。

②需适当的 pH。

必须控制适当的酸度使指示剂呈阴离子状态。例如荧光黄($pK_a \approx 7$)只能在中性或弱碱性(pH=7~10)溶液中使用。若 pH<7,则主要以 HFI 形式存在,不被吸附,无法指示终点。

③吸附强度要适中。

胶体微粒对指示剂的吸附能力应稍低于对待测离子的吸附能力,否则化学计量点前,指示剂离子就进入吸附层使终点提前。但也不能太差,否则会导致变色不敏锐。

④离子性。

指示剂的呈色离子与加入标准溶液的离子应带有相反电荷。若用 Cl^- 滴定 Ag^+ 时,可用甲基紫作吸附指示剂,这一类指示剂称为阳离子指示剂。

⑤增大沉淀的表面积。

因吸附指示剂的颜色变化是发生在沉淀表面,应尽可能使沉淀呈胶体状态,使沉淀物体有较大的表面积。为此,通常加入胶体保护剂如淀粉、糊精等,防止 AgCl 沉淀凝聚。

常用吸附指示剂见表 2-5。

表 2-5　常用吸附指示剂

指示剂	被测定离子	滴定剂	滴定条件
荧光黄	Cl^-	Ag^+	pH 7~10
二氯荧光黄	Cl^-	Ag^+	pH 4~10
曙红	Br^-、I^-、SCN^-	Ag^+	pH 2~10
溴甲酚绿	SCN^-	Ag^+	pH 4~5
二甲基二碘荧光黄	I^-	Ag^+	中性溶液
甲基紫	Ag^+	Cl^-	酸性溶液
罗丹明 6G	Ag^+	Br^-	酸性溶液
钍试剂	SO_4^{2-}	Ba^{2+}	pH 1.5~3.5

2.4　配位滴定技术

2.4.1　概述

配位滴定法是以配位反应为基础的滴定分析方法,可通过金属离子与配位剂作用形成配合物进行滴定分析。因此,配位反应的有关理论和实践知识,是分析化学的内容之一。但是其中许多配位反应并不能满足滴定分析对化学反应的要求,不能用于滴定分析。

能用于滴定分析的配位反应必须具备下列条件:

①反应必须迅速。

②配位反应要按一定的化学反应式定量进行,这样才能定量计算。

③要有适当的方法确定滴定终点。

④配位滴定的反应要能进行完全,生成的配合物要稳定。

配位剂可分为无机配位剂和有机配位剂。大多数无机配位剂仅含有一个配位原子,不能形成环状结构,各级稳定常数又比较接近,所以很少用于滴定分析。例如,铜离子与氨形成的配合物($[Cu(NH_3)_4]^{2+}$)是分四步配位的,由于各级配合物的稳定性无明显的差别,各级配合物又同时存在于溶液中,在到达化学计量点时,Cu^{2+}浓度不发生突变,因而无法确定滴定终点。

许多有机配位剂,特别是氨羧配位剂,可与金属离子形成稳定的配合物,符合滴定要求,使配位滴定法得到了广泛的应用。以氨基二乙酸[$-N(CH_2COOH)_2$]为基团的氨羧配位剂,能提供氨基氮和羧基氧两种配位原子。这种氨羧配位剂的种类很多,但应用最广泛的是乙二氨四乙酸(EDTA)。

1. 乙二胺四乙酸(EDTA)

EDTA 是一种四元酸,用 H_4Y 表示。因为其在水中的溶解度很小,所以常用它的二钠盐 $Na_2H_2Y \cdot 2H_2O$,一般简称为 EDTA。在水溶液中,EDTA 具有双偶极离子结构:

$$\text{HOOCH}_2\text{C} \atop {}^-\text{OOCH}_2\text{C}} > \underset{+}{\overset{H}{N}} - CH_2 - CH_2 - \underset{+}{\overset{H}{N}} < {\text{CH}_2\text{COO}^- \atop \text{CH}_2\text{COOH}}$$

当 H_4Y 溶于酸度很高的溶液时,其两个羧酸根还可以接受两个 H^+,形成六元酸 H_6Y^{2+},有六级离解平衡。EDTA 在水溶液中以 H_6Y^{2+}、H_5Y^+、H_4Y、H_3Y^-、H_2Y^{2-}、HY^{3-} 和 Y^{4-} 7 种型体存在,且在不同酸度下,各种型体的分布分数 δ(各种型体的浓度与 EDTA 总浓度之比)是不同的。EDTA 各种存在型体在不同 pH 时的分布曲线如图 2-7 所示。

在 7 种型体中,只有 Y^{4-} 能与金属离子直接配位。因此溶液的酸度越低(pH 越大),Y^{4-} 的存在形式越多,EDTA 的配位能力越强。在 pH<1 的强酸性溶液中,EDTA 主要以 H_6Y^{2+} 形式存在;在 pH>10.3 的碱性溶液中,主要以 Y^{4-} 形式存在。

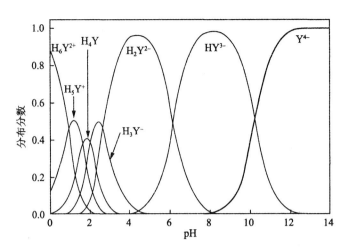

图 2-7   EDTA 各种存在型体在不同 pH 时的分布曲线

2. EDTA 与金属离子的配合物

EDTA 分子具有两个氨氮原子和四个羧氧原子，均为孤对电子，即有六个配位原子。它可以和绝大多数的金属离子形成稳定的配位物。EDTA 与金属离子配位形成具有六配位、五个五元环结构稳定的配合物，具有该类环结构的螯合物比较稳定，配位反应较完全。图 2-8 为 EDTA 与 Zn^{2+} 的配合物的立体结构示意图。

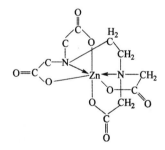

图 2-8   EDTA 与 Zn^{2+} 形成的配合物的立体结构示意图

一般情况下配位比为 $1:1$，计量关系简单。例如：

$$Zn^{2+} + H_2Y^{2-} \rightleftharpoons ZnY^{2-} + 2H^+$$

$$Al^{3+} + H_2Y^{2-} \rightleftharpoons AlY^- + 2H^+$$

在计算时均可以取其化学式作为基本单元，计算简单。只有少数高价金属离子，例如，Zr、Mo 等金属离子形成 $2:1$ 形式配合物。

大多数 M^{n+} 与 EDTA 形成配合物的反应瞬间即可完成，只有极少数金属离子例如，Cr^{3+}、Al^{3+} 室温下反应较慢，但是可以加热促使反应迅速进行。

形成的配合物易溶于水且无色的金属离子形成无色配合物，与有色的金属离子形成颜色更深的配合物。滴定这些离子时，要适当控制其浓度，一般不宜过大，便于指示剂确定其终点。

EDTA 与金属离子的配位能力与溶液的 pH 有密切的关系。使用时要注意选择合适的缓冲溶液。

3.金属指示剂

在配位滴定中,常用指示剂来判断滴定终点。由于指示剂是用来指示化学计量点附近金属离子浓度的变化情况的,故称之为金属离子指示剂,简称金属指示剂。它是一种有色的染料,也是一种配合剂,多为多元酸或多元碱。它能与某些金属离子反应,生成与其本身颜色显著不同的配位物以指示终点。

(1)金属指示剂作用原理

在不同 pH 时,金属指示剂本身存在的型体和颜色也不相同。在适宜的酸度范围内,金属指示剂(In)能与金属离子(M)形成一种与指示剂本身颜色有显著差别的有色配合物(MIn)。

$$In + M \Longrightarrow MIn$$

反应后溶液呈 MIn 的颜色。当滴入 EDTA 溶液后,金属离子逐步被配合。当接近化学计量点时,已与指示剂配合的金属离子又被 EDTA 夺出,释放出指示剂。此时溶液将由 MIn 的颜色变为 In 的颜色,指示滴定到达终点。

$$MIn + Y \Longrightarrow In + MY$$

常用金属指示剂铬黑 T(EBT)的水溶液,在 pH<6 时为红色,pH>12 时为橙色。而铬黑 T 与金属离子形成的配合物的颜色为酒红色。在此 pH 范围游离指示剂的颜色与配合物的颜色没有显著的差别。而试验显示其 pH 在 8~11 时,在水溶液中游离指示剂的颜色显蓝色,配合物的颜色为酒红色。

因此,金属指示剂只能在其颜色与 MIn 有明显区别范围内使用,在使用金属指示剂时必须注意选用合适的 pH 范围。

现以 EDTA 滴定 Mg^{2+}(pH=10),以铬黑 T 做指示剂为例,说明金属指示剂的变色原理。在 pH=8~11 范围内有如下反应

$$EBT + Mg^{2+} \Longrightarrow Mg-EBT$$
$$\text{纯蓝} \qquad\qquad \text{酒红}$$

随着 EDTA 的滴加,溶液中游离的 Mg^{2+} 逐步被 EDTA 配合生成无色 MgY,而整个溶液仍呈酒红色,到接近终点时,游离的 Mg^{2+} 几乎被 EDTA 全部配合完。又由于 Mg-EBT 配合物不如 MgY 配合物稳定,再继续滴加 EDTA 时,EDTA 便夺取 Mg-EBT 中的 Mg^{2+},从而使指示剂铬黑 T 游离出来,呈现纯蓝色。即溶液由酒红色变为纯蓝色,指示滴定终点到达。

(2)金属指示剂的选择

从金属指示剂变色原理可知,作为金属指示剂必须具备以下条件:

①具有一定的选择性,易溶于水,比较稳定,便于贮存和使用。

②与金属离子形成的配合物要有适当的稳定性。

③与金属离子形成的配合物的颜色应与其本身的颜色有明显的差别。

④与金属离子之间的反应要灵敏、迅速,变色的可逆性好。

与酸碱滴定类似,指示剂的选择原则都是以滴定过程中化学计量点附近产生的突跃范围为基本依据的。

(3)指示剂的解离平衡

根据配位平衡,被测金属离子 M 与指示剂形成的有色配合物 MIn 在溶液中有下列解离

平衡:

$$MIn \rightleftharpoons In + M$$

考虑到溶液中副反应的影响,可得如下式子

$$K'_f(MIn) = \frac{[MIn]}{[M'][In']}$$

$$lgK'_{MIn} = pM + lg\frac{[MIn]}{[In']}$$

指示剂的变色点处有$[MIn] = [In']$,溶液呈现混合色,此时 pM 即为金属指示剂的理论变色点,则滴定终点时金属离子的浓度 pM_{ep} 为

$$pM_{ep} = lgK'_{MIn} = lgK_{MIn} - lg\alpha_{In(H)}$$

为提高指示终点的准确性,选择指示剂时,应首先考虑使指示剂的变色点 pM_{ep} 与化学计量点 pM_{ep} 一致或尽量接近,以减少终点误差。

指示剂与金属离子 M 形成配合物的稳定常数 K'_{MIn} 随 pH 变化而变化,它不可能像酸碱指示剂那样有一个确定的变色点。因此,在选择指示剂时还应考虑体系的酸度,通过调整体系的酸度,可以使指示剂的变色点 pM_{ep} 尽量接近化学计量点 pM_{sp},以减小终点误差。

许多金属指示剂是多元弱酸或多元弱碱,游离指示剂本身会随着溶液酸度的变化而显示不同的颜色,这也要求选择指示剂时有一定的酸度范围,以确保在这一酸度范围内,游离态的指示剂 In 颜色与配合物 MIn 颜色显著不同。

虽然指示剂的选择可以通过其有关常数进行理论计算,但目前金属指示剂的有关常数还不齐全,所以在实际工作中大多采用实验方法来选择指示剂,即先试验待测指示剂在终点时的变色敏锐程度,然后再检查滴定结果的准确度,这样即可确定指示剂是否符合要求。

(4)指示剂的不良现象

使用指示剂时容易出现不良现象:

①氧化变质现象。

金属指示剂大多为含双键的有色化合物,易被日光、氧化剂、空气所分解,在水溶液中多不稳定,时间长了会变质。若配成固体混合物则较稳定,保存时间较长。因此,金属指示剂在使用时,通常直接使用由中性盐按一定比例混合后的固体试剂,也可在指示剂溶液中加入还原剂进行保护。此外,指示剂溶液最好是现用现配。

②僵化现象。

有些金属指示剂或金属指示剂配合物在水中的溶解度太小,生成胶体溶液或沉淀,就会影响颜色反应的可逆性,使得滴定剂 EDTA 与金属指示剂配合物 MIn 交换缓慢,使终点拖长,这种现象称为指示剂僵化。解决的办法是加入有机溶剂或加热以增大其溶解度。

③分子聚合现象。

有些金属指示剂可用中性盐混合配成固体混合物且较稳定,保存时间较长。如果需配制成溶液,应现用现配,并在金属指示剂溶液中,加入防止其变质的试剂。例如,在铬黑 T 溶液中加入三乙醇胺防止其发生分子聚合、加入盐酸羟胺或抗坏血酸等可防止其氧化。

④封闭现象。

当配位滴定进行到终点时,由于稍过量的滴定剂 EDTA 并不能夺取 MIn 中的金属离子,

从而使指示剂在计量点附近没有颜色变化,这种现象即为指示剂的封闭现象。指示剂的封闭现象能够通过分析造成封闭的不同原因而采取相应的措施来消除。

2.4.2 配位平衡

1.配位平衡常数

在配位反应中,配合物的形成和离解,同处于相对平衡状态,其配位平衡常数常用稳定常数 K_f 表示。

(1)ML 型

ML 型配合物表示 EDTA 与金属离子形成的 1:1 的配合物,其反应简式如下:

$$M+L \Longrightarrow ML$$

式中:M 为金属离子;L 为单基配位体;ML 为金属配合物。

此反应为配位滴定的主反应,平衡是配合物的稳定常数表达式为:

$$K_f = \frac{[ML]}{[M] \cdot [L]}$$

K_f 越大,那么 EDTA 所形成的配合物 $MIn + Y \Longrightarrow In + MY$ 越稳定。

不同金属离子与 EDTA 形成的配合物的稳定性有较大的差别。碱金属离子的配合物最不稳定,$\lg K_f < 3$;碱土金属离子的 $\lg K_f$ 在 8~11;二价及过渡金属、稀土金属离子和 Al^{3+} 的 $\lg K_f$ 在 15~19;三价、四价金属离子及 Hg^{2+} 的 $K_f > 20$。

ML 型配合物的稳定性主要受离子电荷数、半径和电子层结构影响。离子电荷数越高,离子半径越大,电子层结构越复杂,配合物稳定常数就越大。

(2)ML_n 型配合物

金属离子与其他配位剂 L 可以形成 ML_n 型配位化合物,此时,在溶液中存在着一系列配位平衡,各有其相应的平衡常数。

ML_n 的逐级稳定常数为:

$$M+L \Longrightarrow ML \qquad K_{f_1} = \frac{[ML]}{[M][L]}$$

$$M+L \Longrightarrow ML_2 \qquad K_{f_2} = \frac{[ML_2]}{[ML][L]}$$

$$\vdots \qquad\qquad \vdots$$

$$ML_{n-1}+L \Longrightarrow ML_n \qquad K_{f_n} = \frac{[ML_n]}{[ML_{n-1}][L]}$$

其中,K_{f_1}、K_{f_2}、$\cdots$、K_{f_n} 称为逐级稳定常数。

在许多配位平衡的计算中,常常用到 K_{f_1}、K_{f_2}、K_{f_3} 等数值,这样将逐级稳定常数依次相乘得到的乘积称之为稳定常数,用 β 表示。

第一级: $$\beta_1 = K_{f_1}$$

第二级: $$\beta_2 = K_{f_1} \times K_{f_2}$$

第 n 级: $$\beta_n = K_{f_1} \times K_{f_2} \times \cdots \times K_{f_n}$$

$$\lg \beta_n = \lg K_{f_1} + \lg K_{f_2} + \cdots + \lg K_{f_n}$$

最后一级积累稳定常数又称为总稳定常数,对于 $1:n$ 型配合物 ML_n 的总稳定常数 $K_{f_{总}}$ 为

$$K_{f_{总}} = K_{f_1} \times K_{f_2} \times \cdots \times K_{f_n} = \beta_n = \frac{[ML_n]}{[M][L]^n}$$

2.配位平衡的影响因素

在配位滴定中所涉及的化学平衡比较复杂,除了被测金属离子 M 与滴定剂 Y 之间的主反应外,还存在不少副反应,从而影响主反应的进行。如下式所示:

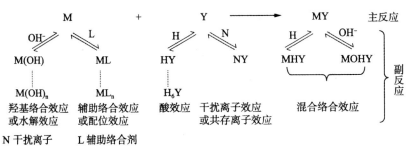

十分明显,这些副反应的发生都将影响主反应。反应物 M、Y 发生副反应将不利于主反应的进行;产物 MY 发生副反应则有利于主反应的进行,但是这些混合配合物大多数不太稳定,从而可以忽略不计。为了定量的表示副反应进行的程度,我们引入副反应系数 α。

(1)平衡常数的影响

无副反应时,金属离子 M 与配位剂 EDTA 的反应进行程度可用稳定常数 K_{MY} 表示,它不受溶液浓度、酸度等外界条件的影响,故又称为绝对稳定常数。K_{MY} 值越大,配合物越稳定。然而在实际滴定中,由于受到副反应的影响,K_{MY} 值已经不能反映主反应的进行程度,此时稳定常数的表达式中,Y 应用 Y' 代替,M 应用 M' 代替,所形成的配位化合物也应当用总浓度 $[MY']$ 表示,那么,在有副反应的情况下,平衡常数变为:

$$K'_{MY} = \frac{[MY']}{[M'][Y']}$$

K'_{MY} 称为条件稳定常数。表示在一定条件下,有副反应发生时主反应进行的程度。

因为

$$[M'] = \alpha_M[M] \qquad [Y'] = \alpha_Y[Y] \qquad [MY'] = \alpha_{MY}[MY]$$

所以

$$K'_{MY} = \frac{\alpha_{MY}[MY]}{\alpha_M[M] \cdot \alpha_Y[Y]} = K_{MY} \cdot \frac{\alpha_{MY}}{\alpha_M \alpha_Y}$$

即

$$\lg K'_{MY} = \lg K_{MY} - \lg \alpha_M - \lg \alpha_Y + \lg \alpha_{MY}$$

此式表示 MY 的条件稳定常数随溶液酸度不同而改变。K'_{MY} 的大小反映了在相应 pH 条件下形成配合物的实际稳定常数,是判定滴定可能性的重要依据。

(2)副反应系数的影响

用 α_Y 表示配位剂的副反应系数:

$$\alpha_Y = \frac{[Y']}{[Y]}$$

α_Y 表示未与 M 配位的 EDTA 的各种型体的总浓度 $[Y']$ 为游离 EDTA(Y^{4-})浓度($[Y]$)的 α_Y 倍。配位剂的副反应主要有酸效应和共存离子效应,其副反应系数则分别表示酸效应系数 $\alpha_{Y(H)}$ 和共存离子效应系数 $\alpha_{Y(N)}$。

因为 H^+ 与 Y 之间的副反应,使得 M 和 Y 的主反应的配位能力下降,将这种现象称为酸效应。当 H^+ 与 Y 发生副反应时,未与金属离子配位的配位体除游离的 Y 外,还有 HY、H_2Y、H_3Y、H_4Y、H_5Y、H_6Y 等,所以未与 M 配位的 EDTA 的浓度应等于以上七种浓度的总和为:

$$[Y'] = [Y] + [HY] + [H_2Y] + [H_3Y] + [H_4Y] + [H_5Y] + [H_6Y]$$

酸效应的大小使用酸效应系数来表示如下:

$$\alpha_{Y(H)} = \frac{[Y']}{[Y]}$$

根据 EDTA 的各级离解平衡关系,我们可以推导出:

$$\alpha_{Y(H)} = 1 + \frac{[H^+]}{K_{a_6}} + \frac{[H^+]^2}{K_{a_6}K_{a_5}} + \frac{[H^+]^3}{K_{a_6}K_{a_5}K_{a_4}} + \frac{[H^+]^4}{K_{a_6}K_{a_5}K_{a_4}K_{a_3}}$$
$$+ \frac{[H^+]^5}{K_{a_6}K_{a_5}K_{a_4}K_{a_3}K_{a_2}} + \frac{[H^+]^6}{K_{a_6}K_{a_5}K_{a_4}K_{a_3}K_{a_2}K_{a_1}}$$

由此可以看出,$\alpha_{Y(H)}$ 与溶液酸度有关,随着溶液 pH 的增大而减小,$\alpha_{Y(H)}$ 越大,配位反应 Y 的浓度越小,从而表示滴定剂发生的副反应越严重;当 $\alpha_{Y(H)} = 1$ 时,$[Y'] = [Y]$,表示滴定剂没有发生副反应,EDTA 全部以 Y 的形式存在。

根据 EDTA 的各级离解常数 K_{a_1}、K_{a_2}、$K_{a_3}\cdots K_{a_6}$,还可以计算出在不同 pH 下的 $\alpha_{Y(H)}$ 值。

(3)配位效应的影响

由于溶液中的其他配位体与金属离子配位所产生的副反应,是金属离子参加主反应的能力降低的现象称之为金属离子的配位效应。当有配位效应存在时,未与 Y 配位的金属离子,除了游离的 M 外,还有 ML、ML_2、$\cdots ML_n$ 等,以 $[M']$ 表示未与 Y 配位的金属离子的总浓度,则有:

$$[M'] = [M] + [ML] + [ML_2] + \cdots + [ML_n]$$

配位效应对主反应影响程度的大小可用配位效应系数 $\alpha_{M(L)}$ 来衡量,它表示未与 Y 配位的金属离子各种型体的总浓度($[M']$)为游离金属离子浓度($[M]$)的 $\alpha_{M(L)}$ 倍,其表达式为:

$$\alpha_{M(L)} = \frac{[M']}{[M]}$$

2.4.3　配位滴定原理

1.配位滴定曲线

在金属离子的溶液中,随着配位滴定剂的加入,金属离子不断发生配位反应,其浓度也随之减小。与酸碱滴定法类似,在化学计量点附近,金属离子浓度发生突跃。因此可将配位滴定过程中金属离子浓度随着滴定剂加入量不同而变化的规律绘制成滴定曲线。

若被滴定的金属离子为不易水解也不易与其他配位剂反应的离子,例如 Ca^{2+},那么只需要考虑 EDTA 的酸效应 $\alpha_{Y(H)}$。可以利用 $K'_{MY}=\dfrac{K_{MY}}{\alpha_{Y(H)}}$ 计算出在不同 pH 溶液中,滴定到不同阶段时被滴定的金属离子的浓度,其计算的思路类同于酸碱滴定。图 2-9 为 EDTA 滴定 Ca^{2+} 的滴定曲线。

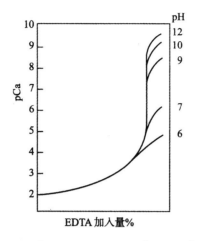

图 2-9　不同 pH 时用 0.01 mol·L^{-1}DETA 标准溶液滴定

0.01 mol·L^{-1}Ca^{2+} 的滴定曲线

在化学计量点前一段曲线的位置仅随着 EDTA 的加入 Ca^{2+} 的浓度不断缩小,后一段受 EDTA 酸效应的影响,pCa 数值随着 pH 的不同而不同。

若被滴定的金属离子为易水解或者易与其他配位剂反应的离子,那么滴定曲线同时受酸效应和配位效应的影响。如图 2-10 为 EDTA 滴定 Ni^{2+} 的滴定曲线,由于氨缓冲溶液中 Ni^{2+} 易与 NH_3 配位,从而生成较为稳定的 $[Ni(NH_3)_4]^{2+}$,使游离的 Ni^{2+} 的浓度减小,所以滴定曲线在化学计量点前一段的位置升高。

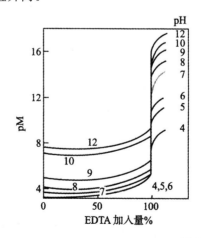

图 2-10　EDTA 滴定 0.001 mol·L^{-1} Ni^{2+} 的滴定曲线

若用 EDTA 标准溶液滴定不同浓度的同一金属离子 M,那么所得的滴定曲线如图 2-11 所示。

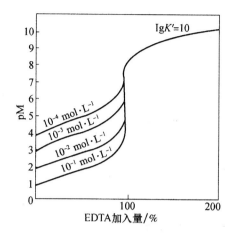

图 2-11 EDTA 与不同浓度 M 的滴定曲线

在配位滴定中,滴定突跃的大小取决于配合物的条件稳定常数和金属离子的起始浓度。配合物的条件稳定常数越大,则滴定突跃的范围越大。当条件稳定常数一定时,金属离子的起始浓度越大,滴定突跃的范围越大。

2. 配位滴定反应的 pH 范围

(1)最小 pH

当 pH=2.0 时 ZnY 的条件稳定常数 K'_{ZnY} 仅为 $10^{2.99}$,配位反应不完全,那么则在该酸度条件下不能进行滴定;当酸度降低时,$lg\alpha_{Y(H)}$ 减小,配位反应趋向完全,在 pH=5.0 时,K'_{ZnY} 为 $10^{10.05}$,此时说明 ZnY 已经十分稳定,此时可以进行滴定分析。上述表明,对于配合物 ZnY 而言,pH=2.0~5.0,存在着可以滴定与不可滴定的界限。所以,需要求出对于不同的金属离子进行滴定时允许的最小 pH。

如果配位滴定反应中只有 EDTA 的酸效应而无其他副反应时,配位滴定中被测金属离子的 [M] 一般为 0.01 mol·L^{-1},则有

$$lgK'_f(MY) = lgK_f(MY) - lg\alpha_{Y(H)} \geqslant 8$$

即有

$$lg\alpha_{Y(H)} \leqslant lgK_f(MY) - 8$$

按照上式计算所得的 $lg\alpha_{Y(H)}$ 值对应的 pH 就是滴定该金属离子的最低 pH。如果溶液 pH 低于这一限度时,金属离子则不能被准确滴定。

(2)最大 pH

配位滴定时实际采用的 pH 要比允许的最低 pH 略高些,从而使得金属离子反应更加完全。然而 pH 过高又会引起金属离子的水解生成沉淀,从而影响 MY 的形成,甚至有时候会使滴定无法进行。所以不同金属离子在被滴定时有不同的最高 pH。在没有其他配位剂存在时,最高 pH 可由 $M(OH)_n$ 的溶度积求得。

溶液的 pH 逐渐减小,增大了酸效应,使得配合物不稳定,减小了突跃范围,继而不利于滴定的进行。所以,在配位滴定中往往需要加入一定量的缓冲溶液来控制溶液的 pH。

（3）酸效应曲线及其用途

计算出滴定各种金属离子所允许的最低 pH 后,可将各种金属离子的稳定常数 $\lg K_{MY}$ 与滴定允许的最低 pH 绘制成 $pH-\lg K_{MY}$ 曲线,称为酸效应曲线,或林邦曲线。如图 2-12 所示。

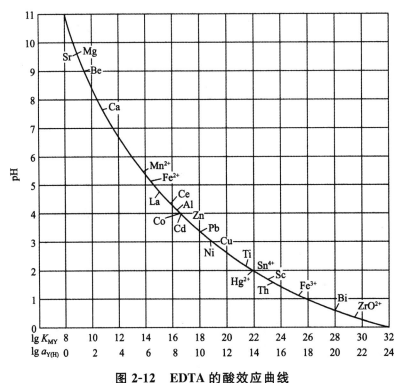

图 2-12　EDTA 的酸效应曲线

（金属离子浓度为 10^{-2} mol·L^{-1},允许测定的相对误差为 0.1%）

酸效应曲线的用途:

①干扰的判断。

一般而言,酸效应曲线上被测金属离子右下的离子都会干扰测定。例如,在 pH＝10.0 附近滴定 Mg^{2+} 时,溶液中如果同时存在位于 Mg^{2+} 下方的离子,此时它们均可以被同时滴定。即根据"上不干扰下干扰"的原则判断共存金属离子对被滴金属离子是否存在干扰。

②连续滴定的控制。

当溶液中多种金属离子同时存在时,利用控制溶液酸度的方法可以进行选择滴定或者连续滴定。例如,溶液中有 Bi^{3+}、Zn^{2+} 和 Mg^{2+} 时,可在溶液 pH＝1.0 时滴定 Bi^{3+},然后调节 pH＝5.0～6.0 时滴定 Zn^{2+},最后调节 pH＝10.0～11.0 时滴定 Mg^{2+}。

③最低 pH 的允许条件。

从曲线上可以找出各种金属离子单独被 EDTA 准确滴定时允许的最低 pH,即最大酸度。如果滴定时溶液的 pH 小于该值,那么金属离子配位不完全。实际滴定时所采用的 pH 要比所允许的最低 pH 高一些,从而保证被测滴定的金属离子配位完全。

2.4.4 配位滴定方式

为了扩大配位滴定法的应用范围,可根据不同情况采用不同的滴定方式。常用的滴定方式有以下几种。

1.置换滴定方式

置换滴定法是指利用置换反应,置换出配合物中的金属离子或 EDTA,然后再用 EDTA 或金属离子标准溶液进行滴定,测定被置换出的金属离子或 EDTA 的方法。

(1)置换出金属离子

用置换法测定 Ag^+,因 EDTA 不能直接滴定 Ag^+,在 Ag^+ 试液中加入过量 $Ni(CN)_4^{2-}$,使发生置换反应

$$2Ag^+ + Ni(CN)_4^{2-} = 2Ag(CN)_2^- + Ni^{2+}$$

用 EDTA 滴定被置换出的 Ni^{2+},便可求得 Ag^+ 的含量。

Ca^{2+}、Zn^{2+}、Al^{3+} 三种金属离子共存时要测定 Al^{3+},可在混合离子溶液中加入过量 EDTA,并加热使各种金属离子全部与 EDTA 完全反应,控制 $pH = 5 \sim 6$,用 Cu^{2+} 标准溶液返滴过量 EDTA,然后加入 NH_4F,使 AlY^- 转化为更稳定的 AlF_6^{3-},再用铜标准溶液滴定被置换出的 EDTA,即可计算出 Al^{3+} 的含量。

(2)置换出 EDTA

若测定某种金属离子 M 的溶液中含有多种干扰离子,加入 EDTA 进行配位反应,然后加入选择性高的配位剂 L 与 M 反应,置换出等量的 EDTA,再用金属标准溶液滴定释放出的 EDTA,求出 M 的含量。

在测定含有共存离子 Cu^{2+} 和 Zn^{2+} 等试样中的 Al^{3+} 时,为提高滴定的选择性,先在溶液中加入一定量过量的 EDTA,加热使 Al^{3+}、Zn^{2+} 和 Cu^{2+} 等离子都与 EDTA 完全作用。用二甲酚橙作指示剂,Zn^{2+} 标准溶液返滴过量的 EDTA,再加入 F^-,AlY 配合物转化成更稳定的 AlF_i,同时释放出等量的 EDTA。然后置换出的 EDTA 再用 Zn^{2+} 标准溶液滴定,即可求得复杂样品中 Al^{3+} 的含量。

2.返滴定

当某些金属离子用 EDTA 滴定时找不到合适的指示剂,或者与 EDTA 配位反应速度缓慢时,往往采用返滴定。返滴定是在被测试液中预先加入已知过量的 EDTA 标准溶液,再通过加热、延长反应时间等方式使之充分反应,然后用金属离子标准溶液滴定过量的 EDTA,由此可求得被测物含量。

用做返滴定剂的金属离子 N 与 EDTA 形成的配合物要有适当的稳定性,且 $K_{NY} < K_{MY}$,从而保证滴定的准确性。从平衡的角度考虑,当 $K_{NY} > K_{MY}$,则会发生如下应

$$N + MY = NY + M$$

一般在适当的酸度下,Zn^{2+},Cu^{2+},Mg^{2+},Ca^{2+} 等常用做返滴定剂。

测定 Sr^{2+} 时没有变色敏锐的指示剂,在被测溶液中加入过量的 EDTA 溶液,使 Sr^{2+} 与 EDTA 完全反应后,以铬黑 T 做指示剂,用 Mg^{2+} 标准溶液返滴过量的 EDTA,可测得 Sr^{2+}

的含量。

在测定 Ni^{2+} 时,由于 Ni^{2+} 与 EDTA 配位反应速度较慢,于是先加入一定量过量的 EDTA 标准溶液,调节酸度为 pH=5,煮沸溶液,使 Ni^{2+} 与 EDTA 完全配位,以 PAN 为指示剂,用 $CuSO_4$ 标准溶液返滴定过量 EDTA,可测得 Ni^{2+} 的含量。

Al^{3+} 与 EDTA 配位反应速度较慢,在水中容易生成多羟基配合物,也没有合适的指示剂,因此采用返滴定方式测定 Al^{3+}。EDTA 测定 Ba^{2+} 时,也采用返滴定的方式进行测定。

3. 直接滴定方式

直接滴定法是指直接用 EDTA 标准溶液滴定待测离子的方法。若有其他干扰离子存在,滴定前应加掩蔽剂进行掩蔽或分离除去。这种方法操作简便、迅速、引入误差少,是配位滴定中的最基本方式,因此在可能的范围内应尽可能采用直接滴定法。能采用直接滴定法进行测定的金属离子见表 2-6。

表 2-6　采用直接滴定法进行测定的金属离子

金属离子	pH	指示剂	其他主要条件	终点
Mg^{2+}	10	铬黑 T	NH_2-N 也 Cl 缓冲溶液	红→蓝
Ca^{2+}	12～14	钙指示剂	NaOH 介质	酒红→蓝
Fe^{2+} (加 Vc)	5～6.5	二甲酚橙	六次甲基四胺	红→黄
Fe^{3+}	1.5～3	磺基水杨酸	乙酸,温热	红紫→黄
Zn^{2+}	10	铬黑 T	氨缓冲溶液	红→蓝
	5～6	二甲酚橙	六次甲基四胺	红紫→黄
Cu^{2+}	9.3	邻苯二酚紫	NH_2-NH_4Cl 缓冲溶液	蓝→红紫
	2.5～10	PAN		红→绿
Sn^{2+}	5.5～6	甲基百里酚蓝	吡啶.乙酸盐,加 NaF 掩蔽 sn^{4+}	蓝→黄
Pb^{2+}	10	铬黑 T	NH_2-NH_4Cl 缓冲液,酒石酸,TEA,40～70℃	蓝紫→蓝
	5	二甲酚橙	HAc—NaAc 缓冲溶液	红紫→黄
	6	二甲酚橙	六次甲基四胺	红紫→黄

对于下列情况,不宜采用直接滴定法进行滴定。

①SO_4^{2-}、PO_4^{3-} 等不能与 EDTA 形成配合物,或 Na^+、K^+ 等与 EDTA 形成的配合物不稳定。

②Al^{3+}、Ni^{2+} 等与 EDTA 的配合速度很慢,本身又易水解或封闭指示剂。

③Ba^{2+}、Sr^{2+} 等虽能与 EDTA 形成稳定的配合物,但缺少符合要求的指示剂。

对不适宜采用直接滴定法进行测定的金属离子,可采用其他滴定方式进行测定。

4. 间接滴定方式

间接滴定方式是指在待测溶液中加入一定量过量的、能与 EDTA 形成稳定配合物的金属离子做沉淀剂,以沉淀待测离子,过量的沉淀剂用 EDTA 滴定,最后利用沉淀待测离子消耗沉淀剂的量,间接地计算出待测离子的含量。通常情况下,不能与 EDTA 生成稳定配合物的金属离子可以利用间接滴定方式。

例如,测定 PO_4^{3-} 时可利用过量 Bi^{3+} 与其反应生成 $BiPO_4$ 沉淀,用 EDTA 滴定过量的 Bi^{3+} 时,即可计算出 PO_4^{3-} 的含量。也可以在酸性条件下加入 $MgCl_2$ 并煮沸,再滴加氨水至碱性,使 PO_4^{3-} 沉淀为 $MgNH_4PO_4 \cdot 6H_2O$,用氨水洗净沉淀,过滤后用 HCl 液将沉淀溶解,加入过量的 EDTA 标准溶液,调节溶液至氨碱性,以铬黑 T 为指示剂,用 Mg^{2+} 标准溶液返滴过量的 EDTA,间接求得磷的含量。

为了测定 Na^+,可先将 Na^+ 沉淀为醋酸铀酰锌钠 $NaZn(UO_2)_3Ac_9 \cdot 9H_2O$,将沉淀过滤洗净,再将其溶解,用 EDTA 标准溶液滴定 Zn^{2+},可间接计算出试样中的 Na^+ 含量。

需要注意的是,间接滴定方式操作烦琐,且非常好容易使误差增多,因而不是一种理想的分析方法。

2.5　电位滴定技术

用电位法确定滴定终点的滴定方法即为电位滴定技术。随着滴定剂的加入,电化学池的两个电极端发生化学反应,从而使试液中待测离子或与之有关的离子的浓度不断变化,指示电极的电位也发生变化,而电池电动势也发生变化。终点时电位发生突变,即电池电动势发生突变,根据此电动势的变化就可确定终点。与电位法相比,电位滴定法是测定电位的变化,测量结果应比电位法更准确;与常规的滴定法相比,电位滴定法可分析混浊或有色溶液,并能实现连续和自动滴定。电位滴定法的实验装置如图 2-13 所示。

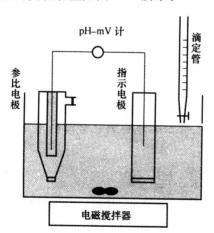

图 2-13　电位滴定装置

电位滴定法可以通过绘制滴定曲线来确定滴定终点,具体方法有三种,即 $E-V$ 曲线法、$\dfrac{\Delta E}{\Delta V}-V$ 曲线法和 $\dfrac{\Delta^2 E}{\Delta V^2}-V$ 曲线法。

以银电极作指示电极,饱和甘汞电极作参比电极,用 $0.1000\ mol \cdot L^{-1}$ $AgNO_3$ 标准溶液

滴定 Cl^-,实验数据如表 2-7 所示,以此为例,说明终点的确定方法。

表 2-7　0.1000 mol·L^{-1} AgNO₃ 标准溶液滴定 Cl^- 实验数据

加入 AgNO₃/ml	E/mV	$\dfrac{\Delta E}{\Delta V}$	$\dfrac{\Delta^2 E}{\Delta V^2}$
5.00	0.062		
15.00	0.085	0.002	
20.00	0.107	0.004	
22.00	0.123	0.008	
23.00	0.138	0.015	
23.50	0.146	0.016	
23.80	0.161	0.050	
24.00	0.174	0.065	
24.10	0.183	0.090	
24.20	0.194		
24.30	0.233	0.390	2.8
24.40	0.316	0.830	4.4
24.50	0.340	0.240	−5.9
24.60	0.351	0.110	−1.3
24.70	0.358	0.070	−0.4
25.00	0.373	0.050	
25.50	0.385	0.024	

（1）$E-V$ 曲线法

用滴定剂 AgNO₃ 的加入体积(ml)为横坐标,电位计读数(E)为纵坐标,绘制 $E-V$ 曲线,如图 2-14(a)所示,$E-V$ 曲线的拐点,即为滴定终点。

（2）$\dfrac{\Delta E}{\Delta V}-V$ 曲线法

此法为一阶微商法。以一阶微商值 $\dfrac{\Delta E}{\Delta V}$ 对平均体积 V 作图,如在 20.0~22.0 ml 之间,

$$\frac{\Delta E}{\Delta V} = \frac{0.123 - 0.107}{22.0 - 20.0} = 0.008$$

对应体积 $V = \dfrac{22.0 + 20.0}{2} = 21.0$ ml,其他各点均如此对应,得图 2-14(b)曲线,曲线中的极大值即为滴定终点。

（3）$\dfrac{\Delta^2 E}{\Delta V^2}-V$ 曲线法

此法为二阶微商法,以 $\dfrac{\Delta^2 E}{\Delta V^2}$ 对 V 作图,得图 2-14(c)曲线,曲线最高与最低点连线与横坐标之交点即为滴定终点。也可用二阶微商内插法计算终点。此法一般不需作图,可直接通过内插法计算得到滴定终点的体积,比一阶微商法更准确、更简便。二阶微商内插法的计算方法

为在滴定终点前和终点后找出一对 $\dfrac{\Delta^2 E}{\Delta V^2}$ 数值,使 $\dfrac{\Delta^2 E}{\Delta V^2}$ 由正到负或由负到正,具体做法如下所述。

加入 24.30 ml $AgNO_3$ 时

$$\frac{\Delta^2 E}{\Delta V^2} = \frac{\left(\dfrac{\Delta E}{\Delta V}\right)_2 - \left(\dfrac{\Delta E}{\Delta V}\right)_1}{\Delta V} = \frac{0.83 - 0.39}{24.35 - 24.25} = +4.4$$

加入 24.40 ml $AgNO_3$ 时

$$\frac{\Delta^2 E}{\Delta V^2} = \frac{0.24 - 0.83}{24.45 - 24.35} = -5.9$$

用内插法计算出对应于 $\dfrac{\Delta^2 E}{\Delta V^2}$ 等于零时的体积,即为滴定终点时消耗的滴定剂体积(V_{ep})。

$$V_{ep} = V + \frac{a}{a - b} \times \Delta V = 24.30 + \frac{4.4}{4.4 + 5.9} \times 0.10 = 24.34 \text{ ml}$$

式中,a 为二阶微商为 0 前的二阶微商值;b 为二阶微商为 0 后的二阶微商值;V 为 a 时标准溶液的体积,ml;ΔV 为 $a \sim b$ 之间的滴定剂体积差,ml。

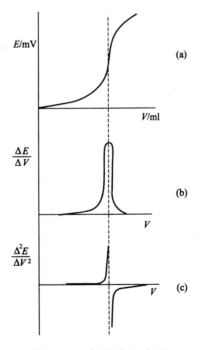

图 2-14 电位滴定曲线

2.6 电导滴定技术

在电化学分析技术中,电导分析技术的灵敏度极高,方法又简单,常常作为检测水的纯度的理想方法。电解质溶液能导电,而且当溶液中离子浓度发生变化时,其电导也随之而改变。用电导来指示溶液中离子的浓度就形成了电导分析技术,它又分为直接电导技术和电导滴定技术,下面主要介绍电导滴定技术。

2.6.1 电导的测量方法

当两个铂电极插入电解质溶液中,并在两电极上加一定的电压,此时就有电流流过回路。电流是电荷的移动,在金属导体中仅仅是电子的移动,在电解质溶液中由正离子和负离子向相反方向的迁移来共同形成电流。

电解质溶液的导电能力用电导 G 来表示,即

$$G = \frac{1}{R}$$

电导是电阻 R 的倒数,其单位为西门子(S)。

对于一个均匀的导体来说,它的电阻或电导是与其长度和截面积有关的。为了便于比较各种导电体及其导电能力,类似于电阻率,提出了电导率的概念,即

$$G = \kappa \frac{A}{L}$$

上式中,κ 为电导率,$S \cdot m^{-1}$;L 为导体的长度;A 为截面积。电导率和电阻率是互为倒数的关系。

电解质溶液的导电是通过离子来进行的,所以电导率与电解质溶液的浓度及其性质有关。电解质解离后形成的离子浓度,即单位体积内离子的数目越大,电导率就越大。离子的迁移速率越快,电导率也就越大。离子的价数,即离子所带的电荷数目越高,电导率越大。

为了比较各种电解质导电的能力,提出了摩尔电导率的概念。摩尔电导率 Λ_m 是指含有 1 mol 电解质的溶液,在距离为 1 cm 的两片平板电极间所具有的电导,Λ_m 为

$$\Lambda_m = \kappa V$$

式中,V 含有 1 mol 电解质的溶液的体积,cm^3。如果溶液的浓度为 c,则

$$V = \frac{1000}{c}$$

当溶液的浓度降低时,电解质溶液的摩尔电导率将增大。这是因为离子移动时常常受到周围相反电荷离子的影响,使其速率减慢。无限稀释时,这种影响减到最小,摩尔电导率达到最大的极限值,此值称为无限稀释时的摩尔电导率,用 Λ_0 表示。电解质溶液无限稀释时,摩尔电导率是溶液中所有离子摩尔电导率的总和,即

$$\Lambda_0 = \sum \Lambda_{0+} + \sum \Lambda_{0-}$$

上式中,Λ_{0+},Λ_{0-} 是无限稀释时正、负离子的摩尔电导率。

在无限稀释的情况下,离子摩尔电导率是一个定值,与溶液中共存离子无关。电导是电阻的倒数,所以测量溶液的电导也就是测量它的电阻。经典的测量电阻的方法是采用惠斯通电桥法,其装置如图 2-15 所示。

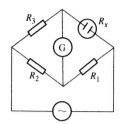

图 2-15 惠斯通平衡电桥

电导较高时，为了防止极化现象，宜采用 $1000 \sim 2500\ Hz$ 的高频电源。交流电正半周和负半周造成的影响能相互抵消。

溶液电导的测量常常是将一对表面积为 A、相距为 L 的电极插入溶液中进行，可知

$$G = \kappa \frac{A}{L} = \kappa \frac{1}{\dfrac{1}{A}}$$

对一定的电极来说，$\dfrac{L}{A}$ 为常数，用 θ 表示，称为电导池常数，即

$$\theta = \frac{L}{A}$$

电导池常数直接测量比较困难，常用标准 KCl 溶液来测定。有时需要使用铂黑电极，它可以有效增加比表面积，减少极化。它的缺点是对杂质的吸附加强了。

2.6.2 电导滴定原理

作为滴定分析的终点指示方法，电导应用于一些体系的滴定过程中。在这些体系中，滴定剂与溶液中被测离子生成水、沉淀或难离解的化合物。溶液的电导在终点前后发生变化，化学计量点时滴定曲线出现转折点，可指示滴定终点。

滴定分析过程中，伴随着溶液离子浓度和种类的变化，溶液的电导也发生变化，利用被测溶液电导的突变指示理论终点的方法称为电导滴定法。例如，以 $C^+ D^-$ 滴定 $A^+ B^-$，强电解质的电导滴定曲线如图 2-16 所示。设反应式为

$$(C^+ + D^-) + (A^+ + B^-) \longrightarrow AD + C^+ + B^-$$

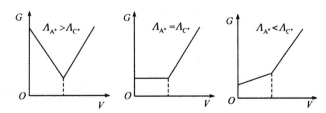

图 2-16 强电解质的电导滴定曲线

滴定开始前，溶液的电导由 A^+、B^- 所决定。从滴定开始到化学计量点之前，溶液中 A^+ 逐渐减少，而 C^+ 逐渐增加。这一阶段的溶液电导变化取决于 Λ_{A^+} 和 Λ_{C^+} 的相对大小：

①当 $\Lambda_{A^+} > \Lambda_{C^+}$ 时，随着滴定的进行，溶液电导逐渐降低。

②当 $\Lambda_{A^+} < \Lambda_{C^+}$ 时,溶液电导逐渐增加。

③当 $\Lambda_{A^+} = \Lambda_{C^+}$ 时,溶液电导恒定不变。

在化学计量点后,由于过量 C^+ 和 D^- 的加入,溶液的电导明显增加。电导滴定曲线中两条斜率不同的直线的交点就是化学计量点。

有弱电解质参加的电导滴定情况要复杂一些,但确定滴定终点的方法是相同的。

电导滴定时,溶液中所有存在的离子对电导值产生影响。因此,为使测量准确可靠,试液中不应含有不参加反应的电解质。为避免在滴定过程中产生稀释作用,所用标准溶液的浓度常十倍于待测溶液,以使滴定过程中溶液的体积变化不大。

对于滴定突跃很小或有几个滴定突跃的滴定反应,电导滴定可以发挥很大作用,如混合酸碱的滴定、弱酸弱碱的滴定、多元弱酸的滴定以及非水介质的滴定等。电导滴定在酸碱、沉淀、配位和氧化还原滴定中都能应用。

2.7 永停滴定技术

永停终点法也称死停终点法,它是电位滴定法的一个特例。将 2 支相同的铂电极插入被测溶液中(见图 2-17),在 2 个电极间外加一个小量电压(10～100 mV),观察滴定过程中电解电流的变化以确定终点,这种方法叫做永停终点法。

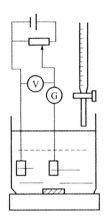

图 2-17 永停终点法仪器示意图

2.7.1 永停滴定原理

当溶液中存在氧化还原电对时,插入一支铂电极,它的电极电位服从能斯特方程,但在该溶液中插入 2 支相同的铂电极时,由于电极电位相同,电池的电动势等于零。这时若在 2 个电极间外加一个很小的电压,接正端的铂电极发生氧化反应,接负端的铂电极发生还原反应,此时溶液中有电流通过。这种外加很小电压引起电解反应的电对称为可逆电对。

若 I_2/I^- 电对就是可逆电对,电解反应为 $I_2 + 2e^- \rightleftharpoons 2I^-$。反之,有些电对在此小电压下不能发生电解反应,称为不可逆电对,如 $S_4O_6^{2-}/S_2O_3^{2-}$ 电对。永停滴定法就是利用滴定过程中,溶液可逆电对的形成,两极回路中电流突变来指示终点的。

例如,用 $S_2O_3^{2-}$ 滴定 I_2,在滴定开始到化学计量点前,溶液中存在 I_2/I^- 可逆电对,此时有电流流过溶液;滴定到终点时,溶液中的 I_2 均被还原为 I^-;过量半滴 $S_2O_3^{2-}$ 时,溶液中存在 $S_4O_6^{2-}/S_2O_3^{2-}$ 不可逆电对,所以电流立即变为零,即电流计指针偏回零,此即滴定终点。

在滴定终点后再滴加 $S_2O_3^{2-}$ 溶液,电流永远为零,电流计指针永远停在零点,所以称它为永停终点法。如果以 I_2 滴定 $S_2O_3^{2-}$,在理论终点前,溶液中存在 $S_4O_6^{2-}/S_2O_3^{2-}$ 不可逆电对,溶液中无电流流过,电流计指针指零,那么过了终点后多余的半滴 I_2 与溶液中的 I^- 构成 I_2/I^- 可逆电对,产生电解反应,电流计指针立即产生较大的偏转,表示终点已经达到。

永停终点法可用于碘量法、铈量法和重氮化法等滴定分析的终点指示。

2.7.2　永停滴定曲线

1. 被检测物质为不可逆电对,滴定剂为可逆电对

用碘滴定硫代硫酸钠就是这种情况。在滴定终点前,溶液中只有 $S_4O_6^{2-}/S_2O_3^{2-}$ 电对,因为它们是不可逆电对,虽然有外加电压,电极上也不能发生电解反应。另外,溶液虽然有滴定反应产物 I^- 存在,但 I_2 浓度一直很低,不会发生明显的电解反应,所以电流计指针一直停在接近零电流的位置上不动。一旦达到滴定终点并有稍过量的 I_2 加入后,溶液中建立了明显的 I_2/I^- 可逆电对,电解反应得以进行,产生的电解电流使电流计指针偏转并不再返回零电流的位置。随着过量 I_2 的加入,电流计指针偏转角度增大。滴定时的电流变化曲线如图 2-18(a)所示,曲线的转折点即滴定终点。

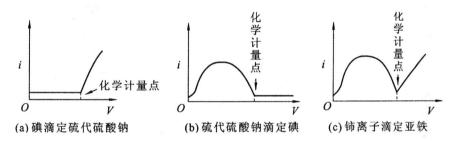

图 2-18　永停滴定法中 $i-V$ 关系曲线

(a) 碘滴定硫代硫酸钠　　　(b) 硫代硫酸钠滴定碘　　　(c) 铈离子滴定亚铁

2. 被检测物质为可逆电对,滴定剂为不可逆电对

用硫代硫酸钠滴定稀碘(I_2)溶液即属这种情况。从滴定开始到化学计量点前,溶液存在 I_2/I^- 可逆电对,有电解电流通过电池。电流的大小取决于溶液中滴定产物 I^- 的浓度,I^- 的浓度由小变大,电解电流也由小变大,在半滴定点电流最大。越过半滴定点,电流的大小改为取决于溶液中剩余 I_2 的浓度,I^- 的浓度逐渐变小,电解电流也逐渐变小,至化学计量点,I_2 的浓度趋于零,电流也趋于零。化学计量点后,溶液中虽然有不可逆的 $S_4O_6^{2-}/S_2O_3^{2-}$ 滴定剂电对,但无明显的电解反应。

所以越过化学计量点后,电流将停留在零电流附近并保持不动。滴定时的电流变化曲线如图 2-18 (b)所示。此类滴定法是根据滴定过程中,电流下降至零,并停留在原地不动的现象确定滴定终点。

3.被检测物质与滴定剂均为可逆电对

铈离子滴定亚铁属于这种情况。在化学计量点前,电流来自溶液中 Fe^{3+}/Fe^{2+} 可逆电对的电解反应,电流的变化机理和 $i-V$ 关系曲线与图 2-18(c)中化学计量点前的情况相同,滴定终点时电流降至最低点。终点过后,随着 Ce^{4+} 的加入,Ce^{4+} 过量,溶液中建立了 Ce^{4+}/Ce^{3+} 可逆电对,有电流通过电解池,电流开始上升,随着过量 Ce^{4+} 的加入,电流计指针偏转角度增大。图 2-18(c)所示。

第3章 色谱分析技术

色谱法的分离原理:当混合物随流动相流经色谱柱时,就会与固定相发生作用,由于各组分在物理化学性质和结构上的差异,与固定相发生作用的大小、强弱程度不同,因此在同一推动力的作用下,不同组分在固定相中的滞留时间不同,从而使混合物中各组分按一定顺序,先后从色谱柱中流出,再进行定性和定量分析。色谱分析技术的选择性好、分离效能高、灵敏度高、分析速度快,但对未知物不易确切定性。但是,当与质谱、红外光谱、核磁共振等方法联用时,不仅可以确切定性,而且更能显现色谱法的高分离效能。色谱法与现代新型检测技术和计算机技术相结合,出现了许多带有工作站的自动化新型仪器,使分析水平有了很大提高。目前,色谱法已广泛应用于工农业生产、医药卫生、经济贸易、石油化工、环境保护、生理生化、食品质量与安全等部门的有关工作。

3.1 气相色谱分析技术

3.1.1 概述

用气体作为流动相的色谱法称为气相色谱技术(GC)。根据固定相的状态不同,气相色谱技术又可将其分为气固色谱和气液色谱。

气相色谱具有以下特点:

①分析速度快。一般只需几分钟到几十分钟便可完成一次分析,如果用色谱工作站控制整个分析过程,自动化程度提高,分析速度更快。

②选择性好。能分离分析性质极为相近的物质,如有机物中的手性物质,顺、反异构体,同位素,芳香烃中的邻、间、对位异构体、对映体积组成极复杂的混合物,如石油、污染水样和天然精油等。

③分离效能高。在较短时间内能够同时分离和测定极为复杂的混合物。例如,用空心毛细管柱能一次分析样品中的 150 个组分。

④灵敏度高。可以分析 $10^{-11} \sim 10^{-13}$ g 的物质,可以检测出超纯气体、高分子单体和高纯试剂等数量级在 10^{-10} 数量级的杂质,非常适合于微量和痕量分析。

⑤应用范围广。可以分析气体、易挥发的液体和固体,包含在固体之中的气体。通常,只要沸点在 500℃ 以下,且在操作条件下热稳定性良好的物质,理论上均可以采用气相色谱技术进行分析。对于受热易分解或挥发性低的物质,通过化学衍生的方法使其转化为热稳定性或高挥发性的衍生物,同样可以实现气相色谱的分离和分析。

气液色谱多用高沸点的有机化合物涂渍在惰性载体上作为固定相,一般只要在 450℃ 以下,有 1.5 kPa～10 kPa 的蒸气压且热稳定性好的有机和无机化合物都可用气液色谱分离。由于在气液色谱中可供选择的固定液种类很多,容易得到好的选择性,所以气液色谱有广泛的实用价值。气固色谱是采用多孔性固体为固定相,分离的主要对象是一些气体以及大部分低沸点的化合物。由于气固色谱可供选择的固定相种类甚少,分离的对象不多,且色谱峰容易产生拖尾,因此实际应用相对不多。

气相色谱技术以其高效能的色谱柱、高灵敏的检测器以及计算机处理技术,广泛用于石油化工、生物技术、农副产品、食品工业、医药卫生等领域。

3.1.2 气相色谱仪

气相色谱仪的一般流程示意图如图 3-1 所示。气相气相色谱仪一般由载气源(包括压力调节器、净化器)、进样器(也可称为汽化室)、色谱柱与柱温箱、检测器和数据处理系统构成。进样器、柱温箱和检测器分别具有温控装置,可达到各自的设定温度。最简单的数据处理系统是记录仪,现代数据处理系统都是由既可存储各种色谱数据,计算测定结果,打印图谱及报告,又可控制色谱仪的各种实验条件,如温度、气体流量、程序升温等的工作站处理,一般而言这些工作站是由计算机和专用色谱软件组成的。

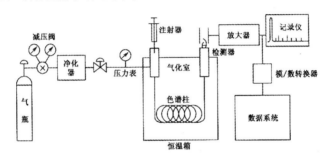

图 3-1 气相色谱仪的一般流程示意图

根据各部分的功能,气相色谱仪可分为气路系统、进样系统、分离系统、检测系统、记录系统和温度控制系统六大系统。组分能否分离,色谱柱是关键;分离后的组分能否产生信号则取决于检测器的性能和种类。所以分离系统和检测系统是核心。

(1)气路系统

气路系统是一个载气连续运行、管路密闭的系统。气路系统包括气源、气体净化、气体流速控制和测量。其作用是将载气及辅助气进行稳压、稳流和净化,以提供稳定而可调节的气流以保证气相色谱仪的正常运转。

载气流速的稳定性、准确性同样对测定结果有影响。载气流速范围常选在 $30\sim100$ ml·min^{-1} 之间,流速稳定度要求小于 1%,用气流调节阀来控制流速,如稳压阀、稳流阀、针形阀等。

常用的载气有氮气、氢气、氦气和氩气等,实际应用中载气的选择主要根据检测器的特性来决定。这些气体一般由高压钢瓶供给,纯度要求在 99.99% 以上。市售的钢瓶气如纯氮、纯氢等往往含有水分等其他杂质,需要纯化。常用的纯化方法是使载气通过一个装有净化剂(硅胶、分子筛、活性炭等)的净化器来提高气体的纯度。硅胶、分子筛的作用是除去载气中的水分,活性炭吸附载气中的烃类等大分子有机物。

(2)进样系统

将气体、液体、固体样品快速定量地加到色谱柱头上,进行色谱分离。进样量的准确性和重复性以及进样器的结构等都对定性和定量有很大的影响。

进样系统包括进样装置和气化室,其作用是定量引入样品并使其瞬间气化。气相色谱要求气化室体积尽量小,无死角,以减少样品扩散,提高柱效。对于气体样品,常用六通阀进样;对于液体样品,一般采用注射器、自动进样器进样;对于固体样品,一般溶解于常见溶剂转变为溶液进样;对于高分子固体,可采用裂解法进样。

（3）分离系统

分离系统主要由色谱柱构成,是气相色谱仪的心脏。它的功能是使试样在色谱柱内运行的同时得到分离。试样中各组分分离的关键,主要取决于色谱柱的效能和选择性。色谱柱中的固定相是色谱分离的关键部分。根据色谱柱的形状和特性,色谱柱主要分为填充柱和毛细管柱两大类。

要求色谱柱箱使用温度范围宽,控温精度高,热容小,升温、降温速度快,保温好。

（4）检测系统

检测系统由检测器与放大器等组成,其作用是把柱子分离后的各组分的浓度变化信息转变成易于测量的电信号,如电流、电压等,进而输送到记录器记录下来。检测器是色谱仪的关键部件。

气相色谱检测器约有 10 多种,常用的是热导检测器、火焰离子化检测器、电子捕获检测器、火焰光度检测器等,这些是微分型检测器。微分型检测器的特点是被测组分不在检测器中积累,色谱流出曲线呈正态分布,即呈峰形,峰面积或峰高与组分的质量或浓度成比例。

气相色谱检测器可分为通用性检测器和选择性检测器,通用性指对绝大多数物质都有响应,选择性指只对某些物质有响应,对其他物质无响应或响应微弱。根据检测原理,又可将检测器分为浓度型和质量型。浓度型检测器指其响应与进入检测器的浓度的变化成比例;质量型检测器指其响应与单位时间内进入检测器的物质量成比例。热导和电子捕获检测器属浓度型;火焰离子化及火焰光度检测器属质量型。

（5）温度控制系统

温度控制是气相色谱仪分析的重要操作条件之一,直接影响到色谱柱的选择性、分离效率和检测器的灵敏度和稳定性。因各部分要求的温度不同,故需三套不同的温控装置。一般情况下,汽化室温度比色谱柱恒温箱温度高 30℃～70℃,以保证试样能瞬间汽化;以防止试样组分在检测器系统内冷凝,检测器温度与色谱柱恒温箱温度相同或稍高于后者。温度控制可分恒温控制和程序升温控制。

（6）记录系统

记录仪可以将检测器产生的电信号记录下来,以便得到一张永久的色谱图。记录系统的作用是采集并处理检测系统输出的信号以及显示和记录色谱分析结果,主要包括记录仪,有的色谱仪还配有数据处理器。现代色谱仪多采用色谱工作站的计算机系统,不仅可对色谱数据进行自动处理和记录,还可对色谱参数进行控制,提高了定量计算精度和工作效率,实现了色谱分析数据操作处理的自动化。

3.1.3 气相色谱分离原理与流程

1.气相色谱分析原理

气相色谱的流动相一般为惰性气体,气－固色谱法中的固定相通常为表面积大且具有一定活性的吸附剂。当多组分的混合物样品进入色谱柱后,由于吸附剂对每个组分的吸附力不同,一段时间后,各组分在色谱柱中的运行速度也就不同。吸附力弱的组分容易被解吸下来,最先离开色谱柱进入检测器,而吸附力最强的组分最不容易被解吸下来,因此最后离开色谱柱。各组分在色谱柱中彼此分离,顺序进入检测器中被检测、记录下来。

气－液色谱中,以均匀涂渍在载体表面的液膜为固定相,这种液膜对各种有机物都具有一定的溶解度。当样品被载气带入柱中到达固定相表面时,就会溶解在固定相中。当样品中含有多个组分时,由于它们在固定相中的溶解度不同,一段时间后,各组分在柱中的运行速度也就不同。溶解度小的组分先离开色谱柱,溶解度大的组分后离开色谱柱。这样,各组分在色谱柱中彼此分离,再顺序进入检测器中被检测、记录下来。

2.气相色谱分析流程

气相色谱技术的流动相(载气)对样品和固定相呈惰性,专门用来载送样品的气体。常用的载气有 H_2、N_2、Ar、He 等气体。

气相色谱分析过程可以简单地概括为:载气载送样品经过色谱柱中的固定相,使样品中的各组分分离,再分别检出。具体操作过程是:打开载气钢瓶顶部的总阀,载气经减压阀后进入净化干燥管以除去水分和杂质;流量调节阀将载气流速调至需要值,再由下而上地通过转子流量计,其中转子位置的高低指示出载气流速的相对大小,压力表显示出载气的柱前压力;样品由进样器快速注入气化室,其中的液体样品被瞬时气化,并由载气带入色谱柱,样品中的各组分在色谱柱内得到分离,然后随载气进入检测器,经检测后放空。检测器产生的检测信号被放大器放大,最后由记录仪记录,便得到了反映样品组成及其分离状况的色谱图。

3.1.4 气相色谱固定相

气相色谱分析中,固定相的选择直接关系到色谱柱的选择性

$$固定相\begin{cases}固体固定相\ 固体吸附剂\\液体固定相\ 由载体和固定液组成\end{cases}$$

1.气液色谱固定相

气液色谱固定相是表面均匀涂渍一薄层固定液的细颗粒固体,即分为固定液和载体两部分。

(1)载体

载体应是一种具有化学惰性,多孔的固体颗粒,能提供一个具有大表面积的惰性表面(内、外)。具体要求如下。

①热稳定性好,有一定的机械强度,不易破碎。

②多孔性,即表面积较大,使固定液与试样的接触面较大。

③对载体粒度的要求,均匀、细小,将有利于提高柱效,通常会选用 40～60 目、60～80 目或 80～100 目等;

④表面应是化学惰性的,即表面没有吸附性或吸附性很弱,更不能与被测物质起化学反应。

常用的气相色谱载体分为硅藻土型和非硅藻土型两大类。硅藻土型应用较多,如表 3-1 所示。由于处理加工的方法不同,硅藻土载体分为红色载体(担体)和白色载体(担体)两类。红色载体含有黏合剂,比表面积较大,一般约为 $4.0~m^2 \cdot g^{-1}$,机械强度高,可担负较多的固定液;缺点是表面活性中心不易完全覆盖,分析极性物质时易出现谱峰拖尾现象。白色载体煅烧时加入了助熔剂碳酸钠,表面孔径粗,比表面积较小,一般只有 $1.0~m^2 \cdot g^{-1}$,表面活性中心易于覆盖,有利于分析极性物质;缺点是机械强度差,如国产 101 和 405 载体等。

表 3-1　部分气相色谱载体

载体类型	名称	适用范围
白色硅藻土载体	101 白色载体,102 白色载体	分析极性或碱性组分
	101 硅烷化白色载体 102 硅烷化白色载体	高沸点氢键型组分
红色硅藻土载体	6201 载体,201 载体	非极性或弱极性组分
	301 载体,釉化载体	中等极性组分
非硅藻土载体	聚四氟乙烯载体	强极性组分
	玻璃球载体	高沸点、强极性组分

硅藻土载体表面存在着硅醇基及少量金属氧化物,分别会与易形成氢键的化合物及酸碱作用,产生拖尾,出现载体的钝化,因此需要除去这些活性中心。通常有如下三种方法可以选择。

①硅烷化法:将载体与硅烷化试剂反应,用于除去载体表面的硅醇基。主要用于分析具有形成氢键能力较强的化合物,如 101 和 102 硅烷化载体。

②酸洗法:用 $6~mol \cdot L^{-1}$ HCl 浸泡 20～30 min,用于除去载体表面的铁等金属氧化物。酸洗载体可用于分析酸性化合物。

③碱洗法:用 5%KOH-甲醇液浸泡或、回流,用于除去载体表面的 Al_2O_3 等酸性作用点,可用于分析胺类等碱性化合物。

(2)固定液

固定液是试样能够分离的主体,发挥着关键作用。固定液通常是高沸点、难挥发的有机化合物或聚合物(有上千种)。不同种类的固定液,有其特定的使用温度范围,尤其是最高使用温度极限。必须针对被测物质的性质选择合适的固定液。

对固定液的要求如下:

①选择性好,对试样各组分分离能力强,各组分的分配系数差别要大。

②热稳定性高,在较高的工作温度下不发生分解,故每种固定液应给出最高使用温度。

③化学稳定性强,不与试样发生不可逆化学反应。

④熔点适宜,在室温下固定液不一定为液体,但在使用温度下一定呈液体状态,以保持试样在气液两相中的分配。

⑤溶剂溶解度适中,使固定液能均匀涂敷在担体表面,形成液膜。

⑥挥发性较小,在使用温度下应具有较低的蒸气压,避免在长时间的载气流动下造成固定液的大量流失,使试样分析结果的重复性下降。

⑦对试样中的各组分有适当的溶解性能,对易挥发的组分有足够的溶解能力。

2.气固色谱固定相

气固色谱的固定相是一种具有多孔性及较大表面积的固定颗粒吸附剂,当被分析试样随着载气进入色谱柱后,吸附剂对试样混合物中各组分的吸附能力不同,经过反复多次的吸附—脱附过程,使各组分分离。表 3-2 所列为气固色谱法常用的几种吸附剂。

表 3-2　气固色谱法常用吸附剂

吸附剂	使用温度℃	分析对象
活性炭	小于 300	惰性气体,CO_2、N_2 和低沸点碳氢化合物
氧化铝	小于 400	$C_1 \sim C_4$ 烃类异构物
硅胶	小于 400	$C_1 \sim C_4$ 烃类,SO_2、H_2S、SF_6 等
分子筛	小于 400	惰性气体,H_2、O_2、N_2、CO、CH_4 等

3.1.5　气相色谱的分析方法

气相色谱的分析对象是在汽化室温度下能成为气态的物质,除少数情况外,大多数物质在分析前都需进行预处理。例如,生物样品的预处理是必不可少的,水或空气中的有机污染物的分析需要对样品进行浓缩处理。若样品中含有大量的水、乙醇或能被强烈吸附的物质,一旦进入到色谱柱中将会导致色谱柱柱效降低;一些非挥发性的物质进入色谱柱后,本身还会逐渐降解,造成严重噪声;像有机酸一类的物质,极性很强,挥发性很低而热稳定性又差,必须先进行化学衍生化处理,使其转变为稳定的、易挥发的物质如三甲基硅烷化衍生物或醚类衍生物后才能进行色谱分析。

1.定性分析

用气相色谱进行定性分析就是确定待测试样的组成,要确定色谱图上每一个峰的归属。由于能用于色谱分析的物质很多,不同组分在同一固定相上色谱峰出现的时间可能相同,仅凭色谱峰对未知物定性有一定的困难,因此,有时还需要其他一些化学分析或仪器分析方法相配合,才能准确地判断某些组分是否存在。

(1)利用已知物质对照法

测定时只要在相同的色谱条件下,分别测出已知物和未知样品的保留值,在未知样品色谱图中对应于已知物保留值的位置上若有峰出现,则判定样品可能含有此已知物组分,否则就不存在这种组分。如果样品较复杂,流出峰间的距离太近,或色谱条件不易控制稳定,要准确确定保留值有一定困难,这时候最好用增加峰高的办法定性。将已知物加到未知样品中混合进样,若待定性组分峰比不加已知物时的峰高相对增大了,则表示原样品中可能含有该已知物的成分。有时几种物质在同一色谱柱上恰有相同的保留值,无法定性,则可用性质差别较大的双柱定性。若在这两个柱子上,该色谱峰峰高都增大了,一般可认定是同一物质。

(2)保留指数法

对于气相色谱,可采用这种方法。保留指数与其他保留数据相比,是一种重现性较好的定性参数。

保留指数是将正构烷烃作为标准物,把一个组分的保留行为换算成相当于含有几个碳的正构烷烃的保留行为来进行描述,这个相对指数称为保留指数,定义公式如下。

$$I_X = 100 \left[Z + n \frac{\lg t'_{R(X)}}{\lg t'_{R(Z+n)}} \right]$$

I_X 为待测组分的保留指数,Z 与 $Z+n$ 为正构烷烃对的碳数。规定正己烷、正庚烷的保留指数为 600、700,其他以此类推即可。

许多手册上都刊载各种化合物的保留指数,只要固定液及柱温相同,在有关文献给定的操作条件下,将选定的标准和待测组分混合后进行色谱实验,计算出待测组分 X 的保留指数 I_x,再与文献值对照,即可定性。根据保留指数随温度的变化率还可用来判断化合物的类型,因为不同类型化合物的保留指数随温度的变化率不同。保留指数的重复性及准确性均较好,其相对误差小于 1%。

(3)保留值的经验规律法

相对保留值 $r_{1,2}$ 是两种物质的调整保留值之比,它仅仅与柱温和固定相的性质有关,许多物质的相对保留值已被测出并记载在文献资料上。在做定性分析时,可在样品中加入文献规定的标准物质,然后在文献规定的柱温下通过规定的固定相,测得组分对标准物质的相对保留值,再与文献上的数据相对照,若两者相同或非常接近,便可初步确定该组分即是文献上所对应物质。

同系物为只相差一个或若干个 $-CH_2-$ 的化合物。在一定温度下,同系物的 $\lg V'_R$ 值和分子中的碳数有线性关系($n = 1,2$ 时可能有偏差),即

$$\lg V'_R = A_1 n + C_1$$

式中,A_1 和 C_1 是与固定液和待测物分子结构有关的常数。n 为分子中的碳原子数。V'_R 为调整保留体积(也可用其它调整保留值)。碳数规律只适用于同系物,而不适用于同族化合物。

(4)联用技术

气相色谱对于多组分复杂混合物的分离效率很高,定性却十分困难。质谱、红外光谱及核磁共振谱等都是鉴别未知物结构的有力工具,但同时也要求所分析样品成分尽量单一。将色谱与质谱、红外光谱、核磁共振谱等具有定性能力的分析方法联用,复杂的混合物先经气相色谱分离成单一组分后,再利用质谱仪、红外光谱仪或核磁共振谱仪进行定性。即气象色谱仪作为分离手段,把质谱仪、红外分光光度计作为鉴定工具,两者互补,联用技术也称两谱联用。

2.定量分析

气相色谱技术对于多组分混合物既能分离,又能提供定量数据,迅速方便,定量精密度为

$1\% \sim 2\%$。在实验条件恒定时,流入检测器的待测组分 i 的含量 m_i(浓度或质量)与检测器的响应信号(峰面积 A_i 或峰高 h_i)成正比,因此可利用峰面积定量,正常峰也可用峰高定量。

$$m_i = f_{iA}A_i$$

或

$$m_i = f_{ih}h_i$$

式中, f_{iA} , f_{ih} 为绝对校正因子。准确的进行定量分析,须准确测量响应信号,确定定量校正因子。

一般正常峰计算峰面积的公式:

$$A = 1.065 \times h \times W_{\frac{1}{2}}$$

式中,A 为峰面积,h 为峰高,在相对计算时,系数 1.065 可以约去。这里的峰高 h 指的是峰顶与基线之间的距离。

(1)定量校正因子

色谱的定量分析是基于被测物质的量与其峰面积的正比关系。由于同一检测器对同一种物质具有不相同的响应值,用峰面积来直接计算物质的含量是不行的,要引入校正因子进行计算。

①绝对校正因子,单位峰面积或者峰高对应的组分 i 的浓度和质量。

$$f_{iA} = \frac{m_i}{A_i}$$

$$f_{ih} = \frac{m_i}{h_i}$$

测量绝对校正因子 f_{iA} 、f_{ih} ,需要准确知道进样量,这是比较困难的,在定量分析中常用相对校正因子。

②相对校正因子,

$$F_{isA} = \frac{f_{iA}}{f_{sA}} = \frac{A_s m_i}{A_i m_s}$$

$$F_{ish} = \frac{f_{ih}}{f_{sh}} = \frac{A_s m_i}{A_i m_s}$$

公式子中,F_{isA} 、F_{ish} 分别为组分 i 以峰面积和峰高为定量参数时的相对校正因子,f_{sA} 、f_{sh} 分别是基准组分 s 以峰面积和峰高为定量参数时的绝对校正因子。m_i 、m_s 可用分析天平称量而得。相对校正因子与无关相对校正因子与组分和标准物的性质及检测器类型有关,与操作条件或者色谱条件无关。当无法得到被测的纯组分时,可以使用文献值。

测定相对校正因子时应注意:标准物纯度和组分应符合色谱分析要求,不应小于 98%。在一定的浓度范围之内,响应值与浓度呈线性关系,组分的浓度应在线性范围内。

(2)定量方式

①外标法。

外标法是所有定量分析中最通用的定量方法,其优点是操作简便,不必测定校正因子,计算简单。分析结果的准确度主要取决于进样量的重复性和色谱条件的稳定程度。主要有标准曲线法和直接比较法。

标准曲线法:取待测试样的纯物质配成一系列不同浓度的标准溶液,分别取一定体积,进样分析。从色谱图上测出峰面积,以峰面积或峰高对含量作图即为标准曲线。在相同的色谱条件下分析待测试样,从色谱图上测出试样的峰面积或者峰高,再由上述标准曲线查出待测组分的含量。

直接比较法:将未知样品中某一物质的峰面积与该物质的标准品的峰面积直接比较进行定量。通常要求标准品的浓度与被测组分浓度接近,从而减少定量误差。

②内标法。

内标法是将一定量的纯物质作为内标物,加入准确称取的样品中,根据样品与内标物的质量及其在色谱图上相应的峰面积比,求出某组分的含量。内标法是通过测量内标物和被测组分的峰面积的相对值进行计算,由于操作条件变化而引起的误差,也将反映在内标物和被测组分上而抵消掉,从而能得到比较准确的结果。这种方法在很多仪器分析方法上得到应用。

内标法中内标物的选择至关重要,需要满足以下条件:

- 使用量应该接近于被测组分;
- 样品中不存在的纯物质,并且这种纯物质稳定易得;
- 浓度要恰当,其峰面积与待测组分相差不大;
- 色谱峰应在各待测组分色谱峰之间或与之相近。

③归一化法。

归一化法是指将试样中所有组分的含量之和按百分比计算,以它们相应的色谱峰面积为定量参数。若试样中所有组分均能流出色谱柱且在检测器上有响应信号,可用此方法计算各待测组分 X 的含量。此法表达式为

$$\omega_i = \frac{A_X f_X}{\sum\limits_{i=1}^{n} A_i f_i}$$

其中 f 为相对校正因子。

归一化法简便,定量结果与进样量无关,色谱条件的变化对结果影响较小。缺点是必须所有组分在一个分析周期都能流出色谱柱,而且检测器对它们都产生信号,否则,结果就会不准确。因此,若试样中有组分不能出峰,则不适用此法。

3.2　高效液相色谱分析技术

3.2.1　概述

液相色谱法是指流动相为液体的色谱技术。经典液相色谱法由于使用粗颗粒的固定相,填充不均匀,依靠重力使流动相流动,因此分析速度慢,分离效率低。除了用于某些制备及分离外,已远不能适应现代分离分析的需要。高效液相色谱技术在经典液相色谱技术的基础上,引入气相色谱技术的理论,在技术上使用高压泵、高效固定相以及高灵敏检测器,使之发展为具有高效、高速、高灵敏度的液相色谱技术,也称为现代液相色谱技术。采用不同的分离机理,高效液相色谱(HPLC)又开发出液固吸附、液液分配、离子交换、空间排阻及亲和色谱等不同的分离模式,故应用非常广泛。

高效液相色谱技术具有如下几个突出的优点：

（1）分析效率高

在高效液相色谱中，由于采用直径小至 $3~\mu m$、$5~\mu m$ 的高效填料，理论塔板数可达每米几万块或者更多。

（2）分析速度快

与经典液相色谱法相比，高效液相色谱技术由于采用高压泵输液，流动相的流速可控制在 $1\sim 10~ml \cdot min^{-1}$，比前者快很多。

（3）灵敏度高

高效液相色谱已广泛采用高灵敏度检测器，如高灵敏度紫外、荧光、电化学检测器的使用，最小检测量可达纳克数量级。

（4）流动相选择范围宽

气相色谱中载气选择余地小，选择性取决于固定相，在液相色谱中，液体可变范围很大，可用多种溶剂作为流动相，可以是有机溶剂，也可以是水溶液，在极性、pH、浓度等方面都能变化。

（5）适用范围广

对样品的适用性很广，不受分析对象挥发性和热稳定性的限制，只要求样品能制成溶液，不需气化，这弥补了气相色谱法的不足。高效液相色谱技术可用于高沸点、相对分子质量大、热稳定性差的有机化合物及各种离子的分离分析。

（6）高度自动化

使高效液相色谱技术不仅能自动处数据、绘图和打印分析结果，并且可以自动控制色谱条件，使色谱系统一直处于最佳状态工作，成为全自动化的仪器。

3.2.2 高效液相色谱仪

以液体为流动相，采用高压输液泵、高效固定相和高灵敏度检测器等装置的液相色谱仪称为高效液相色谱仪。现代高效液相色谱仪的种类很多，根据其功能不同，可分为分析型、制备型和专用型。无论高效液相色谱仪在复杂程度以及各种部件的功能上有多大的差别，就其基本原理而言是相同的，一般由五部分组成，分别是输液系统、进样系统、分离系统、检测系统以及数据处理系统。图 3-2 为高效液相色谱仪的仪器结构图。

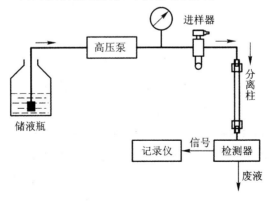

图 3-2 高效液相色谱仪结构图

1. 储液器

储液器用于存放溶剂,溶剂必须很纯,储液器的材料要耐腐蚀,对溶剂有惰性,通常为 1～2 L 大容量玻璃瓶,也可是不锈钢制品。储液器应配有溶剂过滤器,以防流动相的颗粒进入高压泵内。过滤器一般用耐腐蚀的镍合金制成,空隙大小一般在 2 μm 左右。

2. 高压泵

高压输液泵是高效液相色谱的主要部件之一,高压输液泵应具有压力平稳,脉冲小,流量稳定可调,耐腐蚀等特性。在高效液相色谱中,为了获得高柱效而使用粒度很小的固定相,液体流动相高速通过时,将产生很高的压力,其工作压力范围为 $1.50 \times 10^2 \sim 3.5 \times 10^7$ Pa,因此对泵的耐磨性、密封性及加工精度要求极高。

常用的高压输液泵有恒流泵和恒压泵两种类型。恒流泵可保持在工作中给出稳定的流量,流量不随系统阻力变化。恒压泵可保持输出的流动相压力稳定,流量则随系统阻力改变,造成保留时间的重现性差。目前在高效液相色谱中采用的主要是恒流泵,有机械注射泵和机械往复柱塞泵两种主要类型,其中又以机械往复柱塞泵为主。机械往复柱塞泵的结构示意图如图 3-3 所示。在泵入口和出口装有单向阀,依靠液体压力控制。吸入液体时,进口阀打开,出口阀关闭,而排出液体时相反。由其原理可知,这种泵存在着输液脉冲,可通过采取双柱塞和脉冲阻尼器来减小脉冲。

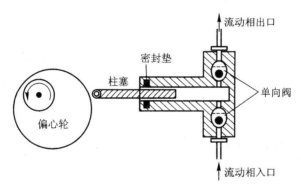

图 3-3　机械往复柱塞泵的结构示意图

3. 进样器

进样器包括进样口、注射器、六通阀和定量管等。它将样品有效地送入色谱柱。进样系统是柱外效应的重要来源之一。为了避免由柱外效应而引起峰展宽,从而减少对板高的影响,对液相色谱进样系统,要求重现性好、死体积小、保证柱中心进样,进样时色谱系统压力和流量波动小,便于自动化控制等。进样装置常见的有隔膜注射进样器、停流进样器、六通阀进样器和自动进样器。目前,多采用耐高压、重复性好、操作方便、带定量管的六通阀进样器。

4.分离柱

色谱分离系统主要指色谱柱,是色谱系统的心脏,样品在此完成分离。色谱分离系统包括色谱柱、恒温装置和连接阀三部分。分离系统性能的好坏是色谱分析的关键。对色谱柱的要求是柱效高、选择性好、分析速度快。

色谱柱由柱管和固定相组成。因为色谱柱要耐高温以及耐流动相和样品的腐蚀,所以柱管材料通常为不锈钢,按用途可将色谱柱分为分析型和制备型两类。其中分析柱又可分为常量柱、半微量柱和毛细管柱。常量分析柱柱长为 10~30 cm,内径为 2~4.6 mm;半微量柱柱长为 10~20 cm,内径为 1~1.5 mm;毛细管柱柱长为 3~10 cm,内径为 0.05~1 mm;实验室制备柱柱长为 10~30 cm,内径为 20~40 mm。

高效液相色谱技术的装柱是一项需要技巧的工作,对色谱分离效果影响较大。根据固定相微粒的大小,填充色谱柱的方法有干法和湿法两种。如果微粒直径大于 20 μm 的可用干法填充,方法与气相色谱法相同;微粒直径在 10 μm 以下的,则只能用湿法装柱,即先将填料配成悬浮液贮于容器中,然后在高压泵的作用下压入色谱柱。

在进样器和色谱柱之间还可以连接预柱或保护柱,这样可以防止来自流动相或样品中不溶性微粒堵塞色谱柱,同时预柱还能提高色谱柱寿命,但是会增加峰的保留时间,降低保留值较小组分的分离效率。

5.检测器

检测器的作用是把洗脱液中组分的浓度转变为电信号,并由数据记录和处理系统绘出谱图来进行定性和定量分析。高效液相色谱技术的检测器要求噪声低、灵敏度高、线性范围宽、重复性好和适用范围广。检测器有很多种,如紫外-可见光检测器、示差折光检测器、荧光检测器、电化学检测器和蒸发光散射检测器等。

(1)紫外-可见光检测器

紫外吸收检测器是目前应用最广的液相色谱检测器,对大部分有机化合物有响应,已成为高效液相色谱的标准配置。紫外检测器具有灵敏度高,线性范围宽,死体积小,渡长可选,易于操作等特点。

图 3-4 为紫外-可见吸收检测器的光路结构示意图,它主要由光源、光栅、波长狭缝、吸收池和光电转换器件组成。光栅主要将混合光源分解为不同波长的单色光,经聚焦透过吸收池,然后被光敏元件测量出吸光度的变化。

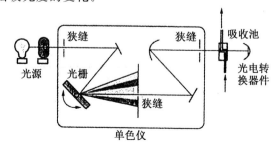

图 3-4　紫外-可见吸收检测器的光路结构示意图

（2）示差折光检测器

是一种通用型检测器，因为各种物质都有不同的折光指数，凡是具有与流动相折射率不同的组分，都可以使用这种检测器进行检测。它是根据折射率原理制成的，可以连续检测样品池中流出物和参比池流动相之间的折光指数差值，而这一差值和样品的浓度是成正比的。它操作方便并且不破坏样品，但灵敏度偏低，不适用于痕量分析，对温度变化敏感，不能用于梯度洗脱。

（3）荧光检测器

荧光检测器属于高灵敏度、高选择性的检测器，仅对某些具有荧光特性的物质有响应，如多环芳烃，维生素 B、黄曲霉素、卟啉类化合物、农药、药物、氨基酸、甾类化合物等。其基本原理是在一定条件下，荧光强度与流动相中的物质浓度成正比。典型荧光检测器的光路如图 3-8 所示。为避免光源对荧光检测产生干扰，光电倍增管与光源成 90°角。荧光检测器具有较高的灵敏度，比紫外检测器的灵敏度高 2~3 个数量级，检出限可达 10^{-12} g·ml^{-1}。但线性范围仅为 10^3，且适用范围较窄。该检测器对流动相脉冲不敏感，常用流动相也无荧光特性。

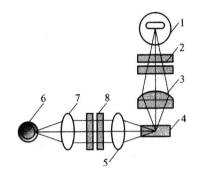

图 3-5　荧光检测器示意图

1-光电倍增管；2-发射滤光片；3-透镜；

4-样品流通池；5-透镜；6-光源；7-透镜；8-激发滤光片

（4）电化学检测器

电化学检测器主要有两种类型：一是根据溶液的导电性质，依据测定离子溶液电导率的大小来测量离子浓度；另一类是根据被测物在电解池中工作电极上所发生的氧化－还原反应，通过电位、电流和电量的测量，确定被测物的浓度。

对那些不能发生荧光或者是无紫外吸收，但具有电活性的物质，均可用电化学检测器进行检测。目前电化学检测器主要有 4 种即电导、安培、极谱和库仑。此外，电化学检测器所用流动相必须具有导电性，因此一般使用极性溶剂或水溶液，主要是盐的缓冲液作流动相。

（5）蒸发光散射检测器

20 世纪 90 年代研制的新型通用型检测器。蒸发光散射检测器适用于挥发性低于流动相的任何样品组分，仅要求流动相中不可以含有缓冲盐。通常认为蒸发光散射检测器是示差折光检测器的新型替代品，主要用于测定不产生荧光又无紫外吸收的有机物，比如糖类、高级脂肪酸、维生素、磷脂、甘油三酯等。

6.数据处理系统

20世纪80年代后,计算机技术的广泛应用使得高效液相色谱技术的操作更加准确、简便、快速。高效液相色谱的数据处理系统主要有记录仪、色谱数据处理机和色谱工作站,其作用是记录和处理色谱分析的数据。目前使用比较广泛的是色谱数据处理机和色谱工作站。

3.2.3 高效液相色谱技术的类型及其原理

依据分离原理不同,高效液相色谱技术可分为十余种,主要有液-液分配色谱法、液-固吸附色谱法、离子交换色谱法、体积排阻色谱法等。

1.液-液分配色谱法

根据被分离的组分在流动相和固定相中溶解度不同而分离。在液液色谱中,固定相是通过化学键合的方式固定在基质上。分离过程是一个分配平衡过程。不同组分的分配系数不同,是液液分配色谱中组分能被分离的根本原因。

液-液分配色谱法按固定相和流动相的相对极性,可分为正相分配色谱法和反相分配色谱法。

(1)正相分配色谱色谱法

采用极性固定相(如聚乙二醇、氨基与腈基键合相);流动相为相对非极性的疏水性溶剂(烷烃类如正己烷、环己烷),常加入异丙醇、乙醇、三氯甲烷等以调节组分的保留时间。一般用于分离中等极性和极性较强的化合物(如酚类、胺类、羰基类及氨基酸类等),极性小的组分先洗出,极性大的后流出。

(2)反相分配色谱法

通常用非极性固定相,流动相为水或缓冲液,常加入甲醇、乙腈、异丙醇、四氢呋喃等与水互溶的有机溶剂以调节保留时间。通常适用分离非极性和极性较弱的化合物,极性大的组分先流出,极性小的后流出。

在液-液分配色谱中,流动相和固定相都是液体,作为固定相的液体键合在很细的惰性载体上,可用于极性、非极性、水溶性、油溶性、离子型和非离子型等各种类型的分离分析。

液-液分配色谱的分离原理也是根据物质在两种互不相溶液体中溶解度的不同,具有不同的分配系数。所不同的是液-液色谱分配是在柱中进行的,这种分配平衡可反复多次进行,造成各组分的差速迁移,提高了分离效率,从而能分离各种复杂组分。

2.液-固吸附色谱法

液-固吸附色谱法是以固体吸附剂为固定相的一种吸附色谱法,该法是利用不同性质分子在固定相上吸附能力的差异而分离的,分离过程是一个吸附—解吸附的平衡过程。常用的吸附剂为硅胶或氧化铝,粒度为 $5\sim10~\mu m$。适用于分离分子量为 $200\sim1000$ 的组分,大多数用于非离子型化合物。液固吸附色谱传质快,装柱容易,重现性好,不足之处是试样容量小,需配置高灵敏度的检测器。在不同溶质分子间、同一溶质分子中不同官能团之间以及溶质分子和流动相分子之间都存在固定相活性吸附中心上的竞争吸附。由于这些竞争作用,形成了不同

溶质在吸附剂表面的吸附、解吸平衡,这就是液-固吸附色谱法的选择性吸附分离原理。固定相表面发生的竞争吸附可用下式表示:

$$X_{\mathrm{m}} + nM_{\mathrm{s}} \underset{\text{解吸}}{\overset{\text{吸附}}{\rightleftharpoons}} X_{\mathrm{s}} + nM_{\mathrm{m}}$$

式中:X_{m} 和 X_{s} 分别表示在流动相和吸附剂表面上的溶质分子;M_{m} 和 M_{s} 分别表示在流动相中和在吸附剂上被吸附的流动相分子;n 表示被溶质分子取代的流动相分子的数目。

达平衡时,吸附平衡常数 K_{a} 为

$$K_{\mathrm{a}} = \frac{[X_{\mathrm{s}}][M_{\mathrm{m}}]^{n}}{[X_{\mathrm{m}}][M_{\mathrm{s}}]^{n}}$$

K_{a} 值越大表示组分在吸附剂上保留越强,就越难洗脱。试样中各组分据此得以分离。K_{a} 值可通过吸附等温线数据求出。吸附剂吸附试样组分的能力主要取决于吸附剂的比表面积和理化性质、试样的组成和结构以及洗脱液的性质等。当组分与吸附剂的性质相似时易被吸附;当组分分子结构与吸附剂表面活性中心的刚性几何结构相适应时易被吸附;不同的官能团具有不同的吸附能力。因此,液-固吸附色谱法适用于分离极性不同的化合物、异构体和进行族分离,但不适用于分离含水化合物和离子型化合物,离子型化合物易产生拖尾。

3. 离子交换色谱技术

离子交换色谱技术是利用离子交换原理和液相色谱技术的结合来测定溶液中阳离子和阴离子的一种分离分析方法。凡在溶液中能够电离的物质,通常都可用离子交换色谱技术进行分离,其应用范围比较广泛。

离子交换色谱技术的固定相采用离子交换树脂,树脂上分布有固定的带电荷基团和游离的平衡离子。当被分析物质电离后,产生的离子可与树脂上可游离的平衡离子进行可逆交换,其交换反应通式如下:

阳离子交换:　　　　$R-SO_3^- H^+ + M^+ \rightleftharpoons R-SO_3^- M^+ + H^+$

阴离子交换:　　　　$R-NR_3^+ Cl^- + X^- \rightleftharpoons R-NR_3^+ X^- + Cl^-$

一般形式:　　　　　$R-A + B \rightleftharpoons R-B + A$

反应平衡时,以浓度表示的平衡常数为

$$K_{\frac{B}{A}} = \frac{[B]_{\mathrm{r}}[A]}{[B][A]_{\mathrm{r}}}$$

式中:$[A]_{\mathrm{r}}$、$[B]_{\mathrm{r}}$ 分别代表树脂相中洗脱剂离子(A)和试样离子(B)的平衡浓度,$[A]$、$[B]$ 则代表它们在溶液中的平衡浓度。

离子交换反应的选择性系数 $K_{\frac{B}{A}}$ 表示试样离子 B 对于 A 型树脂亲和力的大小:$K_{\frac{B}{A}}$ 越大,说明 B 离子交换能力越大,越易保留而难于洗脱。一般说来,B 离子电荷越大,水合离子半径越小,$K_{\frac{B}{A}}$ 就越大。

对于典型的磺酸型阳离子交换树脂,一价离子的 $K_{\frac{B}{A}}$ 按以下顺序:

$$Cs^+ > Rb^+ > K^+ > NH_4^+ > Na^+ > H^+ > Li^+$$

二价离子的顺序为:

$$Ba^{2+} > Pb^{2+} > Sr^{2+} > Ca^{2+} > Cd^{2+} > Cu^{2+}, Zn^{2+} > Mg^{2+}$$

对于季铵型强碱性阴离子交换树脂,各阴离子的选择性顺序为:

$$ClO_4^- > I^- > HSO_4^- > SCN > NO_3^- > Br^- > NO_2^- > CN^- > Cl^- > BrO_3^- > OH^- >$$
$$HCO_3^- > H_2PO_4^- > IO_3^- > CH_3COO^- > F^-$$

4.化学键合相色谱法

化学键合相色谱法(CBPC)是在液-液分配色谱法的基础上发展起来的液相色谱法。由于液-液分配色谱法是采用物理浸渍法将固定液涂渍在担体表面,分离时载体表面的固定液易发生流失,从而导致柱效和分离选择性下降。因此,为了解决固定液的流失问题,将各种不同的有机基团通过化学反应键合到载体表面的游离羟基上,而生成化学键合固定相,并进而发展成CBPC法。由于它代替了固定液的机械涂渍,因此对液相色谱法的迅速发展起着重大作用,可以认为它的出现是液相色谱法的一个重大突破。

化学键合固定相对各种极性溶剂均有良好的化学稳定性和热稳定性。由化学键合法制备的色谱柱柱效高、使用寿命长、重现性好,几乎对各种非极性、极性或离子型化合物都有良好的选择性,并可用于梯度洗脱操作,并已逐渐取代液-液分配色谱。

在正相键合相色谱法中,共价结合到载体上的基团都是极性基团,流动相溶剂是与吸附色谱中的流动相很相似的非极性溶剂。正相键合相色谱法的分离机理属于分配色谱。

在反相键合相色谱法中,一般采用非极性键合固定相,采用强极性的溶剂为流动相。其分离机理可用疏溶剂理论来解释。该理论认为,键合在硅胶表面的非极性基团有较强的疏水特性。当用极性溶剂作为流动相来分离含有极性官能团的有机化合物时,有机物分子的非极性部分与固定相表面上的疏水基团产生缔合作用,使它保留在固定相中;该有机物分子的极性部分受到极性流动相的作用,促使它离开固定相,并减小其保留作用。这两种作用力之差决定了被分离物在色谱中的保留行为。不同溶质分子这种能力之间的差异导致各组分流出色谱柱的速度不一致,从而使各组分得以充分分离。

3.2.4 高效液相色谱技术的固定相与流动相

1.固定相

高效液相色谱固定相以承受高压能力来分类,可分为刚性固体和硬胶两大类。刚性固体以二氧化硅为基质,能承受高压,可制成直径形状孔隙度不同的颗粒。如果在二氧化硅表面键合各种官能团,就是键合固定相,应用范围扩大,它是目前最广泛使用的一种固定相。硬胶主要用于离子交换和体积排阻色谱中,它由聚苯乙烯与二乙烯苯基交联而成。固定相按孔隙深度分类,可分为表面多孔微粒型和全多孔微粒型固定相两类。

表面多孔型固定相是在实心玻璃珠外面覆盖一层多孔活性材料,如硅胶、氧化铝、离分子筛、聚酰胺等,以形成无数向外开放的浅孔。表活性材料为氧化铝的固定相多孔层厚度小,孔浅,相对死体积小,出峰迅速柱效高;颗粒较大,渗透性好,装柱容易,梯度淋洗时迅速达平衡,较适合做常规分析。但是缺点是多孔层厚度薄,最大允许量受限制。

全多孔微粒型固定相由硅胶微粒凝聚而成。这类固定相由于颗粒很细可以达到 $5\sim10~\mu m$,孔较浅,传质速率快,易实现高效、高速,特别适合复杂混合物分离及痕量分析。

根据分离模式的不同而采用不同性质的固定相,如活性吸附剂、键合有不同极性分子官能团的化学键合相、离子交换剂以及可以具有一定孔径范围的多孔材料,从而分别用作吸附色谱、键合色谱、离子交换色谱和排阻色谱的固定相。

2.流动相

液相色谱的流动相又称为洗脱液、淋洗液等等。流动相的组成、极性改变使组分分配系数发生变化,能显著改变组分分离状况,因此改变流动相的组成和极性是提高分离度的重要手段。用作高效液相色谱流动相的溶剂要满足一下几点要求。

①对样品要有适宜的溶解度。

②流动相的黏度要小,以降低色谱柱的阻力而提高柱效,同时避免损坏泵。

③与固定相不互溶,无化学反应。

④必须与检测器相适应。

⑤容易得到,无毒。

⑥作为流动相的溶剂沸点要高于55℃,低沸点的溶剂挥发度大,易导致流动相浓度或者组成发生变化,同时也容易产生气泡。

⑦纯度高,不含机械杂质,使用前要经过 $0.5~\mu m$ 或者 $0.45~\mu m$ 滤膜过滤后脱气,需用新鲜重蒸馏水。

表 3-3 为常用于高效液相色谱中流动相溶剂。

表 3-3　常用高效液相色谱流动相溶剂

溶剂	紫外截止波长/nm	折射率	沸点/℃	黏度/mPa·s	溶剂极性参数(P')	溶剂强度参数(ε⁰)	介电常数ε(20℃)
异辛烷	197	1.389	99	0.47	0.1	0.01	1.94
正庚烷	195	1.385	98	0.40	0.2	0.01	1.92
正己烷	190	1.372	69	0.30	0.1	0.01	1.88
环戊烷	200	1.404	49	0.42	−0.2	0.05	1.97
1—氯丁烷	220	1.400	78	0.42	1.0	0.26	7.4
溴乙烷		1.421	38	0.38	2.0	0.35	9.4
四氢呋喃	212	1.405	66	0.46	4.0	0.57	7.6
丙胺		1.385	48	0.36	4.2		5.3
丙酮	330	1.356	56	0.3	5.1	0.56	
乙酸乙酯	256	1.370	77	0.43	4.4	0.53	6.0
氯仿	245	1.443	61	0.53	4.1	0.40	4.8
甲乙酮	329	1.376	80	0.38	4.7	0.51	18.5
水		1.333	100	0.89	10.2		80

3.2.5 高效液相色谱技术的分析方法

1.定性分析

液相色谱的定性方法与气相色谱有很多类似之处,可分为色谱鉴定法及非色谱鉴定法两类。

(1)色谱鉴定法

此法是利用纯物质和样品的保留时间或相对保留时间相互对照进行,与气相色谱类似。

(2)非色谱鉴定法

一类是化学定性法,利用专属性化学反应对分离后收集的组分定性,另一类是两谱联用定性,当组分分离度足够大时,将分离后收集的溶液除去流动相,即可获得该组分的纯品。如此反复进样及收集后再利用红外光谱、质谱或核磁共振谱等数据联合定性。

由于高效液相法进样量较大,流出的纯组分比气相色谱法容易收集,容易开展色谱联用技术。利用此方法不但可以定性,还能推断未知物的结构。

2.定量分析

(1)外标法

精密称(量)取对照品和试样,配制成溶液,分别精密取一定量,注入仪器,记录色谱图,测量对照品溶液和试样溶液中待测成分的峰面积(或峰高),按下式计算含量。

$$含量(c_x) = c_R \frac{A_x}{A_R}$$

式中,A_x 为待测组分的峰面积或峰高;A_R 为对照品的峰面积或峰高;c_x 为待测组分的浓度;c_R 为对照品的浓度。

由于微量注射器不易精确控制进样量,当采用外标法测定试样中成分或杂质含量时,以定量环或自动进样器进样为好。

(2)内标法

精密称(量)取对照品和内标物质,分别配成溶液,精密量取各适量,混合配成校正因子测定用的对照溶液。取一定量注入仪器,记录色谱图。测量对照品和内标物质的峰面积或峰高,按下式计算校正因子:

$$校正因子(f) = \frac{(A_s/c_s)}{(A_R/c_R)}$$

式中,A_s 为内标物质的峰面积或峰高;A_R 为对照品的峰面积或峰高;c_s 为内标物质的浓度;c_R 为对照品的浓度。

再取含有内标物质的试样溶液,注入仪器,记录色谱图,测量试样中待测组分(或其杂质)和内标物质的峰面积(或峰高),按下式计算含量:

$$含量(c_x) = \frac{f \cdot A_x}{(A'_s/c'_s)}$$

式中,A_x 为试样中待测组分(或其杂质)的峰面积或峰高;c_x 为试样中待测组分(或其杂质)的浓度;A'_s 为内标物质的峰面积或峰高;c'_s 为内标物质的浓度;f 为校正因子。

（3）面积归一化法

配制试样溶液,取一定量注入仪器,记录色谱图。测量各峰的面积和色谱图上除溶剂峰以外的总色谱峰面积,计算各峰面积占总峰面积的百分率。

3.3　平面色谱技术

3.3.1　概述

组分在以平面为载体的固定相和流动相之间吸附或分配平衡而进行的一种色谱方法即为平面色谱法。该法操作简单,仪器设备较廉价,分离能力强,分析速度快,且结果非常直观。平面色谱法按操作方式可分为薄层色谱法、纸色谱法和薄层电泳法等。

薄层色谱法的每一个步骤均由仪器操作完成,再配以薄层扫描仪,这样就使定量结果的重现性和准确度在很大程度得到提高。薄层色谱技术是平面色谱法中应用最广泛的方法之一。

纸色谱技术一般用于微量分析,主要应用于在生化和医药分析中。但色谱纸的机械强度较差,传质阻力大,其应用受到了很大的限制。纸色谱法的固定相为水分,流动相为有机溶剂。纸色谱分离原理属于分配色谱的范畴。

被分离带电物质在惰性支持体上,以不同速度向与其电荷相反的电极方向泳动,产生差速迁移而得到分离的方法即为薄层电泳法。常用的惰性支持体有纸、醋酸纤维素、琼脂糖凝胶或聚丙烯酰胺凝胶等。

3.3.2　薄层色谱技术

薄层色谱技术的基本操作为:将细粉状的吸附剂或载体涂布于玻璃板上使其形成均匀薄层,将试样与对照品溶液点在同一薄板的一端,在密闭的容器中用适当的溶剂展开,显色后样品斑点与对照品斑点进行比较,用于定性鉴别和含量测定。

1.薄层色谱技术的特点

薄层色谱技术具有以下特点:
- 所用仪器设备简单,操作方便;
- 上样量较大;
- 试样预处理简单,对被分离组分性质没有限制;
- 分离能力较强,分析结果直观;
- 分析速度快,且每次能够同时展开多个试样。

由于薄层色谱技术具有以上这些优点,因而它在实际工作和实验室中运用十分广泛。

2.薄层色谱技术的主要类型

根据分离机制的不同,可将薄层色谱技术分为分配薄层色谱技术、吸附薄层色谱技术和分子排阻薄层色谱技术等。还可以根据分离效能将其可分为经典薄层色谱技术和高效薄层色谱技术。

分配薄层色谱技术一般以液体为固定相。试样中各组分在固定相与流动相间的分配系数是不同的,分配系数大的组分在板上移动速度慢,分配系数小的组分在板上的移动速度快,由此产生差速迁移而得到分离。

吸附薄层色谱技术以吸附剂为固定相。将含有 A、B 两组分的混合溶液点在薄层板的一端,再用适当的溶剂将其展开。在展开过程中,A、B 两组分先被吸附剂吸附,再被展开剂溶解吸附,并随展开剂向前移动。之后重新遇到的吸附剂 A、B,再被吸附、然后被展开剂解吸附。两组分在吸附剂和展开剂中的吸附系数是不同的,吸附系数大的在板上移动速度慢,吸附系数小的在板上的移动速度快,由此产生差速迁移而得到分离。

根据固定相和流动相极性的不同,分配薄层色谱技术有正相和反相之分。正相薄层色谱技术是流动相的极性小于固定相极性的薄层色谱技术。常用含水硅胶作固定相,弱极性的有机溶剂作展开剂。组分极性越大,则分配系数越大,随展开剂移动的速度越慢。反相薄层色谱技术是流动相的极性大于固定相极性的薄层色谱技术。反相薄层色谱技术常以烷基化学键合相为固定相,以水或水与有机溶剂的混合溶剂为展开剂。组分极性越小,则分配系数越大,随流动相移动的速度越慢。

3.吸附剂和展开剂

(1)吸附剂

吸附剂是吸附薄层色谱技术的固定相,常用的有氧化铝、硅胶和聚酰胺等。

氧化铝是由氢氧化铝在 400℃～500℃ 灼烧而成。氧化铝可分为中性,碱性和酸性三种。一般酸性氧化铝可用于酸性化合物的分离,碱性氧化铝用来分离中性或碱性化合物,中性氧化铝适用于酸性及对碱不稳定的化合物的分离。氧化铝的活性与含水量有关。含水量越高,活性越弱。

硅胶是多孔性无定形粉末,其表面呈弱酸性,通过硅醇基吸附中心与极性基团形成氢键而表现其吸附性能,由于不同组分的极性基团与硅醇基形成氢键的能力不同,在硅胶作为吸附剂的薄板上被分离。硅胶吸附水分形成水合硅醇基而失去吸附能力,但将硅胶在 105℃～110℃ 左右加热时,可失去水而提高活度,增加吸附能力,这就是所谓的活化过程。硅胶的含水量越多,级数越高,吸附能力越弱;含水量越少,级数越低,吸附能力越强。

(2)展开剂

展开剂是薄层色谱技术的流动相,通过组分分子与展开剂分子争夺吸附剂表面活性中心而达到分离。主要是根据被分离物质的极性、吸附剂的活度和展开剂的极性之间的相对关系来选择展开剂。Stahl 设计了选择吸附薄层色谱条件的三者关系示意图(见图 3-6),若将图中的三角形 A 角指向极性物质,则 B 就指向活度低的吸附剂,C 就指向极性展开剂。

薄层色谱技术中常用的溶剂按极性由强到弱的顺序是:

水＞酸＞吡啶＞甲醇＞乙醇＞正丙醇＞丙酮＞乙酸乙酯＞乙醚＞氯仿＞二氯甲烷＞甲苯＞苯＞三氯乙烷＞四氯化碳＞环己烷＞石油醚

在薄层色谱中,通常根据被分离组分的极性,首先用单一溶剂展开,由分离效果进一步考虑改变展开剂的极性或选择混合展开剂。

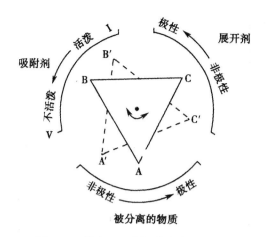

图3-6 选择吸附色谱条件关系图

4.薄层色谱技术的操作过程

薄层色谱技术一般操作过程可分制板、点样、展开和斑点定位四个步骤。

（1）薄层板的制备

薄层板可分为加黏合剂的硬板和不加黏合剂的软板两种。软板制备简便，但表面松散，很易吹散、脱落，较少使用。常用的黏合剂为羧甲基纤维素钠和煅石膏。在分离酸性或碱性化合物时，可制备酸性或碱性薄层来改善分离效果。除手工制板外，还可以用自动机械铺板器制板。用铺板器制板速度快，薄层厚度均匀，重现性好，定量分析结果可靠。此外，还有商品薄层板可供选择。

（2）点样

选择适当溶剂，将试样配制成浓度为 0.01%~0.1% 的溶液。点样量一般以几微升为宜，若进行薄层定量或薄层制备时，可多至几百微升。一般选用点样毛细管或微量注射器作点样工具，选用乙醇、甲醇等易挥发性有机溶剂为点样溶剂。点样要少量多次，自然干燥后再次点样。在进行定量分析时，原点直径的一致，点样间距的精确，是保证定量精确度的关键。

（3）展开

将薄层板直立于盛有展开剂的色谱缸中，展开剂浸没薄板下端的高度不超过 0.5 cm，原点不得浸入展开剂中。展开剂借助毛细管作用向上展开，达一定距离时将薄层板取出，标记溶剂前沿。

薄层展开常用上行法，另外还有下行法、径向展开、多次展开、双向展开。选用自动多次展开仪，可进行程序多次展开。

（4）确定斑点位置

斑点位置确定的方法有：

①利用显色剂显色斑点。

②日光下观察并画出有色物质的斑点位置。

③在紫外灯下观察有无暗斑或荧光斑点，并记录其特征。

④在254 nm紫外灯下,掺入了少量荧光物质的薄层板呈黄绿色荧光,被测组分在荧光薄层板上淬灭荧光而产生暗斑进行检出。

5.定性和定量分析

(1)定性分析

①绝对比移值R_f定性。

在一定条件下,溶质移动距离与流动相移动距离之比即为比移值。

$$R_f = \frac{L}{L_0}$$

在一定色谱条件下,某组分的R_f值是一定值,可用于定性分析。但是绝对比移值R_f有很多影响因素,如展开剂的极性、吸附剂的活度、薄层厚度、温度等。将试样与对照品在同一块薄层板上展开,根据试样和对照品的R_f值及其斑点颜色比较进行定性。必要时可经过多种展开系统,样品的R_f值及其斑点颜色与对照品比较,进一步认定该组分与对照品是同一化合物。

②相对比移值R_r定性。

在一定条件下,被测组分的比移值与参考样品的比移值之比即为相对比移值。

$$R_r = \frac{R_f(被测组分)}{R_f(参考样品)}$$

组分的R_r值定性比R_f值可靠得多。将实验值与理论值进行比较进行定性,或选择样品进行对比定性。

此外利用斑点与显色剂反应生成的有色斑点也可初步推断化合物的类型。

(2)杂质检查

薄层色谱可用于药物有关物质的检查和杂质限量的检查,其检查方式通常有杂质对照品比较法和主成分自身对照法两种。

①杂质对照品比较法。

配制一定浓度的试样溶液和规定限定浓度的杂质对照品溶液,在同一薄层板上展开,试样中杂质斑点颜色不得比杂质对照品斑点颜色深。

②主成分自身对照法。

配制一定浓度的供试品溶液,将其稀释一定倍数作为对照溶液。将试样溶液和对照溶液在同一薄层板上展开,保证试样溶液中杂质斑点颜色不得比对照溶液主斑点颜色深。

(3)定量分析

洗脱法试样经薄层色谱分离后,选用合适溶剂将斑点中的组分洗脱下来,再用适当的方法进行定量测定。斑点需预先采用显色剂定位,可在试样两边同时点上待测组分的对照品作为定位标记。展开后只对两边对照品喷洒显色剂,由对照品斑点位置来确定未显色的试样待测斑点的位置。

分离试样后,可在薄层板上对斑点进行直接测定,此法即为直接定量法。该法主要有目视比较法和薄层扫描法。目视比较法是指将一系列已知浓度的对照品溶液与试样溶液点在同一薄层板上,展开并显色后,以目视法直接比较试样斑点与对照品斑点的颜色深度或面积大小,求出被测组分的近似含量。薄层扫描法是指用薄层扫描仪对薄层板上斑点进行扫描,通过斑点对光产生吸收的强弱进行定量分析。

3.3.3　纸色谱法

纸色谱法是以纸为载体的平面色谱法。纸色谱过程可以看成是溶质在固定相和流动相之间连续萃取的过程,依据溶质在两相间分配系数的不同而达到分离的目的。所以纸色谱法分离原理属于分配色谱的范畴。另外,纸色谱也常用比移值 R_f 来表示各组分在色谱中位置。

纸色谱中化合物在两相中的分配系数与化合物的分子结构及流动相种类和极性有关,纸色谱属于正相分配色谱。当流动相一定时,化合物的极性越大或亲水性越强,分配系数越大;化合物极性越小或亲脂性越强,分配系数越小。当化合物一定时,流动相极性越大,化合物分配系数越小;流动相极性越小,分配系数越大。化合物的极性应根据整个分子及组成分子的各个基团的极性来考虑。同类化合物中含极性基团多的化合物通常极性较强。

1.色谱纸的选择

①要求滤纸质地均匀,平整无折痕,有一定的机械强度。
②纸纤维的松紧适宜,过于疏松易使斑点扩散,过于紧密则流速太慢。
③要求纸质纯度高,无明显的荧光斑点。
④进行制备或定量分析时,可选用载样量大的厚纸;进行定性分析时一般可选用薄纸。

2.纸色谱的固定相

滤纸纤维有较强的吸湿性,纸色谱法常以吸着在纤维素上的水作固定相,而纸纤维相当于惰性载体。为了适应某些特殊要求,有时可以对滤纸进行特殊处理。

3.纸色谱的展开剂

展开剂的选择要根据欲分离物质在两相中的溶解度和展开剂的极性来考虑。在展开剂中溶解度较大的物质将会移动得快,因而具有较大的比移值。对极性物质,增加展开剂中极性溶剂的比例,可以增大比移值;增加展开剂中非极性溶剂的比例,可以减小比移值。

纸色谱法最常用的展开剂是含水的有机溶剂,如水饱和的正丁醇、正戊醇、酚等。为了防止弱酸、弱碱的离解,也可加入少量的酸或碱。

纸色谱的操作步骤同薄层色谱一样,也分为点样、展开、显色、定性定量分析。但在纸色谱中不可使用腐蚀性的显色剂显色。定量分析可用剪洗法,即将色谱斑点剪下,经溶剂浸泡、洗脱后,用比色法或分光光度法测定。

3.4　超临界色谱技术

超临界流体色谱(SFC)是以超临界流体作为流动相的一种色谱分离方法。超临界流体色谱是在 20 世纪 60 年代提出的,但一直发展缓慢。80 年代,由于毛细管超临界流体色谱的出现和优异的性能,使其得到了快速发展。

3.4.1 超临界流体色谱的特点与基本原理

物质的超临界状态是指在高于临界压力与临界温度时物质的一种存在状态,如图 3-7 中高于临界压力和温度的区域,其性质介于液体和气体之间,具有气体的低黏度、液体的高密度。

与气相色谱相比,毛细管超临界流体色谱可处理高沸点、不挥发试样;与高效液相色谱相比则流速快具有更高的柱效和分离效率及多样化的检测方式。另外,由于超临界流体的流动阻力要比液体小得多,故在超临界流体色谱中常使用毛细管柱,对高沸点、大分子试样的分离效率大大提高,这在液相色谱是难以实现的。

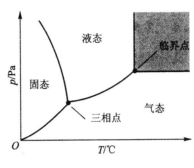

图 3-7　纯物质的相图

三种色谱流动相性质对比如表 3-4 所示。

表 3-4　色谱流动相气体、超临界流体和液体的性质

性质	气体	超临界流体	液体
密度/$(g \cdot cm^{-3})$	$(0.6 \sim 2) \times 10^{-3}$	$0.2 \sim 0.5$	$0.6 \sim 2$
黏度/$(g \cdot cm^{-1} \cdot s^{-1})$	$(1 \sim 3) \times 10^{-4}$	$(1 \sim 3) \times 10^{-4}$	$(0.2 \sim 3) \times 10^{-2}$
扩散系数/$(cm^2 \cdot s^{-1})$	$(1 \sim 4) \times 10^{-1}$	$10^{-4} \sim 10^{-3}$	$(0.2 \sim 2) \times 10^{-5}$

SFC 的超临界流体流动相有 CO_2、N_2O、NH_3、C_4H_{10}、SF_6、Xe、CCl_2F_2、甲醇、乙醇、乙醚等。其中由于 CO_2 无色、无味、无毒、易得、对各类有机物溶解性好,在紫外光区无吸收,应用最为广泛,缺点是极性太弱,可加入少量甲醇等改性。

超临界流体色谱也可分为填充柱 SFC 和毛细管柱 SFC。填充柱的固定相有固体吸附剂或键合到载体上的高聚物,也可使用液相色谱的柱填料。毛细管柱 SFC 必须使用特制柱,固定液键合交联在毛细管壁上。

超临界流体色谱的分离机理与气相色谱和液相色谱相同,但是在 SFC 中,压力变化对两相分配产生显著影响,这是由于分离柱两端的压力差较大(比毛细管色谱大 30 倍),在分离柱中的不同位置,组分的分配系数不是恒定的。超临界流体的密度随压力增加而增加,而密度增加则使组分在流动相中的浓度增加,分配系数变小,淋洗时间缩短,这种现象称为压力效应。例如采用 CO_2 流动相,当压力由 7.0×10^6 增加到 9.0×10^6 Pa 时,则 $C_{16}H_{34}$ 的保留时间由 25 min 缩短到 5 min。在超临界色谱分析过程中,通常采用调节流动相的压力(程序升压),来调整组分的保留值,提高分离效果,如图 3-8 所示。这类似于气相色谱中的程序升温和液相色谱中的梯度淋洗的作用。

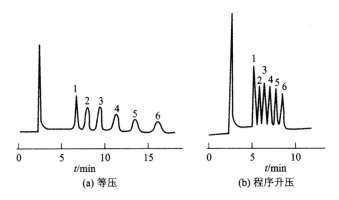

图 3-8　程序升压对 SFC 分离效果的影响

实验条件:柱:DB－1;　流动相:CO_2;　温度:90℃;　检测器:FID

试样:1—胆甾辛酸酯;2—胆甾辛癸酸酯;3—胆甾辛月桂酸酯;4—胆甾十四酸酯;

5—胆甾十六酸酯;6—胆甾十八酸酯

超临界流体的密度在临界压力处最大,超过该点影响变小,当超过临界压力的20%时,柱压降对分离的影响较小。

色谱理论对于超临界流体色谱依然适用,但与液相色谱相比,流速对柱效的影响要小。如图 3-9 所示,在线速度为 0.6 cm·s^{-1} 时,SFC 的塔板高度比液相色谱的小 3 倍,也表明 SFC 中的峰宽将比 HPLC 中的低 $\sqrt{3}$ 倍;SFC 中对应的最佳流速要比 HPLC 大四倍,即相同柱效下,SFC 的分析速度要比 HPLC 快得多。

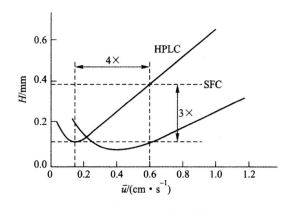

图 3-9　SFC 与 HPLC 中的流速与塔板高度关系对比

3.4.2　超临界流体色谱仪

超临界流体色谱(SFC)的一般结构流程如图 3-10 所示,超临界流体在进入高压泵之前需要预冷却,高压泵将液态流体经脉冲抑制器注入恒温箱中的预柱,进行压力和温度的平衡,形成超临界状态的流体后,再进入分离柱,为保持柱系统的压力,还需要在流体出口处安装限流器。可采用长 2～10 cm，内径 5～10 μm 的毛细管。

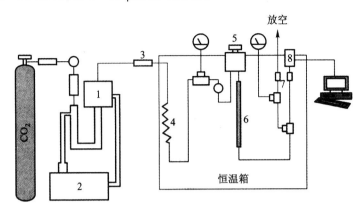

图 3-10　超临界流体色谱仪结构流程示意图

1-高压泵；2-冷冻装置；3-脉冲抑制器；4-预平衡柱；5-进样口；
6-分离柱；7-限流器；8-检测器(FID)

超临界流体色谱仪的主要部件包括以下几部分：

(1)高压泵

在毛细管超临界流体色谱中，通常使用低流速(μL·min^{-1})、无脉冲的注射泵；通过电子压力传感器和流量检测器，用计算机来控制流动相的密度和流量。

(2)固定相

在超临界流体色谱中，超临界流体对分离柱填料的萃取作用比较大，可以使用固体吸附剂(硅胶)作为填充柱填料使用，也可以采用液相色谱中的键合固定相。SFC 中所使用的毛细管柱内径为 50 μm 和 100 μm，长度 10～25 m，内部涂渍的固定液必须进行交联形成高聚物，或键合到毛细管上。

(3)限流器

限流器用于让流体在其两端保持不同的相状态，并通过它实现相的瞬间转换。可采用长 2～10 cm，内径 5～10 μm 的毛细管作为限流器。限流器是位于检测器的前面还是后面需要根据检测器的特性决定。

(4)检测器

可采用液相色谱的检测器，也可采用气相色谱的检测器。流体在进入检测器之前，如果将流动相的超临界状态转变为液态后，即可使用液相色谱的检测器，其中以紫外检测器应用较多。如果在检测器之前通过限流器将超临界状态的流动相转变为气体，即可使用气相色谱检测器，其中以 FID 检测器应用较多。使用 FID 检测器对相对分子质量小的化合物可得到很好的结果，对相对分子质量大的化合物常得不到单峰，而是一簇峰，如把检测器加热可使相对分子质量人于 2000 的化合物获得满意的结果。

3.4.3　超临界流体色谱法的应用

由于超临界流体色谱的分离特性及在使用检测器方面的更大灵活性，使不能转化为气相、热不稳定化合物等气相色谱无法分析的试样，以及不具有任何活性官能团，无法检测也不便用液相色谱分析的试样,均可以方便地采用 SFC 分析,这类问题约占总分离问题的 25%,如天然物质、药物活性物质、食品、农药、表面活性剂、高聚物、炸药及原油等。

图 3-11 为用填充柱 SFC,采用程序升压分析低聚乙烯获得的色谱图。

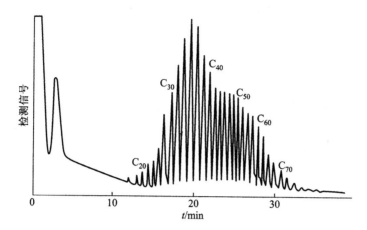

图 3-11　平均相对分子质量为 740 的低聚乙烯的 SFC 分析

分离柱:10×0.01 cm,$5 \mu m$ 氧化铝正相填充柱;流动相:CO_2;柱温 100℃;检测器:FID
压力:10 MPa 保持 7 min,然后在 25 min 内升至 36 MPa;保持 36 MPa 至结束

3.5　离子色谱技术

离子色谱(IC),在 20 世纪 80 年代迅速发展起来,是以离子为测定对象,利用离子交换原理和液相色谱技术分离测定能在水中解离成有机和无机离子的一种液相色谱方法。

离子色谱能分析周期表中绝大多数元素的数百种离子和化合物,包括无机阴离子、无机阳离子、有机阴离子、有机阳离子和糖、醇、酚、氨基酸、核酸等一大批生物物质。由于离子色谱法灵敏度高、样品用量少、选择性好、分析速率快、自动化、能同时进行十多种成分的分离分析等诸多显著优点,因此在环境化学、食品化学、生物技术工程、医药卫生、水质监测、新材料研究等领域应用广泛。

根据分离机理不同,离子色谱可分为离子交换色谱法(IEC)、离子排斥色谱法(IEC)、离子对色谱法(IPC)、离子抑制色谱法(ISC)等。

离子色谱除了具有速度快、选择性好、灵敏度高等优点外,还可以同时分析多种离子化合物。离子色谱对 7 种常见阴离子(F^-、Cl^-、NO_2^-、Br^-、NO_3^-、PO_4^{3-}、SO_4^{2-})和 6 种常见阳离子(Li^+、Na^+、NH_4^+、K^+、Mg^{2+}、Ca^{2+})的平均分析时间均小于 10 min。离子色谱分析的浓度范围为 $\mu g \cdot L^{-1} \sim mg \cdot L^{-1}$。直接进样 $50 \mu m \cdot L^{-1}$,对常见阴离子的检出限小于 $10 \mu g \cdot L^{-1}$。到目前为止,离子色谱仍然是测定阴离子最佳的方法。

3.5.1　离子色谱仪

离子色谱仪一般由流动相输送系统、进样系统、分离系统、抑制或衍生系统、检测系统及数据处理系统等几部分组成,如图 3-12 所示。

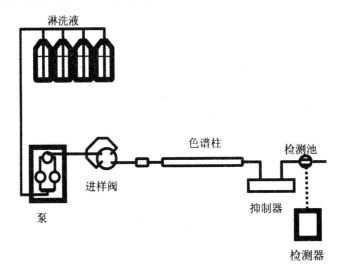

图 3-12 离子色谱装置示意图

1.流动相输送系统

离子色谱仪的流动相输送系统包括储液瓶、高压输液泵、梯度淋洗装置等。其中储液瓶主要作用是供给足够量且符合规格的流动相。

溶剂储存器的容积要足够大,以保证重复分析时有足够的供液;脱气方便;可以承受一定的压力;所选用的材质对所使用的溶剂是惰性的。

2.进样系统

离子色谱的进样方式有手动进样、气动进样和自动进样三种类型。

(1)手动进样

手动进样采用六通阀,其工作原理同高效液相色谱法相同,但其进样量比后者要大,一般为 50 μl。

(2)气动进样

采用一定氮气或氦气气压作为动力,通过两路四通加载定量管之后,进行取样和进样,气动进样能有效地减少手动进样中由于动作不同所带来的误差。

(3)自动进样

自动进样是在色谱工作站控制下,自动进行取样、进样、清洗等系列操作,操作者只需将样品按顺序装入贮样机中,简单便利。

3.分离系统

离子色谱的分离系统是离子色谱的核心,离子色谱柱是离子色谱仪的"心脏",因此要求它柱效高、选择性好、分析速度快。

（1）离子色谱填料

离子色谱是一种液固色谱，虽然是高效液相色谱的一种，但柱填料和分离机理有其自身特点。离子色谱柱填料的粒度一般在 $5\sim25\ \mu m$ 之间，主要有硅胶型填料和高分子聚合物填料两种。

高分子聚合物填料，在离子色谱中使用最广泛的填料是聚苯乙烯－二乙烯苯共聚物。其中阴离子交换柱填料一般采用季胺功能基或叔胺功能基，阳离子交换柱通常采用羧酸或磺酸功能基。如果采用高交联度的材料进行改进，可以兼容有机溶剂，可抗有机污染。通常而言，离子交换型色谱柱的交换容量均很低。

硅胶型离子色谱填料，是离子色谱中使用的另一种填料，采用多孔二氧化硅柱填料制得，是用于阴离子交换色谱技术的典型薄壳型填料。一般用于单柱型离子色谱柱中。

（2）色谱柱的结构

一般分析柱内径为 $4\ mm$，长度为 $100\sim260\ mm$。高端器件尤其是阳离子色谱柱，采用聚四氟乙烯制成，能有效防止金属对测定的干扰。随着离子色谱的发展，细内径柱日益得到重视，$2\ mm$ 柱不仅能够减少溶剂消耗量，并且对于同样的进样量，其灵敏度可以提高 4 倍。

4. 离子色谱抑制系统

对于抑制型（双柱型）离子色谱系统，抑制系统是极其关键的一部分，也是离子色谱有别于高效液相色谱的最重要特点。由于离子色谱淋洗液为强电解质的酸碱溶液，其本底电导值高，而被测物的浓度远小于流动相电解质的浓度，这样由于样品离子的存在而产生微小电导的变化是难以测量的。在分离柱后接上一个抑制器，便能够降低淋洗液本身的电导，同时提高被测离子的检测灵敏度。抑制器经历了许多个发展时期，而当下商品化的离子色谱仪也分别采用不同的抑制手段。

（1）纤维抑制器，采用阳离子交换的中空纤维作为抑制器，外通硫酸作为再生液，可连续对淋洗液进行再生，但是这种抑制器的死体积比较大，抑制容量也不高。

（2）微膜抑制器，采用阳离子交换平板薄膜，中间通过淋洗液，而外两侧通硫酸再生液。这种抑制器的交换容量比较高，死体积很小，可进行梯度淋洗。

（3）树脂填充抑制柱，采用高交换容量的阳离子树脂填充柱（阴离子抑制，阳离子抑制的情况与此刚好相反，采用高交换容量的阴离子树脂作为填充柱），通过硫酸，将树脂转化为氢型。然而这种方法的抑制容量不高，需要定期再生，而且死体积比较大，对弱酸根离子由于离子排斥的作用，常常无法准确定量。经过美国 Alttech 公司的改进后，填充柱需要再生时会变颜色，并能够采用电化学法再生，大大改善了传统方法，提高了抑制器的性能。

5. 检测系统

离子色谱通用检测器是电导检测器。由于电导池中的等效电容的影响，施加到电导池上的电压和电流之间的非线性关系，给测量电导值带来了困难。另外，流动相中本底电导值很高，如何在较大的背景值中准确测量待测组分的信号，也是电导检测中的重要问题。目前采用较多的方法有：双极脉冲化学抑制型电导检测、五电极检测和模拟信号交流锁相放大等技术，也能采用紫外、荧光、反相高效液相色谱安培检测器。

6.数据处理系统

离子色谱仪的工作过程是:输液泵将流动相以稳定的流速(或压力)输送至分析系统,在色谱柱之前通过进样器将样品导入,流动相将样品带入色谱柱,在色谱柱中各组分被分离,并随流动相依次流至检测器,抑制型离子色谱会在电导检测器之前添加一个抑制系统,在抑制器中,流动相的背景电导被降低,流出物导入电导检测池,检测到的信号送至数据系统记录、处理或保存。

3.5.2 离子交换色谱技术

离子交换色谱技术(IEC)是利用离子交换原理和液相色谱技术的结合来测定溶液中阳离子和阴离子的一种分离方法。只要在溶液中可以电离的物质,一般都可以用离子交换色谱技术进行分离。离子交换色谱技术应用范围较广,适用于无机离子混合物的分离,也能够用于例如氨基酸、核酸、蛋白质等生物大分子有机物的分离。

1.基本原理

离子交换色谱技术采用的是诸如树脂、纤维素、葡聚糖、醇脂糖等不溶性高分子化合物的低交换容量离子交换剂。这种离子交换剂的结构中含有可解离的基团,这些基团在水溶液中能与溶液中的其他阳离子或阴离子起交换作用。虽然交换反应都是平衡反应,然而在色谱柱上进行时,流动相的连续流动使平衡不断向正方向推进,直到将离子交换剂上的离子全部洗脱下来,同理,当一定量的溶液通过交换柱时,由于溶液中的离子不断被交换而浓度逐渐减少,因此也可以全部被交换并吸附在树脂上。

离子交换剂分为阳离子交换剂和阴离子交换剂两大类。各类交换剂根据其自身解离性大小,还可分为强、弱两种。其中强酸或强碱性离子交换树脂较稳定,在高效液相色谱中应用广泛。

阳离子交换剂中的可解离基团有磺酸($-SO_3H$)、羧酸($COOH$)、磷酸($-PO_3H$)和酚羟基($-OH$)等酸性基。交换剂在交换时反应通式如下。

弱酸性离子交换,如:
$$R-COO^-H^+ + M^+ \rightleftharpoons R-COO^-M^+ + H^+$$

强酸性离子交换,如:
$$R-SO_3^-H^+ + M^+ \rightleftharpoons R-SO_3^-M^+ + H^+$$

阴离子交换剂中的可解离基团有伯胺($-NH_2$)、仲胺($-NHR$)、叔胺($-NR_2$)和季铵($-NR_3$)等碱性基团。

弱碱性离子交换,如:$R-N^+R_3Cl^- + X^- \rightleftharpoons R-N^+R_3X^- + Cl^-$
$$R-N^+H_3Cl^- + X^- \rightleftharpoons R-N^+H_3X^- + Cl$$

强碱性离子交换,如:
$$R-N^+R_3Cl^- + X^- \rightleftharpoons R-N^+R_3X^- + Cl^-$$

在阳离子交换剂上,阳离子的选择性系数次序为
$$Fe^{3+} > Ba^{2+} > Pb^{2+} > Sr^{2+} > Ca^{2+} > Ni^{2+} > Cd^{2+} > Cu^{2+} > Co^{2+} > Zn^{2+} > Mg^{2+} > UO_2^{2+} >$$

$$Tl^+ > Ag^+ > Cs^+ > Rb^+ > K^+ > NH_4^+ > Na^+ > H^+ > Li^+$$

在阴子交换剂,阴离子的选择性系数次序为

柠檬酸根离子 $> SO_4^{2-} > C_2O_4^{2-} > I^- > HSO_4^- > NO_3^- > CrO_4^{2-} > Br^- > SCN^- > Cl^- > HCOO^- > CH_3COO^- > OH^- > F^-$

图 3-13 与图 3-14 分别为阳离子和阴离子交换示意图

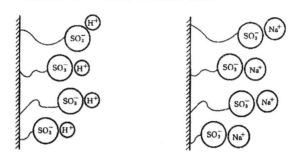

图 3-13　阳离子交换示意图

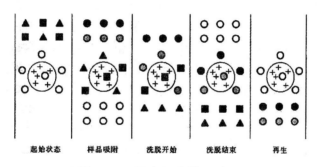

起始状态　　样品吸附　　洗脱开始　　洗脱结束　　再生

图 3-14　阴离子交换示意图

○树脂所带可交换离子;■待分离样品中的离子;●离子梯度

2.固定相

离子交换色谱技术中常用的固定相是离子交换剂。离子交换剂一般可分为有机聚合物离子交换剂、硅胶基质键合型离子交换剂、乳胶附聚型离子交换剂以及螯合树脂和包覆型离子交换剂等,其中得到广泛应用的是有机聚合物离子交换剂即离子交换树脂。

(1)多孔型离子交换树脂,主要为二乙烯苯基和聚苯乙烯的交联聚合物,分为微孔型和大孔型两种。有较高的交换容量,对温度的稳定性比较好,缺点是容易在水或有机溶剂中膨胀,致使传质速度慢,柱效低,很难达到快速分离。

(2)薄膜型离子交换树脂,是在直径约 $30~\mu m$ 的固定惰性核上,凝聚 $1\sim2~\mu m$ 厚的树脂层。

(3)表面多孔型离子交换树脂,在固体惰性核上,覆盖一层微球硅胶,再铺一层很薄的离子交换树脂。薄膜型和表面多孔型树脂传质速度快,有高柱效,可以实现快速分离;而且不容易发生溶胀;但由于表层上离子交换树脂量有限,交换容量低,柱子容易超负荷。

3.流动相

离子交换色谱分析阳离子时,一般使用表面磺化的薄壳型苯乙烯－二乙烯基苯阳离子交换树脂。对二价碱土金属离子的分离,一般使用的是二氨基丁酸、组氨酸、乙二酸、柠檬酸等淋洗液,较好的选择是用 2,3－二氧基丙酸和 HCl 的混合液作淋洗液;对于碱金属、铵和小分子脂肪酸胺的分离,一般使用的的淋洗液是矿物酸,如 HCl 或 HNO_3。

离子交换色谱分析阴离子时一般选用具有季铵基团的离子交换树脂,常用的流动相是弱酸的盐,也可以是氨基酸或本身具有低电导的物质如邻苯二甲酸、邻磺基苯甲酸等。

3.5.3 离子排斥色谱技术

进入 20 世纪 80 年代后,离子排斥色谱作为一种有效的分离方法被广泛地应用于有机酸、醛、酚、醇、氨基酸和糖类的分析。

1.基本原理

典型的离子排斥色谱柱是全磺化高交换容量的 H^+ 型阳离子交换剂,其功能基为磺酸根阴离子。树脂表面的这一负电荷层对负离子具有排斥作用,即唐南(Donnan)排斥。实际分析过程中,可以将树脂表面的电荷层当成一种半透膜,此膜将用固定相颗粒及其微孔中吸留的液体与流动相隔开。由于唐南排斥,完全离解的酸不能够被固定相保留,在孔体积外被洗脱;而未离解的化合物由于不受唐南排斥,能进入树脂的内微孔,从而在固定相中得以保留,而保留值的大小取决于非离子性化合物在树脂内溶液和树脂外溶液间的分配系数。如此,不同种物质便得以分离。

2.固定相

离子排斥色谱中使用的固定相是总体磺化的苯乙烯－二乙烯基苯 H^+ 型阳离子交换树脂。二乙烯基苯的百分含量对有机酸的保留是非常重要的参数,称之为树脂的交联度。树脂的交联度决定有机酸扩散进入固定相的大小程度,从而出现保留强弱。一般来说高交联度的树脂适宜弱离解有机酸的分离,而低交联度的树脂适宜较强离解酸的分离。

3.流动相

离子排斥色谱中流动相的功能是改变溶液的 pH,控制有机酸的离解。最简单的淋洗液是去离子水。由于在纯水中,有机酸的存在形态既有中性分子型也有阴离子型,酸性的流动相能抑制有机酸的离解。

离子排斥色谱技术的检测方法仍以电导检测为主。若采用抑制系统,流动相的背景电导会明显降低,从而使检测灵敏度提高。但如果抑制系统对溶质本身离解的抑制太强,将会使被测物的电导率降低,此时采用紫外检测等其他检测方法,灵敏度、选择性会更好。

3.5.4 离子对色谱技术

1. 分离机理

在流动相中加入亲脂性离子,能在化学键合的反相柱上分离相反电荷的溶质离子。用 UV 作检测器,并将这种方法称为反相离子对色谱(RPIPC)。离子对色谱[也称流动相离子色谱(MPIC)]将 RPIPC 的基本原理和抑制型电导检测结合起来,用高交联度、高比表面积的中性无离子交换功能基的聚苯乙烯大孔树脂为柱填料。可用于分离多种分子量大的阴、阳离子,特别是带局部电荷的大分子以及疏水性的阴、阳离子。用于离子对色谱的检测器包括电导和紫外分光。化学抑制型电导检测主要用于脂肪羧酸、磺酸盐和季铵离子的检测。

典型分离柱的填料是乙基乙烯基苯交联 55% 二乙烯基苯的聚合物,无离子交换功能基,允许流动相中含有酸碱和有机溶剂。由选择适当的离子对试剂,中性的 EVB/DVB 固定相可用于阴离子和阳离子的分离。

离子交换的选择性受流动相和固定相两种因素的影响,主要的影响因素是固定相,而离子对分离的选择性主要由流动相决定。流动相水溶液包括两个主要成分,即离子对试剂和有机溶剂。改变离子对试剂和有机溶剂的类型及浓度可达到不同的分离要求。离子对试剂是一种较大的离子型分子,所带的电荷与被测离子相反。它通常有两个区,一个是与固定相作用的疏水区,另一个是与被分析离子作用的亲水性电荷区。

离子对色谱的保留机理还未完全弄清楚,在阐述离子对色谱的保留机理时,有多种理论,目前提出的主要理论是:①离子对形成;②动态离子交换;③离子相互作用。

在离子对形成机理中,被分析离子与离子对试剂形成中性"离子对",分布在流动相和固定相之间,与经典反相色谱相似,可由改变流动相中有机溶剂的浓度来调节保留。

动态离子交换模式认为离子对试剂的疏水性部分吸附到固定相并形成动态的离子交换表面,被分离的离子像经典的离子交换那样被保留在这个动态的离子交换表面上。用这种模式,流动相中的有机试剂被用于阻止离子对试剂与固定相的相互作用,因而改变了柱子的"容量"。图 3-15 描述了上述两种理论的分离机理。图中被分析的阳离子为 C$^+$,流动相为乙腈和离子对试剂辛烷磺酸的水溶液,中性的苯乙烯-二乙烯基苯聚合物为固定相。阳离子通过与吸附到固定相上(疏水环境)的辛烷磺酸和在流动相中的辛烷磺酸的相互作用而被保留。

离子相互作用模式认为,非极性固定相与极性流动相之间的表面张力很高,因此固定相对流动相中能减少这种表面张力的分子如极性有机溶剂、表面活性剂和季铵碱等有较高的亲和力。如图 3-16 所示,亲脂性离子四丁基铵:(TBA$^+$)和有机改进剂乙腈被吸附到非极性固定相表面的内区,因为所有亲删性阳离子的电荷相同,这种相同离子电荷之间会相互排斥,则固定相的表面只会部分被这种离子覆盖。与亲脂性离子相应的反离子和样品阴离子则在扩散外区。当流动相中亲脂离子的浓度增加时,由于流动相与固定相之间的动力学平衡,吸附到固定相表面的离子浓度也增加。若具有相反电荷的溶质离子被带电荷的固定相表面吸引,则保留是库仑引力和溶质离子的亲脂性部分与固定相的非极性表面之间的吸附作用。加一个负电荷到双电层的正电荷内区就相当于在这个区移出一个电荷。为了再建立静电平衡,另一个亲脂性离子将被吸附到表面上,则两个相反电荷的离子被吸附在这个固定相上。

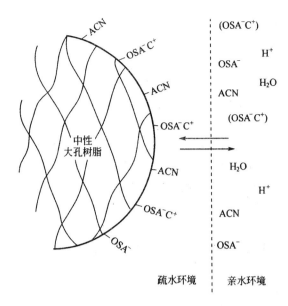

图 3-15 离子对色谱的分离机理

淋洗液:辛烷磺酸+乙腈+水   样品:阳离子 C+

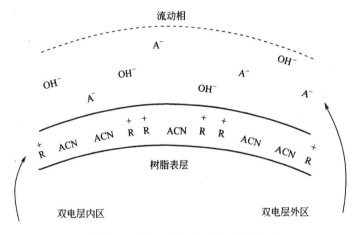

图 3-16 离子对色谱中的双电层

表面活性离子可以进入到双电层的内区,并被吸附到固定相的表面。保留由其碳链长短和疏水性决定,随表面活性离子碳链的增加而增加。有机改进剂乙腈也被吸附在树脂的表面,处于与亲脂性离子的竞争平衡中。当分析表面活性和非表面活性离子时,有机改进剂由于阻塞了树脂表面的吸附位置,因而使保留时间减少。在表面活泼离子的情况,保留时间变短是由于有机改进剂与表面活泼性离子对固定相吸附位置的直接竞争;在非表面活泼性离子的情况,是与亲脂离子的竞争。

2.离子对色谱的抑制反应

与离子交换和离子排斥色谱相似,在离子对色谱中,同样可用化学抑制降低流动相的背景电导,增加分析组分的电导响应值。MPIC 中所用的抑制器与 HPIC 中相同。只是阴离子离子对的抑制反应与阴离子交换的抑制反应有一点不同。如用季铵化合物为离子对试剂分析阴离子 A^- 的抑制反应过程中。阳极电解水产生的 H^+ 通过阳离子交换膜,去替换 NR_4^+。但 NR_4^+ 对阳离子交换膜有较强的亲和力,因此在再生液中加入 H_2SO_4 以增加 H^+ 和 NR_4^+ 通过阳离子交换膜的驱动力。

为了得到分离的重现性,系统的完全平衡非常重要,因此对短时间的停机。为了避免长的再平衡时间,推荐对 IC 和 MPIC 各用一个抑制器,最好不合用。另外,因为 MPIC 主要用于大的疏水性离子的分离,在采用本方法前,应试验待分析的组分在流动相中的溶解性。

3. 非表面活性离子的分析

对阴离子的分析,除用离子交换色谱之外,还可选用 MPIC。若两种阴离子在一种分离方式上共淋洗,则常可用另一种分离方式来解决,因为在完全不同的色谱条件下,两种不同的化合物很难有相同的保留行为。

例如,用阴离子交换色谱将 NO_3^- 与 ClO_3^- 共淋洗,而用 TBA^+OH^- 作离子对试剂,在 NS1 柱上,由于 NO_3^- 与 ClO_3^- 疏水性不同,得到很好的分离,如图 3-17 所示。一些易极化的阴离子,如高氯酸盐、柠檬酸盐、硫的含氧阴离子和金属配合物等在一般的阴离子交换分离柱上,须用很强的淋洗液才能将它们洗脱下来。离子对色谱分离这些化合物,一般只要增加流动相中乙腈的浓度就可以。

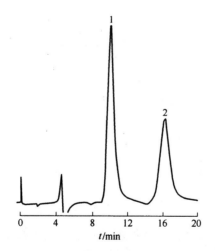

图 3-17 离子对色谱分离 NO_3^- 和 ClO_3^-

分离柱:MPIC—NS1

淋洗液:4 mmol·L^{-1} TBAOH+0.3 mmol·L^{-1} Na_2CO_3

流速:0.5 ml·min^{-1}

检测器:化学抑制型电导

进样体积:50 μL

色谱峰:1—10 mg·$L^{-1}NO_3^-$;2—10 mg·$L^{-1}ClO_3^-$

图 3-18 为柠檬酸与 ClO_4^- 的分离,流动相为高浓度的乙腈和离子对试剂 TBAOH,三价的柠檬酸在一价的高氯酸前被洗脱,由于柠檬酸的电荷数高,因而峰较宽。无机硫化合物,

$S_2O_6^{2-}$，$S_2O_8^{2-}$ 和 $S_nO_6^{2-}$ 等的分析，TBAOH 是适合的离子对试剂。因为上述离子都是二价阴离子，在淋洗液中加入适当 Na_2CO_3 可减少它们的保留时间。另一影响保留的参数是流动相中乙腈的浓度。如 n 为 5～11 的连多硫酸的分离，应增加淋洗液中乙腈的浓度，并用紫外分光检测。硫原子的数目越多，保留越强。若用梯度淋洗，可减小硫原子多的化合物的保留时间和改善峰形。

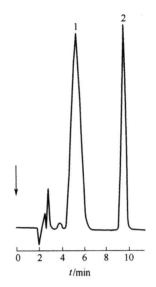

图 3-18　柠檬酸和高氯酸的分离

分离柱：IonPac NS1

淋洗液：2 mmol·L^{-1} TBAOH＋1 mmol·L^{-1} Na_2CO_3＋乙腈（体积比＝66∶34）

流速：1 ml·min^{-1}

检测器：抑制型电导

进样体积：50 μL

色谱峰：1—50 mg·L^{-1}柠檬酸；2—10 mg·L^{-1}高氯酸

离子对色谱也适合作金属配合物分析，但这种化合物必须是热力学和动力学稳定的。电镀工业中，通过对金属离子与氰化物形成的配合物的分析来测定金属的氧化态。金的两种氰化物配合物与铁不同，它们都是一价阴离子配合物 $[Au(CN)_2]^-$ 和 $[Au(CN)_4]^-$，但具有不同配位数，其空间排列也不同，铁、钴和金的氰化物配合物具有高的稳定性；而镍、铜和银与氰化物的配合物形成常数较低，对它们的分离须在流动相中加入适量 KCN 以增加这些配合物的稳定性。图 3-19 说明了动力学稳定和不稳定的金属氰化物配合物的分离。应注意，KCN 经抑制反应后的产物是毒性很大的 HCN，必须将废液收集在强碱性溶液中。

在阳离子分析中，离子对色谱主要用于多种胺的分离，包括短碳链胺和小分子芳香胺、胺的结构异构体、烷醇胺、季铵化合物、芳香烷基胺、巴比妥酸盐和生物碱等。

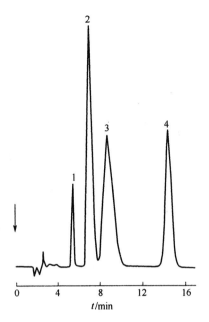

图 3-19　动力学稳定和不稳定的金属氰化物配合物的分离

分离柱:IonPac NS1

淋洗液:0.002 mol·L^{-1} TBAOH+0.001 mol·L^{-1};Na_2CO_3+2×10^{-4}

mol·L^{-1}+KCN+30％乙腈

流速:1 ml·min^{-1}

检测器:抑制型电导检测

进样体积:50 μL

L 色谱峰(mg·L^{-1}):1—$[Ag(CN)_2]^-$(80);2—$[Ni(CN)_4]^{2-}$(40);

3—$[CO(CN)_6]^{3-}$(40);4—$[Au(CN)_2]^-$(80)

4.表面活性离子的分析

表面活性剂有疏水和亲水的两个中心,由于它们能减小表面张力,广泛应用于多种工业中。

离子对色谱分离的表面活性阴离子主要包括简单的芳香磺酸盐,如甲苯、对异丙基苯和二甲苯的磺酸盐,链烷和链烯烃磺酸盐和脂肪族醇(醚)磺酸盐等。虽然一些具有芳香骨架的表面活性阴离子可用 RPIPC 分离和 UV 检测,但很多表面活性阴离子用电导检测是有益的,这些化合物的疏水性随烷基端链长的增加而增加,它们的保留行为与其分子中烷基端链的链长有关。因为它们的疏水性强,一般用亲水的氢氧化铵作离子对试剂;由于表面活性剂的疏水性质,为了缩短它们在分离柱上的保留时间,须在流动相中加入有机溶剂,因此分离柱和抑制器必须在有机溶剂中稳定。

例如相同色谱条件下,烷基硫酸盐的保留较烷基磺酸盐长,如图 3-20 所示。甲基上任何一个氢原子被羟基取代后的化合物,其保留时间明显减小。

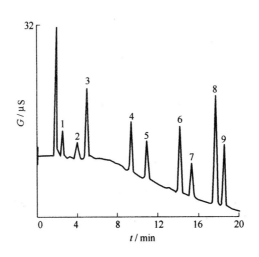

图 3-20　阴离子表面活性剂的分离

分离柱:Alltech surfactant/R,150 mm×4.6 mm

淋洗液:10mmol·L⁻¹ LiOH,乙腈—水—甲醇(60∶20∶20),梯度

流速:1.0 ml·min⁻¹

检测器:抑制型电导

色谱峰(mg·L⁻¹):1—AOSO₃C₆(5);2—ASO₃C₆(5);3—ASO₃C₇(10);4—ASO₃C₈(10);5—AOSO₃C₈(20);6—ASO₃ ClO(20);7—AOSO₃ClO(30);8—ASO₃Cl₂(30);9—AOSO₃Cl₂(40)

芳基磺酸盐在分离柱上的保留随取代基上碳原子数目的增加而增加,苯、甲苯、二甲苯和异丙基苯磺酸盐的分离如图 3-21 所示,流动相为 TBAOH 和乙腈混合液,检测方式可用电导和 UV。适当检测方式的选择取决于样品基体的性质。

烷基磺酸盐在分离柱上的保留的增加与烷基链长度成指数关系,因此对它们的分离需用梯度淋洗。因为短碳链磺酸盐的疏水性为中等,因此用疏水性的氢氧化四丁基铵为离子对试剂。相反,对疏水性较强的长碳链的脂肪醇硫酸的分离,应用疏水性弱的氢氧化铵作离子对试剂。烷基磺酸和脂肪族醇硫酸盐都无吸光基团,电导检测的灵敏度高于 UV。脂肪醇硫酸是很多化妆品的成分,因此对脂肪醇硫酸的分析在商业上是很重要的。

在阳离子表面活性剂中,离子对色谱主要用于季铵类化合物的分离,如化妆品含有低浓度的氯化烷基三甲基铵和氯化二烷基二甲基铵,它们的疏水性强,因此用亲水性强的 HCl 作离子对试剂,并加入有机改进剂,在 IonPac NS1 柱上梯度淋洗分离。与阴离子表面活性剂的分离不同,长链季铵化合物的保留时间不完全随碳链的增加而增加。季铵类化合物分子内无发色基团,因此电导是主要的检测方式。

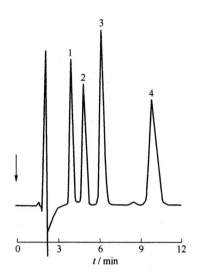

图 3-21　芳香磺酸盐的分离

分离柱:IonPac NS1

淋洗液:0.002 mol・L^{-1} TBAOH＋乙腈(体积比＝70:30)

流速:1 ml・min^{-1}

检测:254 nm

进样体积:50 μL

色谱峰(mg・L^{-1}):1—苯磺酸盐(50);2—甲苯磺酸盐(50);3—二甲苯磺酸盐(100);4—对异丙基苯磺酸盐(100)

3.6　电泳色谱技术

电泳(EP)是指在一定条件下,带电颗粒在电场的作用下向着与其电性相反的电极发生定向移动的现象。利用电泳现象对某些化学或生物物质进行分离分析的方法和技术叫电泳法或电泳技术。多年来,聚丙烯酰胺凝胶电泳仍是生物化学和分子生物学中对蛋白质、多肽、核酸等生物大分子使用最普遍的分析鉴定技术。在经典电泳的基础上,于 20 世纪 80 年代发展起来的毛细管电泳技术,是化学和生命科学中分析鉴定技术的重要新发展,受到广泛的应用。

3.6.1　毛细管电泳的基本原理

毛细管电泳又称高效毛细管电泳是指离子或带电粒子以毛细管为分离通道,以高压直流电场为驱动力,依据淌度的差异而实现分离的一种全新的分离分析技术。高效毛细管电泳法是经典电泳技术和现代微柱分离相结合的产物,与传统的电泳相比,高效毛细管电泳法主要的特点有四个,即高效、快速、微量和自动化。在毛细管区带电泳中,柱效一般为每米几十万理论塔板数,高的可达每米几百万以上,而在凝胶电泳中这一指标竟能达到几百万甚至上千万,通常的分析时间不超过 30 min,在采用电流检测器时,CE 的最低检测限可达 10^{-19} mol,即使是一般的紫外检测器,大体也在 $10^{-13}\sim 10^{-15}$ mol,因此样品用量仅为纳升而已,商品仪器的操作已可全部自动化。

1.电双层

在液固两相的界面上,固体分子会发生解离而产生离子,并被吸附在固体表面上。为了达到电荷平衡,固体表面离子通过静电力又会吸附溶液中的相反电荷的离子,从而形成电双层。实验表明,石英毛细管表面在 pH>3 时,就会发生明显的解离,使毛细管的内壁带有 SiO⁻ 负电荷,于是溶液中的正离子就会聚集在表面形成电双层,如图 3-22 所示。这样,电双层与管壁间会产生一个电位差,叫作,Zeta(ξ)电势。Zeta 电势可用下式表达

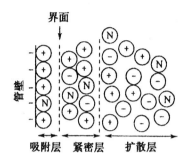

图 3-22　电双层模型

$$\xi = 4\pi\delta e/\varepsilon$$

式中,δ 为电双层外扩散层的厚度,离子浓度越高,其值越小;e 为单位面积上的过剩电荷;ε 为溶液的介电常数。

2.电泳

在毛细管电泳法中,粒子在溶液中除了随电渗流流动外,还会因所带电荷类型的不同而出现向不同方向的电泳运动,为了描述粒子在两种作用下的合运动,可用合淌度来表示粒子的实际运动情况。一种离子在电场中发生电泳,其电泳速度可用下式表示:

$$\mu_{ep} = \mu_{ep}E$$

式中,μ_{ep} 为离子的电泳速度,下标 ep 表示电泳,μ_{ep} 为电泳淌度,E 为电场强度。

对于给定的离子和介质,淌度是该离子的特征常数。淌度由分子所受的电场力与其通过介质时所受的摩擦力的平衡所决定。即:

$$\mu_{ep} \propto \frac{电场力(F_E)}{摩擦力(F_F)}$$

电场力可写成

$$F_E = qE$$

对于球形粒子的摩擦力为

$$F_F = -6\pi\eta r\mu_{ep}$$

这里,q、η、r 分别为离子电量、溶液黏度和离子半径。在电泳过程中,可以达到由上两力的平衡所决定的稳态。此时,两种力大小相等而方向相反:

$$qE = 6\pi\eta r\mu_{ep}$$

将该式带入电泳速度的表达式,可得物理参数淌度的公式:

$$\mu_{ep} = \frac{q}{6\pi\eta r}$$

上式表明,带电量大的物质具有的淌度高,而体积越大的物质,其电泳淌度就越小。

对于中性粒子,不发生电泳运动;对于带正电荷粒子,电泳方向与电渗方向相同;对于带负荷电粒子,电泳方向与电渗方向相反。在以石英为材质的毛细管电泳中,电渗淌度通常比电泳淌度大一个数量级,因此样品中所有组分均沿着与电渗方向相同的方向运动,在电泳运动的作用下,带不同电荷的粒子的出峰顺序依次是正粒子、中性粒子和负粒子。对于含有多种中性粒子的待测样品,由于中性粒子的运动速度均等于电渗速度,因此相互之间不能分离。由此观之,无论是阳离子、阴离子,还是中性组分,电渗淌度对于所有组分都是相同的。因而,不同组分的分离并不是电渗的作用,而是电泳作用的结果。

3. 电渗流

电渗流是指溶液在外电场的作用下整体朝向一个方向运动的现象,由于液固界面的电双层的存在,在高电压场的作用下,组成扩散层的阳离子被吸引而向负极移动。由于它们是溶剂化的,故将拖动毛细管中的溶液整体向负极流动,这便形成了电渗流,如图 3-23 所示。电渗流的大小直接影响分离情况和分析结果的精密度和准确度。

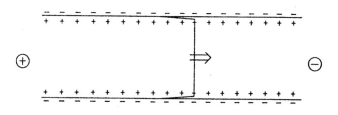

图 3-23　由毛细管壁引起的电渗流

电渗流迁移速率 υ_{EOF} 的大小与电场强度 E、Zeta 电势导、溶液黏度 η 和介电常数 ε 存在以下关系

$$\upsilon_{EOF} = \varepsilon\xi E/\eta$$

其相应的电渗流淌度为

$$\mu_{EOF} = \varepsilon\xi/\eta$$

由于电渗流的大小与 Zeta 电势呈正比关系,因此影响 Zeta 电势的因素都会影响电渗流。Zeta 电势 ξ 的大小主要取决于毛细管内壁扩散层单位面积的过剩电荷数 e 及扩散层的厚 δ。而 δ 大小与溶液的组成、离子强度有关。溶液的离子强度越大,扩散层的厚度越薄。电渗流的方向决定于毛细管内壁表面电荷的性质。一般情况下,在 pH>3 时,石英毛细管内壁表面带负电荷,电渗流的方向由阳极到阴极。但如果将毛细管内壁表面改性,比如在壁表面涂渍或键合一层阳离子表面活性剂,或者在内充液中加入大量的阳离子表面活性剂,将使石英毛细管内壁表面带正电荷。壁表面的正电荷因静电力吸引溶液中阴离子,使电双层 Zeta 电势的极性发生了反转,最后可使电渗流的方向发生变化,即电渗流的方向由阴极到阳极。

3.6.2 毛细管电泳装置

毛细管电泳仪通常是由高压电源、毛细管柱、缓冲液池、检测器和记录/数据处理等部分组成。如图 3-24 所示。

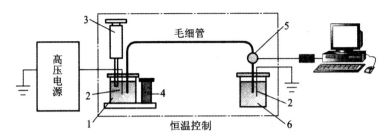

1-高压电极槽与缓冲溶液;2-铂丝电极;3-填灌清洗装置;
4-进样装置;5-检测器;6-低压电极槽与缓冲溶液

图 3-24　毛细管电泳仪的基本结构流程图

毛细管即分离通道的两端分别插在缓冲液槽中,毛细管内充满相同的缓冲溶液。两个缓冲液池液面保持在同一水平面,柱子两端插入液面下同一深度。毛细管柱一段为进样端,另一端连接检测器,高压电源、电极、缓冲液、毛细管一起组成回路,并且在毛细管中形成高压电场。

1.高压电源

高压电源具有恒压、恒流和恒功率输出,电流为 $0\sim200\ \mu A$。为保证迁移时间的重现性,电源极性容易转换,输出电压应稳定在 $\pm0.1\%$ 以内。一般来讲,工作电压越大,柱效越高,分析时间越短。但升高电压的同时,柱内产生的焦耳热也增大,引起谱带展宽,使分离度下降。为了尽可能使用高电压而不产生过多的焦耳热,可通过实验,在确定的分离体系中,改变外加电压测对应的电流,做欧姆定律曲线,取线性关系中的最大电压——最佳工作电压。

2.毛细管柱

毛细管是分离通道,理想的毛细管柱应是化学和电惰性的,能透过可见光和紫外光,强度高,柔韧性好,耐用且便宜。毛细管的材质可以是玻璃、石英、聚乙烯等。目前采用的毛细管柱大多为圆管形弹性熔融石英毛细管。

3.缓冲液池

缓冲液池中贮存缓冲溶液,为电泳提供工作介质。要求缓冲液池化学惰性,机械稳定性良好。

4.进样系统

因为毛细管分析通道十分狭窄,毛细管电泳所需进样量很小,一般为纳升级。为减小进样引起的谱带展宽,进样塞长度应控制在柱长的 $1\%\sim2\%$ 以内,采用无死体积的进样方法。目前经常采用的进样方式有三种。

（1）压力进样

压力进样也称为流动进样，其要求毛细管中的填充介质具有流动性，比如溶液。当将毛细管的两端置于不同的压力环境中时，在压差的作用下，管中溶液流动，将试样带入。压力进样没有进样偏向问题，但选择性差，样品及其背景同时被引入管中，可能会对后续分离产生影响。

（2）电动进样

电动进样也称为电迁移进样，是指将毛细管柱的进样端插入试样池中，然后在准确时间内施加进样电压，试样因电迁移和电渗作用进入管内。电动进样的动力是电场强度，可通过控制电场强度和进样时间来控制进样量。电动进样结构简单，易于实现自动化，是商品仪器必备的进样方式。该法的缺点是组分的进样量与其迁移速度有关，即存在进样偏向；在相同情况下，迁移速度大的组分比迁移速度小的组分进样量大，这会降低分析结果的准确性和可靠性。

（3）扩散进样

扩散进样是利用浓差扩散原理将样品分子引入毛细管。当把毛细管插入样品溶液时，样品分子因管口界面存在浓度差而向管内扩散，进样量由扩散时间控制。样品分子进入毛细管的同时，区带中的背景物质也向管外扩散，即扩散进样具有双向性，因此可以抑制背景干扰，提高分离效率。扩散与电迁移方向、速度无关，可抑制进样偏向，提高了定性定量结果的可靠性。

5. 填灌与清洗装置

填灌清洗装置一般均采用正、负压助推流动的方法，结构与压力进样装置相同，包括压力控制、位置控制和计时控制等部分。为保证助推流动的压力，需要仪器具有较好的密封性。正、负压力通常可采用钢瓶气、水泵、空气压缩机、注射器、蠕动泵等方法产生。

6. 检测器

检测器是毛细管电泳仪的一个关键构件，由于进样量很小，所以对检测器的灵敏度提出了较高要求。目前，毛细管电泳仪配备的几种主要检测仪有：

（1）质谱检测器

将高效分离手段毛细管电泳与可以提供组分结构信息的质谱仪（MS）联用，提供了一种分离和鉴定相结合的强有力的技术，很适合复杂生物体系的分离鉴定，是微量生物样品分离析的有力工具。

（2）激光诱导荧光检测器

激光诱导荧光检测器可以检出染色的单个 DNA 分子，非常灵敏。激光诱导荧光检测器的检测限比常规 UV 吸收法低 5～6 个数量级，为 $1.0 \times 10^{-10} \sim 1.0 \times 10^{-12}$ mol·L^{-1}。激光诱导荧光检测器主要由激光器、光路系统、光电转换器件和检测池等组成。激光的单色性和相干性好、光强高，可以有效提高信噪比。采用光导纤维将激光引入毛细管中，令其进行全反射传播，有效降低背景噪声、消除管壁散射，从而大幅度提高检测灵敏度。激光诱导荧光检测同紫外检测一样，可以在石英毛细管合适部位除去外涂层，导入激光并引出荧光，即柱上检测方式。

（3）紫外检测器

紫外检测器一般采用柱上检测方式，非常简便，而且不存在死体积和组分混合而产生的谱带展宽。多数有机分子和生物分子在 210 nm 左右吸收很强。由于毛细管的内径一般不超过 100 μm，因此限制了光程，影响紫外检测器的敏度，满足不了对极低浓度和极微量样品分析的要求。

3.6.3 毛细管电泳技术的应用

毛细管电泳的分离模式多样化，毛细管内壁的修饰方法不同、流动的缓冲液中的添加剂不同以及新型检测技术的发展，使得毛细管电泳在分析化学、药物学、临床医学、食品科学以及农学等领域有着广泛的应用。

1. 在无机金属离子分析中的应用

与离子色谱相比，毛细管电泳在无机金属离子分离分析上具有许多优势，它能在数分钟内分离出四五十个离子组分，并且不需要复杂的操作程序。利用高效毛细管电泳法分离无机离子最关键的问题是检测，基本检测方式分为直接检测和间接检测。

少数无机离子在合适价态下有紫外吸收，能够直接检测出，但绝大多数无机离子不能直接利用紫外吸收检测。此时，可以在具有紫外吸收离子的介质中进行电泳，可以测得无吸收同符号离子的负峰或者倒峰。背景试剂可选择淌度较大的芳胺或胺等。芳胺的有效淌度随 pH 下降而增加，因而改变 pH 可以改善峰形和分离度。采用胺类背景时，多选择酸性分离条件。如咪唑、吡啶及其衍生物等杂环化合物也是一类很好的背景试剂。

2. 在生命科学中的应用

随着人类基因组项目的开展，迅速推动人类疾病的 DNA 诊断及基因治疗的研究迎来了基因作为药物的时代。人类基因的研究，大大加快了医学基因鉴定，发现疾病基因的速度迅速增长。人类某些常见致命的多发病如癌、心脏病、动脉粥样硬化、心肌梗死、糖尿病及痴呆病的基因研究已取得了巨大的进展。人类疾病的 DNA 诊断，对 DNA 序列的检测已有几种多聚酶链放大反应（PCR）技术。

近年来，毛细管电泳已迅速发展为 PCR 产物分析的重要方法。在人类疾病的高效 DNA 诊断中，毛细管电泳可对致病基因做快速及精密的鉴定。采用毛细管电泳自动化分析，可获得高精密度，且所需样品少，速度快，为法医科学和案件审判提高了效率及减少费用。毛细管电泳在生物大分子蛋白和肽的研究可用来检测纯度，如可以检测出多肽链上的单个氨基酸的差异；若与质谱联用，可以推断蛋白质的分子结构。如果采用最新技术，甚至能检测单细胞、单分子，如监测钠离子和钾离子在胚胎组织膜内外的传送。

第4章　分子发光分析技术

分子吸收外来能量时,分子的外层电子可能被激发而跃迁到更高的电子能级,这种处于激发态的分子是不稳定的,它可以经由多种衰变途径而跃回基态。这些衰变的途径包括辐射跃迁过程和非辐射跃迁过程,辐射跃迁过程伴随的发光现象,称为分子发光。

分子发光的类型,可按分子激发的模式,或按分子激发态的类型来加以分类。按激发的模式分类时,如果分子通过吸收光能而被激发所产生的发光称为光致发光,分子的荧光和磷光就属于光致发光类型;如果分子是由化学反应的化学能或由生物体(经由体内的化学反应)释放出来的能量所激发,其发光分别称为化学发光或生物发光。如以分子的激发类型来分类时,则可划分为荧光和磷光两个类型。以分子发光作为检测手段的分析技术称为分子发光分析法,本章所介绍的包括荧光分析技术、磷光分析技术和化学发光分析技术。

分子发光分析技术具有如下特点:

(1)灵敏度高。与吸收光度法相比较,分子发光分析的灵敏度一般要高2~3个数量级。

(2)选择性比较高。物质对光的吸收具有普遍性,但吸收后并非都有发光现象。即便都有发光现象,但在吸收波长和发射波长方面不尽相同,这样就有可能通过调节激发波长和发射波长来达到选择性测定的目的。

(3)试样量小,操作简便,工作曲线的动态线性范围宽。

(4)由于发光检测的高灵敏度,以及发光光谱、发光强度、发光寿命等各种发光特性对所研究体系的局部环境因素的敏感性,因此,发光分析技术在光学分子传感器以及在生物医学、药学和环境科学等方面的应用更显示了它的优越性。

4.1　分子荧光分析技术

分子荧光技术是根据分子的荧光谱线位置及其强度进行分子鉴定和含量测定的方法,其灵敏度高、选择性好、检测限低。

4.1.1　荧光和磷光产生的过程

荧光和磷光是由两种不同发光机理过程产生的,荧光发光过程在激发光停止后的 10^{-8} s 或 0.01 μs 就停止发光,而磷光则往往能延续 10^{-3} ~ 10 s 的时间,故可通过测定发光寿命的长短来区分荧光和磷光。由于不同的发光物质的内部结构和固有的发光特性各异,所以可根据其荧光或磷光光谱进行定性或定量分析。

1.光的吸收

分子在紫外-可见光的照射下,吸收能量,电子跃迁到较高能级的激发态,变为高能态的激发分子,并在很短的时间内通过分子碰撞以热的形式损失一部分能量,从所处的激发能级跃迁至第一激发态的最低振动能级;再由最低振动能级跃迁至基态的振动能级。在此过程中,激发分子以光的形式放出它所吸收的能量,这时所发的光称为分子荧光。其发射的波长可以同分子所吸收的波长相同,也可以不同,这一现象称为光致发光,最常见的是荧光和磷光。

2.电子自旋

基态分子吸收光能后,价电子跃迁到高能级的分子轨道上称为电子激发态。分子荧光和磷光通常是基于 $\pi^* \rightarrow \pi$、$\pi^* \rightarrow n$ 形式的电子跃迁,这两类电子跃迁都需要有不饱和官能团存在以便提供 π 轨道。在光致激发和去激发光的过程中,分子中的价电子可以处在不同的自旋状态,常用电子自旋状态的多重性来描述。一个所有电子自旋都配对的分子的电子态称为单重态,用 S 表示;在激发态分子中,两个电子自旋平行的电子态称为三重态,用 T 表示。

将电子自旋状态的多重性 M 表示为:

$$M = 2S + 1$$

其中,S 是电子的总自旋量子数,它是分子中所有价电子自旋量子数的矢量和。

当两个价电子的自旋方向相反时,$S = (-1/2) + 1/2 = 0$,多重性 $M = 1$,该分子便处于单重态。当两个电子的自旋方向相同时,$S = 1$,$M = 3$,分子处于三重态。基态为单重态的分子具有最低的电子能,该状态用 S_0 表示。S_0 态的一个电子受激跃迁到与它最近的较高分子轨道上且不改变自旋,即成为单重第一激发态 S_1,当受到能量更高的光激发且不改变自旋,就会形成单重第二电子激发态 S_2。若电子在跃迁过程中使分子具有两个自旋平行的电子,则该分子便处于第一激发三重态 T_1 或第二激发三重态 T_2。

对同一物质,所处的多重态不同其性质明显不同。

①S 态分子在磁场中不会发生能级的分裂,具有抗磁性,而 T 态有顺磁性。

②电子在不同多重态间跃迁时需换向,不易发生,因此,S 与 T 态间的跃迁概率总比单重与单重间的跃迁概率小。

③单重激发态电子相斥比对应的三重激发态强,所以各状态能量高低为:$S_2 > T_2 > S_1 > T_1 > S_0$,$T_1$ 是亚稳态。

④受激 S 态的平均寿命大约为 10^{-8} s,T_2 态的寿命也很短,而亚稳的 T_1 态的平均寿命在 $10^{-4} \sim 10$ s。

⑤$S_0 \rightarrow T_1$ 形式的跃迁是"禁阻"的,不易发生,但某些分子的 S_1 态和 T_1 态间可以互相转换,且 $T_1 \rightarrow S_0$ 形式的跃迁有可能导致磷光光谱的产生。

3.非辐射能量的传递

(1)外转换

激发态分子的退激发过程包含激发分子与溶剂或其他溶质间的相互作用和能量转换时称为外转换。溶剂对荧光强度有明显的影响,凡可使粒子间碰撞减少的条件通常都导致荧光的增强。

(2)内转换

同一多重态的不同电子能级间可发生内转换。例如,当 S_2 的较低振动能级与 S_1 的较高振动能级的能量相当而发生重叠时,分子有可能从 S_2 的振动能级过渡到 S_1 的振动能级上,这种无辐射去激过程称为内转换。内转换同样会发生在三重态 T_2 和 T_1 之间,内转换发生的时间在 $10^{-11} \sim 10^{-13}$ s。

（3）振动弛豫

在同一电子能级内,激发态分子以热的形式将多余的能量传递给周围的分子,而电子则从高的振动能级回到低的振动能级的现象称为振动弛豫。产生振动弛豫的时间极为短暂,为 $10^{-13} \sim 10^{-11}$ s。由于振动弛豫效率很高,溶液的荧光总是从激发态的最低振动能级开始跃迁,因此荧光光谱和吸收光谱并不一致,荧光光谱的峰值要比吸收光谱的峰值波长大一些,即产生红移,这种红移也叫斯托克斯偏移。

（4）系间窜跃

不同多重态之间的无辐射跃迁称为系间窜跃。发生系间窜跃时电子自旋需换向,因而比内部转换困难,需要 10^{-6} s。系间窜跃易于在 S_1 和 T_1 间进行,发生系间窜跃的根本原因在于各电子能级中振动能级非常靠近,势能面发生重叠交叉,而交叉地方的位能是一样的。当分子处于这一位置时,既可发生内部转换,也可发生系间窜跃,这取决于分子的本性和所处的外部环境条件。

4. 辐射能量传递过程

当分子处于单重激发态的最低振动能级时,直接发射一个光量子后回到基态,这一过程称为荧光发射。单重激发态的平均寿命在 $10^{-9} \sim 10^{-7}$ s 左右,而荧光的寿命也在同一数量级上,如果没有其他过程同荧光相竞争,那么所有激发态分子都将以发射荧光的方式回到基态。

电子由第一激发三重态的最低振动能级到基态各振动能级的跃迁（$T_1 \rightarrow S_0$ 跃迁）产生磷光。三重激发态比单重激发态的能量还要低一些,故产生磷光的波长要比产生荧光的波长长。由于 $S_0 \rightarrow T_1$ 的跃迁属于禁阻跃迁,电子直接进入三重激发态的概率很小,同时发生 $T_1 \rightarrow S_0$ 的跃迁也较难进行。

另外,磷光的产生可能包括了多个过程:

$S_0 \rightarrow$ 激发 $\rightarrow$ 振动弛豫 $\rightarrow$ 内转移 $\rightarrow$ 系间交叉跃迁 $\rightarrow$ 振动弛豫 $\rightarrow T_1 \rightarrow S_0$

所以,磷光的发光速率与荧光的相比要慢得多,约 $10^{-4} \sim 100$ s。光照停止后,某些过程仍在进行,且 $T_1 \rightarrow S_0$ 的跃迁慢,故磷光发射还可持续一段时间。

5. 分子荧光的产生

分子从 S_1 态的最低振动能级跃迁至 S_0 态各振动能级时所产生的辐射光称为荧光,它是相同多重态间的允许跃迁,概率大,辐射过程快,因而称为快速荧光或瞬时荧光,简称荧光。

由于分子光致激发时,光能经过各种无辐射去激的消耗,落到 S_1 态的最低振动能级后再发光,因而所发射荧光的波长总比激发光长,能量比激发光小,这种现象称为斯托克斯位移,常用符号"s"表示,它是荧光物质最大激发光波长与最大发射荧光波长之差,但习惯上用波长的倒数即波数之差表示如下:

$$s = 10^7 \left(\frac{1}{\lambda_{ex}} - \frac{1}{\lambda_{em}} \right)$$

式中,λ_{ex}、λ_{em} 分别为最大激发光和最大发射荧光波长,nm。

荧光未发射之前,在荧光寿命期间能量的损失。斯托克斯位移越大,激发光对荧光测定的干扰越小,当它们相差大于 20 nm 以上时,激发光的干扰很小,能进行荧光测定。

6. 延迟荧光

某些物质的分子跃迁至 T_1 态后,因相互碰撞或通过激活作用又回到 S_1 态,经振动弛豫到达 S_1 态的最低振动能级再发射荧光,这种荧光称为延迟荧光,其寿命与该物质的分子磷光相当。不论何种荧光都是从 S_1 态的最低振动能级跃迁至 S_0 态的各振动能级产生的。所以,同一物质在相同条件下观察到的各种荧光其波长完全相同,只是发光途径和寿命不同。延迟荧光在激发光源熄灭后,可拖后一段时间,但和磷光又有本质区别,同一物质的磷光波长总比发射荧光的波长要长。

4.1.2 分子荧光的性质与参数

1. 分子荧光的性质

(1)荧光分子的特征光谱

荧光和磷光均属于光致发光,所以都涉及两种辐射,即激发光和发射光,因而也都具有两种特征光谱,即激发光谱和发射光谱。它们是荧光和磷光定性和定量分析的基本参数及依据。

①激发光谱。

由于分子对光的选择性吸收,不同波长的入射光便具有不同的激发效率。如果固定荧光的发射波长而不断改变激发光的波长,并记录相应的荧光强度,那么所得到的荧光强度对激发波长的谱图称为荧光的激发光谱。激发光谱反映了在某一固定的发射波长下所测量的荧光强度与激发光波长之间的关系,为荧光分析选择最佳激发波长提供依据。

②发射光谱。

通过固定激发波长,扫描发射波长所获得的荧光强度—发射波长的关系曲线为荧光发射光谱。发射光谱反映了在相同的激发条件下,不同波长处分子的相对发射强度。荧光发射光谱可以用于荧光物质的鉴别,并作为荧光测定时选择恰当的测定波长或滤光片。

荧光仪上所测绘荧光的激发光谱和发射光谱均属于表观光谱,当对仪器的光源、单色器和检测器等的光谱特征进行校准后,才能绘得校准的荧光的激发光谱和发射光谱。

③同步荧光光谱。

荧光物质既具有发射光谱又具有激发光谱,如果采用同步扫描技术,同时记录所获得的谱图,称为同步荧光光谱。

同步扫描可采取三种方式进行:

·固定波长差同步扫描法,指扫描时保持激发波长和发射波长的波长差固定。

·固定能量差同步扫描法,指扫描时激发波长和发射波长之间保持一个恒定的波数差。

·可变波长同步扫描法,是指使两个单色器分别以不同速率进行扫描,即扫描过程中激发波长和发射波长的波长差是不固定的。

同步荧光光谱并不是荧光物质的激发光谱与发射光谱的简单叠加,同步扫描至激发光谱与发射光谱重叠波长处,才同时产生信号,如图 4-1 所示。在固定波长差同步扫描法中,$\Delta\lambda$ 的

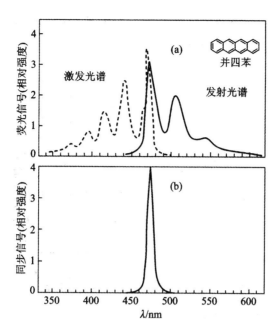

图4-1 并四苯的激发光谱和发射光谱(a)
及同步荧光谱(b)Δλ=3 nm

选择直接影响到所得到的同步光谱的形状、带宽和信号强度。通过控制 Δλ 值,可为混合物分析提供一种途径。例如,酪氨酸和色氨酸的荧光激发光谱很相似,发射光谱重叠严重,但Δλ<15 nm 时的同步荧光光谱只显示酪氨酸的光谱特征,Δλ＞60 nm 时,只显示色氨酸的光谱特征,从而可实现分别测定。

同步荧光光谱的谱图简单,谱带窄,减小了谱图重叠现象和散射光的影响,提高了分析测定的选择性。同步荧光光谱损失了其他光谱带,提供的信息量减少。

④三维荧光光谱。

以荧光强度为激发波长和发射波长的函数得到的光谱图为三维荧光光谱,也称总发光光谱,等高线光谱等。

三维荧光光谱可用两种图形表示:

·三维曲线光谱图,如图 4-2(a)所示。

·等强度线光谱图,如图 4-2(b)所示。

从三维荧光光谱可以清楚看到激发波长与发射波长变化时荧光强度的信息。它能提供更完整的光谱信息,可作为光谱指纹技术用于环境检测和法庭试样的判证。

(2)激发光谱与发射光谱的特征

①镜像对称规则。

分子的荧光发射光谱与其吸收光谱之间存在着镜像关系。如图 4-3 是芘在苯溶液中的吸收和荧光发射光谱图。由图看出吸收和发射间存在较好的镜像关系。但是大多数化合物虽然存在这样的镜像关系,不过其对称程度不像芘这样好。大多数吸收光谱的形状表明了分子的第一激发态的振动能级结构,而荧光发射光谱则表明了分子基态的振动能级结构。一般情况

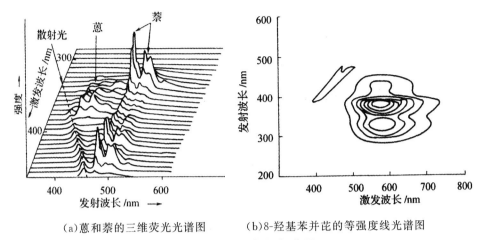

（a）蒽和萘的三维荧光光谱图　　（b）8-羟基苯并芘的等强度线光谱图

图 4-2　三维荧光光谱图

下,分子的基态和第一激发单重态的振动能级结构类似,因此吸收光谱的形状与荧光发射光谱的形状呈镜像对称关系。

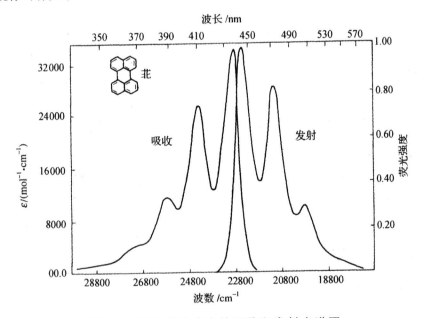

图 4-3　芘在苯溶液中的吸收和发射光谱图

②斯托克斯位移。

在溶液荧光光谱中,所观察到的荧光发射波长总是大于激发波长,斯托克斯在 1852 年首次观察到这种波长位移的现象,因而称为斯托克斯位移。斯托克斯位移说明了在激发与发射之间存在着一定的能量损失。激发态分子在发射荧光之前,很快经历了振动松弛或内转化过程而损失部分激发能,致使发射相对于激发有一定的能量损失,这是产生斯托克斯位移的主要原因。其次,辐射跃迁可能只使激发态分子衰变到基态的不同振动能级,然后通过振动松弛进一步损失振动能量,这也导致了斯托克斯位移。此外,溶剂效应以及激发态分子所发生的反应,也将进一步加大斯托克斯位移现象。

③发射光谱的形状通常与激发波长无关。

虽然分子的吸收光谱可能含有几个吸收带,但其发射光谱却通常只含有一个发射带。绝大多数情况下即使分子被激发到 S_2 电子态以上的不同振动能级,然而由于内转化和振动松弛的速率非常快,以致很快地丧失多余的能量而衰变到 S_1 态的最低振动能级,然后发射荧光,因而其发射光谱通常只含有一个发射带,且发射光谱的形状与激发波长无关,只与基态中振动能级的分布情况以及各振动带的跃迁概率有关。

2.分子荧光的参数

(1)荧光强度

当一束强度为 I_0 的紫外-可见光照射于一盛有溶液浓度为 c mol·L^{-1}、厚度为 b cm 的样品池时,可在吸收池的各个方向观察到荧光,其强度为 F,透过光强度为 I_t,吸收光强度为 I_a。由于激发光的一部分能透过样品池,故一般在与激发光源垂直的方向上测量荧光,如图 4-4 所示。

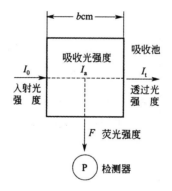

图 4-4　光吸收与荧光示意图

荧光的产生是由于物质在吸收了激发光部分能量后发射了波长更长的光,因此,溶液的荧光强度 F 与该溶液吸收光的强度 I_a 以及物质的荧光效率成正比。

$$F = \varphi I_a$$

根据朗伯－比耳定律可以推导出:

$$F = 2.303\varphi I_0 \varepsilon bc$$

当入射光强度 I_0 和 b 一定时,可写成

$$F = Kc$$

即荧光强度 F 与溶液浓度 c 成正比,这是荧光分析定量的基本依据。荧光强度和溶液浓度呈线性关系的成立条件为 $\varepsilon bc \leqslant 0.02$,即只限于很稀的溶液;$\varphi_a$ 与浓度无关,为一定值;无荧光的再吸收。当溶液浓度高时,由于存在自猝灭和自吸收等原因,荧光强度和浓度不再呈现线性关系。

由于荧光强度和入射光强度成正比,因此增加 I_0 可以提高分析灵敏度。在可见吸光光度法中,当溶液浓度很稀时,吸光度 A 很小而难于测定,故其灵敏度不太高。而荧光分析法可采

用足够强的光源和高灵敏度的检测放大系统,从而获得比可见吸光光度法高得多的灵敏度。

影响荧光强度的因素主要有以下几点。

①温度对光强度的影响。

大多数荧光物质都随其所在溶液的温度升高荧光效率下降,荧光强度减小。如荧光素钠的乙醇溶液在$-80℃$时,其荧光效率可达100%,当温度每增加$10℃$时,荧光效率约减小3%。显然,随着溶液温度升高,会增加分子间碰撞次数,促进分子内能的转化,从而导致荧光强度下降。为此,在许多荧光计的液槽上配有低温装置,以提高灵敏度。

②溶剂对光强度的影响。

除了溶剂对光的散射、折射等影响外,溶剂对荧光强度和形状的影响主要表现在溶剂的极性、形成氢键及配位键等的能力方面。溶剂极性增大时,通常将使荧光光谱发生红移。氢键及配位键的形成更使荧光强度和形状发生较大变化。

③溶液 pH 对光强度的影响。

对含有酸碱基团的荧光分子,受溶液 pH 的影响较大,需要严格控制。当荧光物质为弱酸或弱碱时,溶液 pH 的改变对溶液的荧光强度有很大影响,这是由于它们的分子和离子在电子结构上的差异导致的。

④荧光猝灭对光强度的影响。

使荧光消失或强度减弱的现象称为荧光猝灭。发生荧光猝灭现象的原因有碰撞猝灭、静态猝灭、转入三重态猝灭和自吸收猝灭等。碰撞猝灭是由于激发态荧光分子与猝灭剂分子碰撞失去能量,无辐射回到基态,这是引起荧光猝灭的主要原因。静态猝灭是指荧光分子与猝灭剂生成不能产生荧光的配合物。荧光分子由激发单重态转入激发三重态后也不能发射荧光。浓度高时,荧光分子发生自吸收现象也是发生荧光猝灭的原因之一。O_2是最常见的猝灭剂,故荧光分析时需要除去溶液中的氧。

⑤内滤光和自吸对光强度的影响。

内滤光作用是指溶液中含有能吸收荧光的组分,使荧光分子发射的荧光强度减弱的现象。例如,色氨酸中有重铬酸钾存在时,重铬酸钾正好吸收了色氨酸的激发和发射峰,测得的色氨酸荧光强度显著降低。

自吸收现象是指荧光分子的荧光发射光谱的短波长端与其吸收光谱的长波长端重叠,在溶液浓度较大时,一些分子的荧光发射光谱被另一些分子吸收的现象。自吸收现象也可以使荧光分子测定到的荧光强度降低,浓度越大这种影响越严重。

(2)荧光效率

分子产生荧光的条件是分子必须有产生电子吸收光谱的特征结构和较高的荧光效率。许多物质不产生荧光,就是由于该物质吸光后的分子荧光效率不高,而将所吸收的能量消耗于与溶剂分子或其他溶质分子之间,因此无法发出荧光。荧光效率也称为荧光量子产率,它表示所发出荧光的光子数和所吸收激发光的光子数的比值。

$$荧光效率(\varphi) = \frac{发出的光子数}{吸收的光子数}$$

荧光效率越大,表示分子产生荧光的能力越强,其值在$0\sim1$之间。喹啉的荧光强度十分稳定,可作为荧光分析的基准物质,硫酸喹啉($0.5\ mol \cdot L^{-1}$)溶液的荧光效率$\varphi = 0.55$。

在产生荧光的过程中,涉及许多辐射和无辐射跃迁过程。很明显,荧光效率将与每一个过程的速率常数有关。那么荧光效率可以以各种跃迁的速率常数来表示,即

$$\varphi = \frac{K_f}{K_f + \sum K_i}$$

式中,K_f 为荧光发射过程中的速率常数;$\sum K_i$ 为非辐射跃迁的速率常数之和。

(3)荧光寿命

荧光寿命用 τ 来表示,荧光量子产率用 φ 来表示,它们是荧光物质的重要发光参数。荧光寿命是处于激发态的荧光体返回基态之前停留在激发态的平均时间,或者说处于激发态的分子数目衰减到原来的 $1/e$ 所经历的时间,这意味着在 $t = \tau$ 时,大约有 63% 的激发态分子已去激衰变。荧光寿命在荧光分析或生命科学的研究中有重要意义,因为它能给出分子相互作用的许多动力学信息。

荧光寿命的测定方法,应用较广泛的是脉冲光激发时间分解法和相调制法。通过实验求得最大荧光强度 I_{0f} 和衰减不同时间 t 的荧光强度 I_t 后,用 $\ln(I_{0f} / I_t)$ 值为纵坐标,以对应的时间 t 为横坐标作图可得一直线,该直线的斜率等于 $1/t$,因此,可以求出荧光寿命 τ。

(4)荧光与分子结构的关系

通常情况下,强荧光分子都具有大的共轭 π 键结构以及供电子取代基和刚性平面结构等,而饱和的化合物和只有孤立双键的化合物,不呈现显著的荧光。

最强且最有用的荧光物质大多是含有 $\pi \to \pi^*$ 跃迁的有机芳香化合物及其金属离子配合物,电子共轭度越大,越容易产生荧光;环越大,发光峰红移程度越大,发光也往往越强。具有一个芳环或具有多个共轭双键的有机化合物容易产生荧光,稠环化合物也会产生荧光。最简单的杂环化合物,如吡啶、呋喃等都不产生荧光。

含有氮、氧、硫杂原子的有机物,如喹啉和芳酮类物质都含未键合的非键电子 n,电子跃迁多为 $n \to \pi^*$ 型,系间窜跃强烈,荧光很弱或不发荧光,易与溶剂生成氢键或质子化从而强烈影响它们的发光特性。

取代基的性质对荧光体的荧光特性和强度具有强烈影响。苯环上的取代基会引起最大吸收波长的位移及相应荧光峰的改变。通常给电子基团,如 $-OH$、$-NH_2$、$-NR_2$ 等可使共轭体系增大,导致荧光增强;吸电子基团,如 $-Cl$、$-Br$、$-I$、$-COOH$、$-NHCOCH_3$ 和 $-NO_2$ 等使荧光减弱。具有刚性结构的分子容易产生荧光。

不含氮、氧、硫杂原子的有机荧光体多发生 $\pi \to \pi^*$ 类型的跃迁,这是电子自旋允许的跃迁,摩尔吸光系数大、荧光辐射强,在刚性溶剂中常有与荧光强度相当的磷光。

4.1.3　分子荧光定量分析

荧光分析法可用于对荧光物质进行定性和定量分析。荧光定性分析可采用直接比较法,即将试样与已知物质并列于紫外线下,根据它们所发出荧光的颜色和强度等来鉴定它们是否含有同一荧光物质。也可根据荧光发射光谱的特征进行定性鉴定。但由于能产生荧光的化合物占被分析物的数量是相当有限的,并且许多化合物几乎在同一波长下产生光致发光,所以荧光分析法较少用作定性分析。

目前荧光分析法主要用于对无机和有机化合物的定量分析。荧光定量分析的方法主要有

校正曲线法、比例法和联立方程式法。

1.校正曲线法

校正曲线法是指以荧光强度为纵坐标,对照品溶液的浓度为横坐标绘制校正曲线。然后在同样条件下测定试样溶液的荧光强度,由校正曲线求出试样中荧光物质的含量。

在绘制校正曲线时,常采用系列中某一对照品溶液作为基准,将空白溶液的荧光强度读数调到 0,将该对照品溶液的荧光强度读数调至 100％或 50％,然后测定系列中其他各个对照品溶液的荧光强度。在实际工作中,当仪器调零之后,先测定空白溶液的荧光强度,然后测定对照品溶液的荧光强度,从后者中减去前者,得到的就是对照品溶液本身的荧光强度。再绘制校正曲线。为了使在不同时间所绘制的校正曲线能一致,在每次绘制校正曲线时均采用同一对照品溶液对仪器进行校正。如果该对照品溶液在紫外光照射下不稳定,可改用另一稳定的对照品溶液作为基准,只要其荧光峰和试样溶液的荧光峰相近似。例如在测定维生素 B 时,采用硫酸奎宁作为基准。

2.联立方程式法

联立方程式法主要用于多组分混合物的荧光分析。荧光分析法可不经分离就可测得混合物中被测组分含量。

如果混合物中各组分荧光峰相距较远,而且相互之间无显著干扰,则可分别在不同波长处测定各个组分的荧光强度,从而直接求出各个组分的浓度。如果各个组分的荧光光谱相互重叠,可利用荧光强度的加和性质,在适宜的荧光波长处,测定混合物的荧光强度,再根据各组分在该荧光波长处的荧光强度,列出联立方程式,分别求出它们各自的含量。

3.比例法

如果荧光分析的校正曲线通过原点,就可选择其线性范围,用比例法进行测定。取已知量的对照品,配置一对照品溶液(c_s),使其浓度在线性范围之内,测定荧光强度(F_s),然后在同样条件下测定试样溶液的荧光强度(F_x)。按比例关系计算试样中荧光物质的含量(c_x)。

在空白溶液的荧光强度调不到 0 时,必须从 F_s 及 F_x 值中扣除空白溶液的荧光强度(F_0),然后进行计算。

$$\frac{F_s - F_0}{F_x - F_0} = \frac{c_s}{c_x}$$

则

$$c_x = \frac{F_x - F_0}{F_s - F_0} c_s$$

4.1.4 分子荧光光谱仪

荧光光谱仪是由光源、单色器、样品池、检测器等组成。其原理图如图 4-5 所示。由光源发出的光经激发单色器分光后得到特定波长激发光,然后入射到样品使荧光物质激发产生荧光,通常在 90°方向上进行荧光测量。因此,发射单色器与激发单色器互成直角。经发射单色器分光后使荧光到达检测器而被检测。

通常情况下,在激发单色器与样品池之间及样品池与发射单色器间还装有滤光片架以备不同荧光测量时选择使用各种滤光片。滤光片用于消除或减小瑞利散射光及拉曼光等的影响。在更高级的荧光仪器中,激发和发射滤光片架同时也可安装偏振片以备荧光偏振测量时选用。仪器是由计算机控制的,并可进行固体物质的荧光测量及低温条件下的荧光测量等。

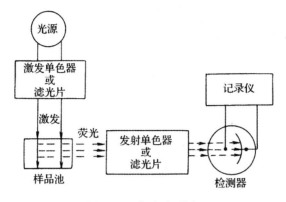

图 4-5　荧光光谱仪

4.1.5　其他荧光分析技术

随着仪器分析的日趋发展,分子荧光法的技术也得到了长足的发展。下面简单介绍几种其他的荧光分析技术:

1. 同步荧光分析技术

在荧光物质的激发光谱和荧光光谱中选择一适宜的波长差值 $\Delta\lambda$ ($\lambda_{ex}^{max} - \lambda_{em}^{max}$),同时扫描发射波长和激发波长,得到同步荧光光谱。若 $\Delta\lambda$ 值相当于或大于斯托克斯位移,就能获得尖而窄的同步荧光峰。因荧光物质浓度与同步荧光峰峰高呈线性关系,故可用于定量分析。同步荧光光谱的信号 F_{sp} (λ_{ex} , λ_{em})与激发光信号 F_{ex} 及荧光发射信号 F_{em} 间的关系为:

$$F_{sp}(\lambda_{ex}, \lambda_{em}) = KcF_{ex}F_{em}$$

K 为常数。可见当物质浓度 c 一定时,同步荧光信号与所用的激发波长信号及发射波长信号的乘积成正比,所以此法的灵敏度较高。

2. 激光荧光分析技术

激光荧光法使用了单色性极好,强度更大的激光作为光源,因而大大提高了荧光分析法的灵敏度和选择性,特别是可调谐激光器用于分子荧光具有很突出的优点。另外,普通的荧光分光光度计一般用两个单色器而以激光为光源仅用一个单色器。目前,激光分子荧光分析法已成为分析超低浓度物质的灵敏而有效的方法。

3. 胶束增敏荧光分析技术

可用化学方法提高荧光效率,从而提高荧光分析的灵敏度。例如胶束溶液对荧光物质有增溶、增敏和增稳的作用,后来发展成胶束增敏荧光法。

胶束溶液即浓度在临界浓度以上的表面活性剂溶液。表面活性剂的化学结构中都具有一个极性的亲水基和一个非极性的疏水基。在极性溶剂中,几十个表面活性剂分子聚合成团,将非极性的疏水基尾部靠在一起,形成亲水基向外、疏水基向内的胶束。

极性较小而难溶于水的荧光物质在胶束溶液中溶解度显著增加,例如室温时芘在水中的溶解度为 $5.2 \times 10^{-7} \sim 8.5 \times 10^{-7}$ mol·L^{-1},而在十二烷基硫酸钠的胶束水溶液中溶解度为 0.043 mol·L^{-1}。胶束溶液对荧光物质的增敏作用是因非极性的有机物与胶束的非极性尾部有亲和作用,减弱了荧光质点之间的碰撞,减少了分子的无辐射跃迁,增加了荧光效率,从而增加了荧光强度。除此之外,因为荧光物质被分散和定域于胶束中,降低了由于荧光熄灭剂的存在而产生的熄灭作用,也降低了荧光物质荧光自熄灭,从而使荧光寿命延长,对荧光起到增稳作用。由于胶束溶液的增溶、增敏和增稳的作用,因此可大大提高荧光分析法的灵敏度和稳定性。

4.时间分辨荧光分析技术

时间分辨荧光分析技术是利用不同物质的荧光寿命不同,在激发和检测之间延缓的时间不同,以实现分别检测的目的。时间分辨荧光分析采用脉冲激光作为光源。激光照射试样后所发射的荧光是一混合光,它包括待测组分的荧光、其他组分或杂质的荧光和仪器的噪声。如果选择合适的延缓时间,可测定被测组分的荧光而不受其他组分、杂质的荧光及噪声的干扰。

目前,已将时间分辨荧光法应用于免疫分析,发展成为时间分辨荧光免疫分析法。

4.1.6　分子荧光的应用

1.多组分混合物的荧光分析

若荧光峰互相干扰。但激发光谱有显著差别,其中一个组分在某一激发光下不吸收光,不会产生荧光,因而可选择不同的激发光进行测定。

若混合物中各组分的荧光峰相互不干扰,可分别在不同的波长处测定,直接求出它们的浓度。

若在同一激发光波长下荧光光谱互相干扰,可以利用荧光强度的加和性,在适宜的荧光波长处测定,利用列联立方程的方法求结果。

2.有机化合物的分析

①脂肪族化合物。

脂肪族化合物的分子结构较为简单,本身能产生荧光的很少,如醇、醛、酮、有机酸及糖类。但也有许多脂肪族化合物与某些有机试剂反应后的产物具有荧光性质,此时就可通过测量荧光化合物的荧光强度进行定量分析。

②芳香族有机化合物的分析。

芳香族化合物具有共轭不饱和结构,大多能产生荧光,可以直接进行荧光测定。有时为了提高测定方法的灵敏和选择性,还常使某些弱荧光的芳香族化合物与某些有机试剂反应生成强荧光的产物进行测定。例如,降肾上腺素经与甲醛缩合而得到强荧光产物,然后采用荧光显微法可以检测组织切片中含量低至 10^{-17} g 的降肾上腺素。此外,氨基酸、蛋白质、维生素、胺类等有机物大多具有荧光,可用荧光分析法进行测定或研究其结构或生理作用机理。在现代的分离技术中,以荧光法作为检测手段,常可以测定这些物质的低微含量。

3. 无机化合物的分析

无机化合物荧光分析主要有以下四种。

(1)荧光猝灭法

某些元素虽不与有机试剂组成会发荧光的配合物,但它们可以从其他会发荧光的金属离子－有机试剂配合物中取代金属离子或有机试剂,组成更稳定的不发荧光配合物或难溶化合物,而导致溶液荧光强度的降低,由降低的程度来测定该元素的含量,这种方法称为荧光猝灭法。有时,金属离子与能发荧光配位体反应,生成不发荧光的配合物,导致荧光配位体的荧光猝灭,同样可以测定金属离子的含量,这也属于荧光猝灭法。该法可以测定氟、硫、铁、银、钴、镍、钛等元素和氰离子。

对静态猝灭,荧光分子 M 与猝灭剂 Q 如果生成非荧光基态配合物 MQ,则

$$M + Q \Longrightarrow MQ$$

$$K = \frac{[MQ]}{[M][Q]}$$

由于荧光总浓度 $c_M = [M] + [MQ]$,根据荧光强度与荧光分子 M 浓度的线性关系有

$$\frac{I_{0f} - I_f}{I_f} = \frac{c_M - [M]}{[M]} = \frac{[MQ]}{[M]} = K[Q]$$

即

$$\frac{I_{0f}}{I_f} = 1 + K[Q]$$

式中,I_{0f} 与 I_f 分别为猝灭剂加入前与加入后试液的荧光强度。当猝灭剂的总浓度 $c_Q < c_M$ 时上式成立,且 c_Q 与 $[Q]$ 之间成正比关系。同理,也可以推导出与此式完全相似的动态猝灭关系式。

与工作曲线法相似,对一定浓度的荧光物质体系,分别加入一系列不同量的猝灭剂 Q,配成一个荧光物质体系,然后在相同条件下测定它们的荧光强度。以 $\frac{I_{0f}}{I_f}$ 值对 c_Q 绘制工作曲线即可方便地进行工作。该法具有较高的灵敏度和选择性。

(2)直接荧光法

无机化合物能自身产生荧光用于测定的比较少,主要依赖于待测元素与有机试剂组成的能发荧光的配合物,通过检测配合物的荧光强度来测定该元素的含量,这种方法称为直接荧光法。现在可以利用有机试剂以进行荧光分析的元素已达到 70 多种。较常用荧光法分析的元素为铍、铝、硼、镓、硒、镁、锌、镉及某些稀土元素等。

（3）间接荧光法

许多有机物和绝大多数的无机化合物,有的不发荧光,有的因荧光量子产率很低而只有微弱的荧光,从而无法进行直接的测定,只能采用间接测定的方法。

间接荧光法常用于某些阴离子如 F^-、CN^- 等的分析,它们可以从某些不发荧光的金属有机配合物中夺取金属离子,而释放出能发荧光的配位体,从而测定这些阴离子的含量。常用的有荧光衍生法。

荧光衍生法是通过某种手段使本身不发荧光的待测物转变为发荧光的另一种物质,再通过测定该物质来测定待测物的方法。荧光衍生法根据采用的衍生反应大致可分为化学衍生法、电化学衍生法和光化学衍生法。其中化学衍生法和光化学衍生法用得较多,尤其是化学衍生法用得最多。许多无机金属离子的荧光测定,一般就是通过它们与金属螯合剂反应生成具有荧光的螯合物之后加以测定的。

（4）催化荧光法

某些反应的产物虽能产生荧光,但反应速率很慢,荧光微弱,难以测定。若在某些金属离子的催化作用下,反应将加速进行,利用这种催化动力学的性质,可以测定金属离子的含量。铜、铍、铁、钴、锇、银、金、过氧化氢及氰离子等都曾采用这种方法测定。

4.基因研究及检测

遗传物质的 DNA 自身的荧光效率很低,一般条件下几乎检测不到 DNA 的荧光。因此,人们常选用某些荧光分子作为探针,通过探针标记分子的荧光变化来研究 DNA 与小分子及药物的作用机理,从而探讨致病原因及筛选和设计新的高效低毒药物。目前,典型的荧光探针分子为溴化乙锭（EB）。在基因检测方面,已逐步使用荧光染料作为标记物来代替同位素标记,从而克服了同位素标记物产生的污染、价格昂贵及难保存等的不足。

4.2　分子磷光分析技术

分子磷光的产生伴随着自旋多重态的改变,并且激发光消失后还可以在一定时间内观察到磷光。但对于荧光,电子能量的转移不涉及电子自旋的改变、激发光消失、荧光消失。任何发射磷光的物质也都具有两个特征光谱,即磷光激发光谱和磷光发射光谱。其定量分析的依据是在一定的条件下磷光强度与磷光物质的浓度成正比。

4.2.1　分子磷光分析原理

1.分子磷光的产生

当受激分子降至 S_1 的最低振动能级后,如果经系间窜跃至 T_1 态,并经 T_1 态的最低振动能级回到 S_0 态的各振动能级,此过程辐射的光称为磷光。磷光在发射过程中不但要改变电子的自旋,而且可以在亚稳的 T_1 态停留较长的时间,分子相互碰撞的无辐射能量损耗大。所以,磷光的波长比荧光更长些,其寿命通常为 $10^{-4} \sim 10$ s。为了抑制因分子运动和碰撞造成的无辐射去激,一般要在液氮冷却下使溶剂固化,在刚性玻璃态的溶剂中观测试样的磷光。

荧光和磷光的产生原理示意如图4-6。

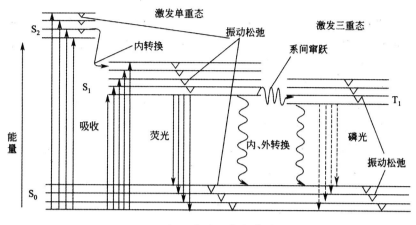

图4-6　分子荧光、磷光产生原理

2.磷光的特点

磷光是由第一激发单重态(S_1)的最低振动能级的分子,经体系间交叉跃迁到第一激发三重态(T_1),并经振动弛豫至最低振动能级,然后跃迁到基态时所产生的。

与荧光相比,磷光具有三个特点:

(1)寿命更长

这是因为荧光是 $S_1 \rightarrow S_0$ 跃迁产生的,这种跃迁不涉及电子自旋方向的改变,是自旋允许的跃迁,因而 S_1 态的辐射寿命通常在 $10^{-9} \sim 10^{-7}$ s;磷光是 $T_1 - S_0$ 跃迁产生的,这种跃迁要求电子自旋反转,由于分子中存在显著的对自旋反转的势垒,因此属于自旋禁阻的跃迁,寿命要比较长,大约在 $10^{-4} \sim 10$ s 或更长。所以,当关闭入射的激发光源后,经典的荧光基本上瞬间熄灭,而磷光还能持续一段时间。

(2)辐射波长更长

这是因为分子的激发三重态(T_1)的能量比单重态(S_1)低。

(3)对粒子的敏感性更强

磷光的寿命和辐射强度对于重原子和顺磁性离子是极其敏感的。

3.低温磷光分析

低温磷光分析是将试样溶于有机溶剂中,在液氮条件下形成刚性玻璃状物后,测量磷光。这样,可减小分子间的碰撞,防止磷光猝灭。所用的溶剂应具备下列条件:

①易于制备和提纯。

②能很好地溶解被分析物质。

③在77 K温度下应有足够的黏度并能形成明净的刚性玻璃体。

④在所研究的光谱区背景要低,没有明显的光吸收和光发射现象。

所用溶剂在混合使用之前必须通过萃取或蒸馏加以提纯,使用含有 Cl、Br、I 重原子的混合溶剂不但有利于系间窜跃,提高方法的灵敏度,还能利用重原子对磷光体的选择性作用,以及对磷光寿命影响的差异,达到提高分析选择性的目的。

4. 室温磷光测量

低温测量不可避免地带来操作上的不便和溶剂选择的限制,但也促进了室温磷光测量方法的不断建立。目前采用的室温磷光测量方法主要有以下几种。

(1)敏化溶液法

与溶剂胶束增稳法不同,敏化溶液法不加入表面活性剂,而是加入称为"能量受体"的组分,磷光不是由分析组分而是由能量受体发射,分析组分作为能量给予体将能量转移给能量受体,引发受体在室温发射磷光。能量转移过程如图 4-7 所示。敏化溶液法中需要选择合适的能量受体。

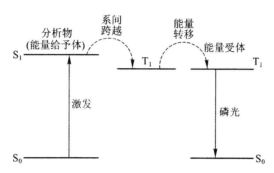

图 4-7　敏化磷光能量跃迁示意图

(2)固体基质法

该方法是将磷光物质吸附在固体载体上直接进行测量。吸附固化后消除了溶剂分子与三重激发态磷光分子间的碰撞,增强了磷光强度。常用的固体基质有纤维载体、无机载体及有机载体等。

(3)溶剂胶束增稳法

在溶液中加入表面活性剂,当其浓度达到胶束临界值时,便相互聚集形成胶束。室温下磷光分子与胶束形成缔合物,改变了磷光基团的微环境和定向的约束力,使其刚性增强,减小了内转换和碰撞能量损失等非辐射去激发过程发生的概率,明显增强了三重态的稳定性,从而实现溶液中的室温磷光测定。胶束增稳、重原子效应和溶液除氧构成了该方法的基础。

5. 重原子效应

在含有重原子的溶剂中或在磷光物质中引入重原子取代基都可以提高磷光物质的磷光强度。利用重原子效应是提高磷光分析灵敏度的简单而有效的办法。

4.2.2　磷光分析仪

通常在荧光计上配上磷光测量附件即可进行磷光的测量。此外,磷光分析还需有装液氮的石英杜瓦瓶以及可转动的斩波片或可转动的圆柱形筒,如图 4-8 所示。其中,装液氮的杜瓦瓶用于低温磷光的测定。

利用斩波片能测定磷光和荧光,而且还能测定不同寿命的磷光。两斩波片可调节成同相或异相。当可转动的两斩波片同相时,测定的是荧光和磷光的总强度;异相时,激发光被斩断,因荧光寿命比磷光短,消失快,所测定的就是磷光的强度。

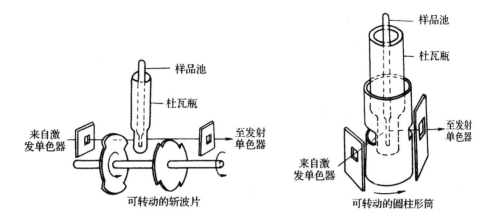

图 4-8　石英杜瓦瓶和斩波片或圆柱形筒

4.2.3　分子磷光分析的应用

分子磷光分析主要用于稠环芳烃、植物生长激素、医药、染料、农药、生物碱等化合物的分析,在环境、精细化工、制药工业、生物试剂等领域均有广泛的应用。

许多稠环芳烃和杂环化合物具有较大的致癌性,目前,固体表面室温磷光分析法已成为这些化合物灵敏、快速的重要检测方法。表 4-1 所示为某些稠环芳烃和杂环化合物的分析条件,可用于空气粉尘、合成材料和煤液化试样中此类化合物的检测。

表 4-1　某些稠环芳烃和杂环化合物的室温磷光分析条件

化合物	λ_{ex}/nm	λ_{em}/nm	含重原子的化合物	检出限/ng
吖啶	360	640	Pb(Ac)$_2$	0.4
咔唑	296	415	CsI	0.005
1−萘酚	310	530	NaI	0.03
荧蒽	365	545	Pb(Ac)$_2$	0.05
芴	270	428	CsI	0.2
芘	343	595	Pb(Ac)$_2$	0.1
苯并[a]芘	395	698	Pb(Ac)$_2$	0.5
苯并[e]芘	335	545	CsI	0.01
2,3−苯并芴	243	505	NaI	0.028
1,2,3,4−二苯并蒽	295	567	CsI	0.08
1,2,5,6−二苯并蒽	305	555	NaI	0.005
1,3−H−二苯并[a,i]咔唑	295	475	NaI	0.002

低温磷光分析法已经用于分析 DDT 等 52 种农药及烟碱、降烟碱和新烟碱 3 种生物碱以

及 2,4-D 和萘乙酸植物生长素。检出限约为 $0.01\ \mu g \cdot ml^{-1}$。目前,还可用固体表面室温磷光分析法对杀鼠剂、草萘胺、萘乙酸等 10 余种农药和植物生长素进行适时监控和测定。

分子磷光分析法已广泛应用于药物与临床分析,如血液和尿液中的普鲁卡因、苯巴比妥、可卡因、阿司匹林等药物和组分的检测;致幻剂、抗凝剂、维生素等药物的分析;鸟嘌呤、腺嘌呤、吲哚、酪氨酸、色氨酸甲酯等生物活性物质以及蛋白质结构的分析。

4.3　化学发光分析技术

化学发光是指化学反应释放的化学能激发体系中的分子,而此分子由激发态回到基态时产生的光辐射现象。根据化学发光的强度测定物质含量的分析方法叫化学发光分析技术。

4.3.1　化学发光分析原理

化学发光是基于化学反应所提供足够的能量,使其中一种产物的分子的电子被激发成激发态,当其返回基态时发射一定波长的光。化学发光可表示为

$$A+B \rightarrow C^* +D$$
$$C^* \rightarrow C+h\nu$$

化学发光包括吸收化学能和发光两个过程。为此,它必须满足化学发光反应必须能提供足够的化学能,以引起电子激发;要有有利的化学反应机理,以使所产生的化学能用于不断地产生激发态分子;激发态分子能以辐射跃迁的方式返回基态,而不是以热的形式消耗能量三个条件。

化学发光反应的化学发光效率 φ_{Cl},取决于生成激发态产物分子的化学激发效率 φ_r 和激发态分子的发光效率 φ_f 这两个因素。可表示为

$$\varphi_{Cl} = \frac{发射光子数}{参加反应的分子数} = \varphi_r \varphi_f$$

化学发光的发光强度 I_{Cl} 以单位时间内发射的光子数来表示,它等于化学发光效率 φ_{Cl} 与单位时间内起反应的被测物浓度 c_A 的变化(以微分表示)的乘积,即

$$I_{Cl}(t) = \varphi_{Cl} \frac{dc_A}{dt}$$

在发光分析中,被分析物的浓度与发光试剂相比要小很多,故发光试剂浓度可认为是一常数,因此发光反应可视为一级动力学反应,此时反应速率可表示为 $\frac{dc_A}{dt} = kc_A$,式中 k 为反应速率常数。由此可得:在合适的条件下,t 时刻的化学发光强度与该时刻的分析物浓度成正比,可以用于定量分析,也可以利用总发光强度 S 与被分析浓度的关系进行定量分析,于是有

$$S = \int_{t_1}^{t_2} I_{Cl} dt = \varphi_{Cl} \int_{t_1}^{t_2} \frac{dc_A}{dt} dt = \varphi_{Cl} c_A$$

如果取 $t_1 = 0$,t_2 为反应结束时的时间,则整个反应产生的总发光强度与分析物的浓度呈线性关系。

4.3.2　化学发光反应类型

化学发光反应主要有直接化学发光、间接化学发光、液相化学发光、气相化学发光、异相化

学发光和生物化学发光等类型。

1. 直接化学发光

直接化学发光是被测物作为反应物直接参加化学发光反应,当生成的激发态产物分子跃迁回基态时产生发光,反应方程为

$$A+B \rightarrow C^* + D$$
$$C^* \rightarrow C + h\nu$$

式中,A 或 B 是被测物,C^* 是 A 和 B 反应产物 C 的激发态。

2. 间接化学发光

间接化学发光是被测物 A 或 B 通过化学反应生成激发态的 C^*,C^* 不直接发光,而是 C^* 作为激发中间体将能量传递给 F,从而使 F 处于激发态 F^*,当 F^* 跃迁回到基态时产生发光. 反应方程为

$$A+B \rightarrow C^* + D$$
$$C^* + F \rightarrow F^* + E$$
$$F^* \rightarrow F + h\nu$$

3. 液相化学发光

按反应体系的状态分类,可分为液相化学发光、气相化学发光等。

化学发光反应在液相中进行称为液相化学发光. 常用的液相化学发光试剂主要有鲁米诺(3-氨基苯二甲酰肼),光泽精(N,N-甲基二吖啶硝酸盐),洛粉碱(2,4,4-三苯基咪唑)等。

通常,在碱性溶液中,通过氧化剂氧化发光试剂,常用的氧化剂有 H_2O_2,HClO 或铁氰酸盐。鲁米诺是最有效的化学发光试剂,在碱性溶液中它氧化生成激发态的 3-氨基邻苯二甲酸盐为化学发光物质。

4. 气相化学发光

化学发光反应在气相中进行称为气相化学发光。化学发光反应有 NO,O_3 和 SO_2,气相化学发光主要用于监测大气中 O_3,NO,NO_2,H_2S,SO_2 和 CO 等。一氧化氮与臭氧的气相化学发光反应如下:

$$NO + O_3 \longrightarrow NO_2^* + O_2$$
$$NO_2^* \longrightarrow NO_2 + h\nu$$

该反应检测 NO 灵敏度可达 $1 \text{ ng} \cdot \text{ml}^{-1}$,其发射波长范围为 $600 \sim 875 \text{ nm}$。

对臭氧,发光试剂是乙烯,其反应为

$$2O_3 + C_2H_4 \rightarrow 2HCHO^* + 2O_2$$
$$CH_2O^* \rightarrow CH_2O + h\nu$$

在生成羰基化合物的同时产生化学发光,激发态甲醛为化学发光物质. 该化学发光反应的发射波长为 435 nm,对 O_3 是特效的,检测的线性范围为 $1 \text{ ng} \cdot \text{ml}^{-1} \sim 1 \text{ } \mu\text{g} \cdot \text{ml}^{-1}$。

5.异相化学发光

如在含有罗丹明 B 和没食子酸的硅胶上,O_3 与没食子酸反应生成高能中间体 A,然后将能量转移给罗丹明 B 接受体而发光:

$$没食子酸 + O_3 \longrightarrow A^* + O_2$$
$$A^* + 罗丹明\ B \longrightarrow 罗丹明\ B^*$$
$$\longrightarrow 罗丹明\ B + h\nu[\lambda_{CL}(584\ nm)]$$

上述反应可用于气球探测器或气象卫星上,以便测定大气或同温层的 O_3 含量。

6.生物化学发光

萤火虫素与三磷酸腺苷(ATP)反应,当萤火虫素酶(E)与 Mg^{2+} 存在时,生成萤火虫素与单磷酸腺苷(AMP)的复合物和焦磷酸镁,生成的复合物与氧发生化学发光反应。

该体系可测定 $2 \times 10^{17}\ mol \cdot L^{-1}$ 的 ATP,这相当于一个细菌的 ATP 含量,灵敏度很高,选择性也很好。

细菌发光也可用于发光分析。

此外,生物发光是涉及生物或酶反应的一类化学发光。某些生物反应的化学发光效率大于 50%。最著名的生物发光反应是萤火虫反应:

$$LH_2 + E + ATP \xrightarrow{Mg^{2+}} E:LH_2:AMP + PP$$
$$E:LH_2:AMP + O_2 \longrightarrow E + L{=}O^* + CO_2 + AMP$$
$$L{=}O^* \longrightarrow L{=}O + h\nu$$

该反应的最大发射波长为 562 nm。式中 LH_2 是萤火虫荧光素,$L{=}O$ 是氧荧光素,E 是萤火虫荧光素酶,PP 是焦磷酸盐,ATP 是三磷酸腺苷,AMP 是单磷酸腺苷。利用上述反应可测定 ATP,对 $10\ \mu g$ ATP 样品,检出限可低达 $10^{-14}\ \mu g$。生物发光分析可检测辅酶 NADH 和 NADPH 等物质。

随着化学发光物质合成技术的进步,化学发光在生物医学及其他领域的应用越来越广泛,将化学发光与免疫反应结合起来建立的化学发光免疫测定法和化学发光标记是继荧光标记、放射性核素标记、酶标记三大标记技术之后,发展起来的最新检测技术。用化学发光法、化学发光免疫测定法可检测多种物质,其检出限达到 $10^{-15}\ mol$。

4.3.3　常见的化学发光试剂

合成、开发和使用化学发光量子产率高的化学发光试剂,对提高化学发光分析的灵敏度和扩大其应用范围十分重要。

(1)鲁米诺

鲁米诺是化学发光分析中研究和应用得最多的试剂之一。用与鲁米诺的化学发光反应进行测定的化合物有许多氧化剂。产生化学发光时的量子产率介于 $0.01\sim0.05$ 之间,在水介质中,最大发射波长为 425 nm。

鲁米诺在碱性溶液中整个反应历程可表示为

关键的中间体为与氧化剂 H_2O_2 作用生成的不稳定的跨环过氧化物,此中间体分解的唯一结果是产生激发态而获得发射光。利用该发光反应可检测低至 10^{-9} mol·L^{-1} 的 H_2O_2。

近年来,人们合成了一些选择性较好的以及发光量子产率较高的异鲁米诺,并将其用作标记试剂。如将合成的异硫氰酸鲁米诺标记到酵母 RNA 上,通过离心和透析分离后,进行化学发光测定。随着鲁米诺及其衍生物研究的深入,这类发光试剂的灵敏度将会得到更大的提高。

(2)吖啶衍生物

光泽精是一种吖啶衍生物,是最常见的化学发光试剂之一。它的反应式为

在碱性条件下光泽精可被氧化而发出波长为 470 nm 的光,与鲁米诺一样具有较高的化学发光量子产率,为 $0.01\sim0.02$ 之间。

(3)过氧草酸盐类

与鲁米诺比较,过氧草酸盐化学反应的发光效率高,可达到 27%,且在较宽的酸度范围内都能发光。但是过氧草酸盐本身难溶于水,这限制了它的应用。

过氧草酸盐类物质自身并不发光,其化学发光为敏化化学发光,化学发光反应可能是如下机理,芳香草酸酯通过过氧化氢的氧化作用,形成高能量的中间物 1,2-二氧杂环丁烷二酮:

1,2-二氧杂环丁烷二酮可看成是被测物的化学激发源,它与被测物反应并使被测物激发并发光。

（4）多羟基化合物

多羟基化合物,如没食子酸、焦性没食子酸、苏木色精、桑色素、槲皮素等都可以作为化学发光试剂。如没食子酸(3,4,5－三羟基苯甲酸)和焦性没食子酸等在碱性介质中被 H_2O_2 或 O_2 氧化时有化学发光现象,发出蓝色和红色两种光。微量金属离子,如 Co(Ⅱ)、Mn(Ⅱ)、Cd(Ⅱ)、Pb(Ⅱ)等对这一反应有催化作用,据此可以测定这些金属离子。

4.3.4 化学发光分析仪

直接用来测定待测物质进行化学发光反应时所发射的化学发光强度并进行定量分析的仪器称为化学发光仪。化学发光仪主要包括样品室、光检测器、放大器和信号显示记录系统,如图 4-9 所示。

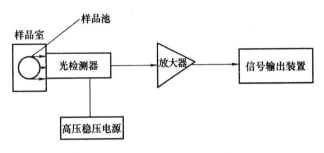

图 4-9 化学发光测量仪

在样品室中,当样品与有关试剂混合后,化学发光反应立即发生,从样品室产生的化学发光直接进入检测系统进行光电转换,再通过放大器处理输出信号。在样品与有关试剂混合过程中应立即测定信号强度,否则就会造成光信号的损失。检测时,样品与试剂混合方式的重复性是影响分析结果精密度的主要因素。按照进样方式,有流动注射式和分立取样式两种发光分析仪,它们的结构如图 4-10 和 4-11 所示。

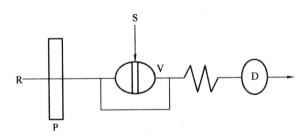

图 4-10 流动注射式化学发光仪示意图
R-试剂载流;S-试液;P-蠕动泵;V-进样阀;D-化学发光检测器

流动注射分析是一种自动化溶液分析方法,它把一定体积的液体样品注射到一个流动着的、无空气间隔的、由适当液体组成的连续载流中,样品在流动过程中分散、反应,然后被载带到检测器中,再连续地记录其信号强度。流动注射式进样能准确地控制试液及有关试剂的体积,并能选择样品准确进入到检测器的时间,使发光峰值的出现时间与混合组分进入检测器的时间相一致。

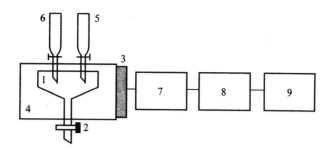

图 4-11　分立取样式化学发光仪示意图

1-发光反应池；2-废液排放旋塞；3-滤光片反应池；4-暗室；5-试液贮管；
6-试剂加入管；7-光电倍增管；8-信号放大系统；9-记录仪或数字显示器

　　分立取样式化学发光仪是一种在静态下测量化学发光信号的装置。利用移液管或注射器先将样品与试剂加入到储液管中，然后开启旋塞使溶液流入到反应室中混合均匀，根据发光峰面积的积分值或峰高进行定量测定。分立式仪器具有简单、灵敏度高的特点，还可用于反应动力学的研究。但手动进样重复性差，测量的精密度不高，且难于实现自动化，分析效率也较低。

　　流动注射分析比分立式发光分析法的灵敏度和精密度更高。

4.3.5　化学发光分析的应用

1.环境监测

　　在环境监测方面，大气中的有毒气体可直接采用气相化学发光分析法，方便快捷，检出限约 $1\ ng\cdot g^{-1}$。废水中的金属离子的分析也越来越多地采用液相化学发光分析。如溶液中 Cr（Ⅲ）和 Cr（Ⅵ）共存时，可在碱性条件下，采用 Cr（Ⅲ）－鲁米诺－H_2O_2 发光体系测定，而 Cr（Ⅵ）在酸性条件下可被 H_2O_2 还原为 Cr（Ⅲ），因此可分别测得 Cr（Ⅲ）和 Cr（Ⅵ）的含量。

2.药物分析

　　在生物和药物试样分析方面，化学发光分析也发挥着重要作用，如对氨基酸、葡萄糖、三磷酸腺苷、乳酸脱氢酶、己糖激酶等的分析，具有很高的灵敏度。利用化学发光分析法的高灵敏度和选择性，与流动注射分析法、高效液相色谱分析法和高效毛细管电泳结合将发挥更大作用。如高效毛细管电泳分离－化学发光检测的联用技术，使丹酰化的牛血清白蛋白和鸡蛋白蛋白的分离和检测灵敏度都达到了很好的效果。另外，自由基参与的各种发病机理研究越来越受到重视。黄嘌呤氧化酶在氧存在下，催化底物黄嘌呤发生氧化反应产生 O_2^-，O_2^- 进一步与鲁米诺反应产生化学发光。机体内的超氧歧化酶能消除 O_2^-，所以抑制了鲁米诺的发光，利用此原理可间接测定超氧歧化酶。

3.核酸杂交分析

　　核酸杂交分析技术是生物化学和分子生物学研究中应用最广泛的技术之一，是定性及定量检测特异性 DNA 或 RNA 序列片段的有效手段。传统的核酸分子杂交采用的是放射性标记的检测方法,但由于放射性同位素本身固有的缺点以及所用仪器的限制,该方法的发展受到一定的影响。化学发光分析技术以其分析快速,操作简单,以及无放射性污染等显著优点,成功地应用在核酸杂交分析中。

另外,化学发光在微全分析系统中的应用也获得了显著进展。

近年来,化学发光分析与生物化学、免疫分析相结合,并不断合成出新的发光标记物(探针),不断建立、优化新的标记技术,为生命科学的发展提供了一种全新的、先进的、大有发展前途的检测手段,进一步拓宽了化学发光的应用范围。

4.免疫分析

化学发光免疫分析(CLIA)是借助于化学发光反应的高灵敏性和免疫反应的高特异性而建立的一种测定方法,是继荧光免疫分析法、酶免疫分析法和放射免疫分析法之后,迅速发展起来的一种新型免疫分析技术。它包括标记化学发光物质的化学发光免疫分析、标记酶的化学发光酶免疫分析和标记荧光物质的荧光化学发光免疫分析。由于化学发光免疫分析是以发光剂标记或酶标记进行测定的,使其灵敏度可以赶上甚至超过放射免疫分析。

但化学发光免疫分析也存在一些缺陷,如影响的因素较多,稳定性较差以及试样的发光不能再现等。免疫电化学发光(IECL)是一种先进的发光免疫分析技术,它具有电化学和化学发光免疫分析的特点,已用于多种抗体、抗原和标记物的分析。

5.生物体内活性氧的化学发光研究

在生物学和生学医学等领域中有关活性氧的研究备受关注,自由基参与的各种发病机理研究越来越受到重视。活性氧在生物体内,通过电子转移、加成以及脱氢等方式与多种分子作用,使细胞坏死或突变,造成机体损伤和病变。因此,研究简单、灵敏、快速的方法测定活性氧具有重要意义。ESR 和 HPLC 法是最常用的两种方法,但均需要昂贵的仪器,且操作较复杂。与以上方法相比,化学发光分析法用于活性氧的分析研究,更具有优越性。

化学发光法测定超氧阴离子自由基($O_2^-\cdot$),通常是利用黄嘌呤氧化酶在有氧条件下催化底物黄嘌呤或次黄嘌呤发生氧化反应产生 $O_2^-\cdot$,$O_2^-\cdot$ 进一步与鲁米诺反应产生化学发光。

羟自由基($HO\cdot$)是活性氧中毒害最大的一种自由基,其化学性质非常活泼,寿命极短,现有的分析技术难于直接检测生物体内 $HO\cdot$。但可通过 Fenton 反应体外模拟间接证明生物体内确有 $HO\cdot$ 存在。Fenton 反应是研究 $HO\cdot$ 的最常用反应。$HO\cdot$ 可直接氧化鲁米诺产生化学发光,这是化学发光法测定 $HO\cdot$ 的原理。

4.4　新型分子光谱分析技术

4.4.1　荧光量子点探针

量子点(QDs)又被称为半导体纳米晶体,是一种新型的无机荧光纳米材料,其尺寸三维受限,近似于球状。与有机荧光染料不同,量子点的荧光发射光谱窄且对称。吸收光谱宽,波长小于量子限域峰的光均可以激发量子点,适用于对荧光信号的监测。量子点还具有荧光强度高、光稳定性好、耐光漂白、双光子吸收截面大和荧光寿命长等特点,可用于长时间荧光示踪和生物样品检测。

1.荧光量子点的制备

（1）水相合成

水相合成以巯基化合物为配体,通过加热、水热、微波辅助加热等手段直接在水相中合成量子点。水相合成方法操作简单、反应条件温和、无毒、对环境友好、合成效率高、易重复,但是得到的量子点种类比较单一,并且产物的单分散性方面有所不足,其进一步功能化的方法较少,因此目前还无法在生物体系中得到较好的应用。

（2）有机相高温裂解

有机相高温裂解法是利用前体在高沸点的有机溶剂中热解制备量子点的方法,用该方法制备的量子点,具有量子产率高、尺寸和形态易于控制、性能稳定等优点,近年来发展迅速。十八烯、液体石蜡、油酸等绿色环保的廉价试剂逐渐被用来代替三辛基氧化膦(TOPO)、三辛基膦(TOP)等有机磷试剂,用来合成高质量单分散的 CdSe 量子点。在制备 CdSe 量子点的基础上,以乙酸镉、乙酸锌等简单盐代替金属有机化合物,于是制备出 CdSe/CdS、CdSe/ZnS 等具有优异性能的核－壳结构量子点。该法原料廉价易得、操作简单安全,使实验室大规模制备成为可能。

（3）生物及仿生合成

目前,仿生合成的研究主要集中在磁小体、贵金属纳米材料和半导体纳米材料的合成等3个方面。其中,半导体纳米材料的生物合成主要包括两部分:

①酵母、大肠杆菌合成硫化物的半导体纳米材料。

②通过人工调控活酵母细胞内的不同代谢途径来得到自然界中不能通过细胞生成的 CdSe 新型纳米材料,此法不仅仅是以生物为模板,而是利用"时－空耦合"调控策略,开发生物体在通常情况下不具有的潜能。

与化学合成的方法相比,利用生物体来合成纳米材料的最大的优势是合成条件温和,所用的原料一般无毒或者低毒,并且生物体内的一些微结构可以对产物的形貌起到模板的作用,更容易预知产物的形貌。但无法或难以控制产物的性能,因而得到的纳米材料的种类比较单一,并且无法对产物进行进一步的功能化修饰,这也阻碍了这种方法的进一步应用。

2.量子点的修饰

量子点的修饰主要是通过表面改性使量子点表面具有氨基、羧基或者其他亲水性基团,一方面使量子点可以较好地分散于水相,保护量子点不受外界影响;另一方面也为量子点与生物靶向分子偶联提供活性功能基团。

目前,主要通过配体交换和疏水包覆来实现量子点的水溶性化。

（1）配体交换

一般通过巯基羧酸、半胱氨酸和谷胱甘肽等亲水性的巯基脂肪酸类分子取代油溶性量子点原有配体如 TOPO、十八胺(ODA)等,使量子点水溶性化。尽管配体交换法修饰量子点具有操作简单、粒径小等优势,但是由于其改变了量子点原有表面的结构,往往会使量子点的荧光性质特别是量子产率有所降低。

（2）疏水包覆

疏水包覆是通过 PEG 磷脂、SDS、CTAB 和两亲性聚合物等两亲性分子在量子点表面自组装将疏水的量子点转移到水相。相对于配体交换法,疏水包覆法保留了量子点原有表面配体,对量子点的保护更为严密,量子产率一般较高,稳定性更好,现在已广泛应用于生物探针的构建。

3.量子点标记

量子点必须与靶向分子偶联才能具有特异性识别能力。常见的偶联方法主要有:

①配位取代。利用生物分子上的疏基和量子点表面上的金属离子配位实现偶联。

②静电吸附。基于相反的电荷互相吸引的原理,让生物分子通过静电吸附到量子点的表面。

③共价偶联。针对蛋白质表面功能基团,直接偶联到量子点的表面。

④亲和组装。利用生物体系已经存在的分子间特异性的识别,实现量子点探针的构建。尽管这些方法为量子点在生物体系中的应用打开了大门,但是在实际应用中仍需解决非特异性吸附和偶联效率低等问题。

4.荧光量子点标记探针的应用

（1）环境污染物检测

荧光量子点标记探针也被用于环境污染物的检测。例如,利用荧光共振能量转移作用构建了特异性识别水溶液中 2,4,6－三硝基甲苯（TNT）的荧光探针,染料标记的 TNT 类似物可以作为受体猝灭 CdSe/ZnS 量子点的荧光。当有 TNT 存在时,TNT 将取代 TNB－BHQ-lO,消除 FRET 效应,恢复 CdSe/ZnS 量子点的荧光,基于此实现了对溶液中 TNT 的检测。

荧光量子点标记的检测探针在环境污染物的检测方面具有较强的特异性和灵敏度,但是能检测的污染物种类相对较少。

（2）组织成像诊断

量子点的荧光强度高、光化学稳定性好、一元激发多元发射等特点,使其在组织成像和临床诊断中具有独特优势。经研究,通过将不同颜色量子点标记的链霉亲和素和多种生物素化抗体依次孵育的方法在石蜡包埋的扁桃腺和人淋巴腺组织切片中同时检测了 CD20、IgD 和 CD68 等标志物。另外,应用量子点免疫组织化学技术在乳腺癌研究方面开展了系统的工作,结果发现该技术更灵敏、更准确、更经济,和 FISH 金标准的吻合度更高,有助于辅助临床诊断和治疗。

利用新型量子点技术建立高特异性、高敏感性的活检组织、血清和其他体液标本检测平台,实现对疾病的早期诊断和预后监测,提高诊断水平,将成为下一阶段的重要研究方向和目标。

（3）活细胞中的分子成像

量子点在活细胞分子成像领域的研究主要集中在以下两个方面:

①单分子示踪研究。量子点标记探针可以识别细胞表面特定受体并示踪其进胞过程。利

用量子点标记还可示踪真核细胞转染表达的朊病毒。通常,量子点偶联目标靶向分子后,粒径增大,使其只能作用于一些通透细胞或者与包吞蛋白质相互作用而进入胞内。因此,开发体积更小、分散性更好、标记更有效的量子点标记荧光探针是其在活细胞成像方面的主要发展方向。

②细胞表面蛋白质的识别和定位、细胞基本形态的勾勒及细胞内细胞器结构和特定蛋白质的分析。例如,将免疫标记技术和量子点一元激发多元发射特性相结合,实现了对三种内源蛋白的同时标记和检测。

4.4.2　核酸探针

经过多年的发展,核酸探针家族已经包括了分子信标、核酸适体和核酶探针等多种类型。

1.分子信标

分子信标(MB)一般包括一个 15～30 个碱基的目标识别区域和连在侧边的两段自身互补的茎部,使得整个 DNA 链形成茎-环结构,这样分子信标两端标记的荧光基团和熄灭基团就能充分接近,导致荧光熄灭。当目标 DNA/RNA 存在时,目标物与分子信标的环状序列发生杂交,这种长序列的分子间杂交作用力大,可以战胜短序列分子内杂交作用力,使其荧光基团和熄灭基团在空间上分离,荧光恢复。针对一些酶的特异性作用的序列来设计分子信标,还可用于酶作用过程的监测。例如,在分子信标的茎部嵌入甲基化酶的作用位点,实现了 DNA 甲基化过程的实时监测。

由于分子信标高效信号转换的特性,它可以实现对目标物高灵敏、高特异性的实时检测,在生物技术、化学和医学等领域中得到了广泛应用。

2.核酸适体

核酸适体是可以与目标物高灵敏、高选择性结合的寡核苷酸片段。核酸适体可以特异性地与多种目标物结合,小到有机小分子、金属离子,大到蛋白质、肽、药物,甚至病毒、细胞和组织。核酸适体可以方便地与各种染料、纳米颗粒相连接,组成各种各样的传感体系,在临床诊断和环境监测等领域有着广阔的应用前景。

3.核酶探针

核酶是一类具有切割特定 RNA 序列能力的小 RNA 分子,一些特殊序列的 DNA 也具有内切酶、激酶、连接酶的功能,称为脱氧核酶。由于脱氧核酶性质稳定,易于合成、保存和修饰,在传感器设计中得到重视。经研究,基于金属离子敏感的脱氧核酶探针,发展了铅等多种金属离子的光学检测方法。

第5章 原子光谱分析技术

原子吸收光谱技术是指基于测量待测元素的基态原子对其特征谱线的吸收程度而建立起来的分析方法,可以将其简称原子吸收法(AAS),或原子吸收分光光度法。

原子吸收分光光度法又称原子吸收光谱法。原子吸收分光光度法是20世纪70年代发展起来并被广泛应用于测定试样中金属元素含量的仪器分析方法。其原理是基于试样在高温下经原子化器将待测元素转化成基态原子蒸气,在电磁辐射作用下,基态原子中的电子吸收特定共振辐射,从基态跃迁到激发态,利用被吸收电磁辐射的强弱进行金属元素的含量测定。原子吸收光谱法与紫外、红外等分子吸收光谱法类似,它们都是利用物质对电磁辐射产生吸收的原理进行分析的,但原子光谱与分子光谱的吸收机制有本质区别。

原子吸收光谱技术在地质、冶金、材料科学、生物医药、食品、环境科学、农林研究、生物资源开发和生命科学等各个领域,已经得到广泛的应用。

5.1 原子吸收光谱分析技术

5.1.1 概述

原子吸收光谱法具有以下特点。

①分析速度快。

如石墨炉原子化法,分析一个元素只需数十秒至数分钟。

②选择性好。

由于原子吸收光谱是基于待测元素对其特征谱线的吸收,因此元素之间干扰少,易于消除,且可不经分离在同一溶液中直接测定多种元素,操作简便。

③检出限低,灵敏度高。

火焰原子吸收法的绝对灵敏度可达到 10^{-9} g·ml^{-1},非火焰原子吸收光谱法的绝对灵敏度可达 $10^{-15} \sim 10^{-13}$ g·ml^{-1}。

④精密度和准确度高。

由于温度变化对测定影响相对较小,一般具有较高的稳定性和重现性,精密度和准确度都较高。相对标准偏差为 $1\% \sim 2\%$。

⑤不能同时测定多种元素。

与原子发射光谱分析法比较,不能对多种元素进行同时测定。若要测定不同元素,需改变分析条件和更换不同的光源灯。

⑥应用范围广。

测定的元素种类多,现在可以用原子吸收光谱法进行直接和间接测定的元素有70多种。不仅可以测定金属元素,也可以用间接原子吸收法测定非金属元素和有机化合物。

5.1.2　原子吸收光谱法基本原理

1.原子的能级与能级图

通常把核外电子在稳定运行状态时所处的不同电子轨道称为能级,各种元素的原子的核外电子,都是分布在具有一定能量的电子能级上的。原子处于很稳定的状态时,电子在能量最低的轨道能级上运动,这种状态称为基态。当原子受到外来能量如光、热、电等的作用时,原子中的最外层电子就会吸收能量被激发,而从基态跃迁到能量较高的能级,即激发态。处于激发态的原子或离子很不稳定,在极短的时间内,电子就要从激发态跃迁到基态或能量较低的激发态,其多余的能量将以电磁辐射的形式释放出来,这一现象称为原子发射或发光。

能级图是指用图形表示一种元素的各种光谱项及光谱项的能量和可能产生的光谱线。在多数情况下,用简化的能级示意图来表示谱线的跃迁关系。图 5-1 是锂原子的能级图。水平线代表能级或光谱项,纵坐标表示能量,能量的单位是电子伏特(eV)或波数(cm^{-1}),它们之间的换算关系为:

$$1eV = 8065cm^{-1}$$

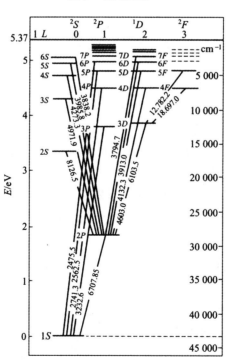

图 5-1　锂原子能级图

根据量子力学原理,原子内电子的跃迁并非在任意两个能级间均可进行,有些跃迁是允许的,有些跃迁是禁止的,只能发生在一些确定的能级间,必须遵循一定的选择定则或规律才能发生两光谱项之间的电子跃迁。

原子跃迁的选择定则为:

（1）$\Delta n = 0$ 或任意正整数。

（2）$\Delta L = \pm 1$，跃迁只能允许在 S 与 P、P 与 S 或 D 与 P 之间跃迁等。

（3）$\Delta S = 0$，不同多重性状态之间的跃迁是禁止的。

（4）$\Delta J = 0$ 或 ± 1 的跃迁，当 $J = 0$ 时，$\Delta J = 0$ 的跃迁是禁止的。

凡由激发态向基态直接跃迁的谱线称为共振线，由第一激发态与基态直接跃迁的谱线称为第一共振线。那些不符合光谱选律的谱线，称为禁戒跃迁线。

原子在能级 j 和 i 之间的跃迁、发射或吸收辐射的频率与始末能级之间的能量差成正比。

$$\nu_{ji} = \frac{1}{h}(E_j - E_i)$$

式中，E_j 和 E_i 分别为跃迁的始末两个能级的能量；h 为普朗克常数。

如果 $E_j > E_i$，则为发射；如果 $E_j < E_i$，则为吸收。根据 $\lambda = \frac{c}{\nu}$，则从能级 j 到 i 跃迁的辐射波长可表示为

$$\lambda_{ji} = \frac{hc}{E_j - E_i}$$

2. 基态与激发态

在一定的温度下，物质激发态的原子数与基态的原子数有一定的比值，并且服从波茨曼分布定律

$$\frac{N_j}{N_0} = \frac{g_j}{g_0}\left(-\frac{E_j - E_0}{kT}\right)$$

式中，N_j、N_0 表示基态和激发态原子数；g_j、g_0 表示基态和激发态的统计权重，其值为 $(2J+1)$，J 为内量子数；E_j、E_0 表示基态和激发态原子的能量；T 为热力学温度；k 是波茨曼常数，其值为 1.38054×10^{-23} J·K^{-1}。

对共振线来说，电子是从基态跃迁至第一激发态，因此可得：

$$\frac{N_j}{N_0} = \frac{g_j}{g_0}e^{\left(-\frac{E_j}{kT}\right)} = \frac{g_j}{g_0}e^{\left(-\frac{h\nu}{kT}\right)}$$

在原子光谱中，对一定波长的谱线 $\frac{g_j}{g_0}$ 和 E_j 都是已知值。因此，只要温度 T 确定后，就可求得 $\frac{N_j}{N_0}$ 值。

基态原子数代表了吸收辐射中的原子总数，可方便地用于原子吸收测定。

3. 共振线和吸收线

任何元素的原子都是由原子核和围绕原子核运动的电子组成的。这些电子按其能量的高低分层分布，而具有不同能级，因此一个原子可具有多种能级状态。在正常状态下，原子处于最低能态称为基态。处于基态的原子称基态原子。基态原子受到外界能量激发时，其外层电子吸收了一定能量而跃迁到不同高能态，因此原子可能有不同的激发态。

当电子吸收一定能量从基态跃迁到能量最低的激发态时所产生的吸收谱线，称为共振吸

收线,简称共振线。当电子从第一激发态跃回基态时,则发射出同样频率的光辐射,其对应的谱线称为共振发射线,也简称共振线。

由于不同元素的原子结构不同,因此其共振线也各有特征。由于原子的能态从基态到最低激发态的跃迁最容易发生,因此对大多数元素来说,共振线也是元素的最灵敏线。原子吸收光谱分析法就是利用处于基态的待测原子蒸气对从光源发射的共振发射线的吸收来进行分析的,因此元素的共振线又称分析线。

4.谱线的特征

(1)谱线轮廓

原子吸收光谱应该是线状光谱。但实际上任何原子发射或吸收的谱线都不是绝对单色的几何线,而是具有一定宽度的谱线。若在各种频率 v 下,测定吸收系数 K_v,以 K_v 为纵坐标,一为横坐标,可得如图 5-2 所示曲线,称为吸收曲线。

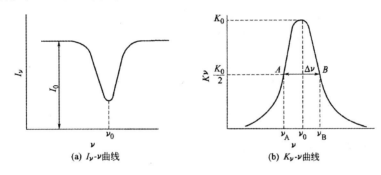

(a) I_v-v曲线　　　(b) K_v-v曲线

图 5-2　吸收线轮廓

曲线极大值对应的频率 v_0 称为中心频率。中心频率所对应的吸收系数称为峰值吸收系数,用 K_v 表示。在峰值吸收系数一半($K_0/2$)处,吸收曲线呈现的宽度称为吸收曲线半宽度,以频率差 Δv 表示。吸收曲线的半宽度 Δv 的数量级为 $10^{-3}\sim10^{-2}$ nm(折合成波长)。吸收曲线的形状就是谱线轮廓。

(2)谱线变宽

原子吸收谱线变宽的原因较为复杂,一般由两方面的因素决定:

一是由原子本身的性质决定了谱线的自然宽度。

二是由于外界因素的影响引起的谱线变宽。

谱线变宽效应可有自然变宽、多普勒变宽和压力变宽等。

①自然变宽 Δv_N。

在没有外界因素影响的情况下,谱线本身固有的宽度称为自然宽度(10^{-5} nm)。不同谱线的自然宽度不同,它与原子发生能级跃迁时激发态原子平均寿命($10^{-8}\sim10^{-5}$ s)有关,寿命长则谱线宽度窄。谱线自然宽度造成的影响与其他变宽因素相比要小得多,其大小一般在 10^{-5} nm 数量级。

②多普勒变宽 Δv_D。

多普勒变宽是由于原子在空间做无规则热运动而引起的,所以又称热变宽。多普勒变宽与元素的相对原子质量、温度和谱线的频率有关。被测元素的相对原子质量越小,温度越高,则 Δv_D 就越大。在一定温度范围内,温度微小变化对谱线宽度影响较小。

③压力变宽。

压力变宽是由产生吸收的原子与蒸气中原子或分子相互碰撞而引起的谱线变宽,所以又称为碰撞变宽。

根据碰撞种类,压力变宽又可以分为两类:

一是劳伦兹变宽(Δv_L),它是产生吸收的原子与其他粒子(如外来气体的原子、离子或分子)碰撞而引起的谱线变宽。劳伦兹变宽随外界气体压力的升高而加剧,随温度的升高谱线变宽呈下降的趋势。劳伦兹变宽使中心频率位移,谱线轮廓不对称,影响分析的灵敏度。

二是赫鲁兹马克变宽,又称共振变宽,它是由同种原子之间发生碰撞而引起的谱线变宽,共振变宽只在被测元素浓度较高时才有影响。

除上面所述的变宽原因之外,还有其他一些影响因素。但在通常的原子吸收实验条件下,吸收线轮廓主要受多普勒和劳伦兹变宽影响。当采用火焰原子化器时,劳伦兹变宽为主要因素。当采用无火焰原子化器时,多普勒变宽占主要地位。

5.原子吸收值与待测元素浓度的定量关系

(1)积分吸收

原子蒸气层中的基态原子吸收共振线的全部能量称为积分吸收,它相当于如图 5-1 所示吸收线轮廓下面所包围的整个面积,以数学式表示为 $\int K_v\,\mathrm{d}v$。理论证明谱线的积分吸收与基态原子数的关系为

$$\int K_v\,\mathrm{d}v = \frac{\pi e^2}{mc}fN_0$$

式中,e 为电子电荷;m 为电子质量;c 为光速;f 为振子强度,表示能被光源激发的每个原子的平均电子数,在一定条件下对一定元素,f 为定值;N_0 为单位体积原子蒸气中的基态原子数。

在火焰原子化法中,当火焰温度一定时,N_0 与喷雾速度。雾化效率以及试液浓度等因素有关,而当喷雾速度等实验条件恒定时,单位体积原子蒸气中的基态原子数 N_0 与试液浓度成正比,即 $N_0 \propto c$。对给定元素,在一定实验条件下,$\frac{\pi e^2}{mc}f$ 为常数。因此

$$\int K_v\,\mathrm{d}v = kc$$

在一定实验条件下,基态原子蒸气的积分吸收与试液中待测元素的浓度成正比。因此,如果能准确测量出积分吸收就可以求出试液浓度。然而要测出宽度只有 $10^{-3}\sim10^{-2}$ nm 吸收线的积分吸收,就需要采用高分辨率的单色器,这在目前的技术条件下还难以做到。所以原子吸收法无法通过测量积分吸收求出被测元素的浓度。

(2)峰值吸收

峰值吸收是指用锐线光源为激发光源,用测量峰值吸收系数 K_0 的方法来替代积分吸收。所谓锐线光源是指能发射出谱线半宽度很窄(Δv 为 0.0005~0.002 nm)的共振线的光源。峰值吸收是指基态原子蒸气对入射光中心频率线的吸收。峰值吸收的大小以峰值吸收系数 K_0

表示。

假如仅考虑原子热运动，并且吸收线的轮廓取决于多普勒变宽，则

$$K_0 = \frac{N_0}{\Delta v_D} \cdot \frac{2\sqrt{\pi\ln2}\, e^2 f}{mc}$$

当温度等实验条件恒定时，对给定元素，$\dfrac{2\sqrt{\pi\ln2}\, e^2}{\Delta v_D mc}$ 为常数，因此

$$K_0 = k'c$$

在一定实验条件下，基态原子蒸气的峰值吸收与试液中待测元素的浓度成正比。因此可以通过峰值吸收的测量进行定量分析。

为了测定峰值吸收 K_0，必须使用锐线光源代替连续光源，也就是说必须有一个与吸收线中心频率 v_0 相同、半宽度比吸收线更窄的发射线作光源，如图 5-3 所示。

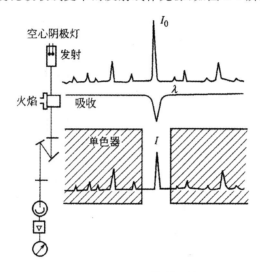

图 5-3　原子吸收的测量

（3）原子吸收与原子浓度的关系

虽然峰值吸收 K_0 与试液浓度在一定条件下成正比关系，但在实际测量过程中是通过测量基态原子蒸气的吸光度并根据吸收定律进行定量的。

设待测元素的锐线光通量为 Φ_0，当其垂直通过光程为 b 的基态原子蒸气时，由于被试样中待测元素的基态原子蒸气吸收，光通量减小为 Φ_{tr}（如图 5-4 所示）。

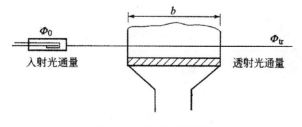

图 5-4　吸光度测量

根据光吸收定律，$\dfrac{\Phi_{tr}}{\Phi_0} = e^{-K_0 b}$ 因此

$$A = \lg \frac{\Phi_{tr}}{\Phi_0} = K_0 b \lg e$$

即根据 $K_0 = k'c$ 得

$$A = \lg e k' c b$$

当实验条件一定时：$\lg e k'$ 为一常数，令 $\lg e k' = K$，则

$$A = Kcb$$

由此可知，当锐线光源强度及其他实验条件一定时，基态原子蒸气的吸光度与试液中待测元素的浓度及光程长度的乘积成正比。火焰法中 b 通常不变，因此可写为

$$A = K'c$$

式中，K' 为与实验条件有关的常数。$A = Kcb$ 和 $A = K'c$ 为原子吸收光谱法定量依据。

6.原子蒸气中基态与激发态原子数的比值

原子吸收光谱是以测定基态原子对同种原子特征辐射的吸收为依据的。当进行原子吸收光谱分析时，首先要使样品中待测元素由化合物状态转变为基态原子，这个过程称为原子化过程，通常是通过燃烧加热来实现。待测元素由化合物离解为原子时，多数原子处于基态状态，其中还有一部分原子会吸收较高的能量被激发而处于激发态。理论和实践都已证明，由于原子化过程常用的火焰温度多数低于 3000 K，因此对大多数元素来说，火焰中激发态原子数远远小于基态原子数（小于 1%），因此可以用基态原子数 N_0 代替吸收辐射的原子总数。

5.1.3　原子吸收分光光度计

原子吸收光谱仪器的结构与其他分光光度计十分相似，主要由光源、原子化器、分光器、检测器及显示器五大部分组成。

1.原子吸收分光光度计的组成

（1）光源

原子吸收光谱仪中光源的作用是提供待测元素的共振线，要求光源能够发射共振锐线、辐射强度足够大、背景低、稳定性好、噪声小、操作方便以及使用寿命长。最常用的锐线光源是空心阴极灯，它是一种特殊的气体放电管，主要由一个钨棒阳极和一个由被测元素纯金属制成的空心阴极构成，其结构如图 5-5 所示。

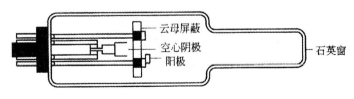

图 5-5　空心阴极灯

在一定的工作条件下，阴极纯金属表面原子产生溅射和激发并发射出待测元素的特征锐

线光谱。空心阴极灯又称为元素灯,若阴极材料只含有一种元素,则为单元素灯,只能用于一种元素的测定;若阴极材料含有多种元素,则可制得多元素灯用于多种元素测定,但后者性能不如前者。除元素灯外,还有高频无极放电灯、低压汞蒸气放电灯、激光灯等光源。

(2)原子化器

原子化器用来提供能量,使试样中的待测元素转变成为能吸收特征辐射的基态原子,其性能直接影响分析的灵敏度和重现性。通常要求原子化器的原子化效率高,良好的稳定性和重现性,灵敏度高,记忆效应小,噪声低及操作简单等。原子化器分为火焰原子化器和石墨炉原子化器两大类。

火焰原子化器结构简单,操作方便快速,重现性好,有较高的灵敏度和检出限等,目前仪器多采用预混合型火焰原子化器,一般包括雾化器、雾化室、燃烧器与气体控制系统。

石墨炉原子化器一般由加热电源、炉体及石墨管组成。炉体又包括石墨管座、电源插座、水冷却外套、石英窗和内外保护气路等,如图 5-6 所示。石墨炉原子化器的原子化效率高,试样用量少,绝对灵敏度高,检出限低,应用日趋广泛。

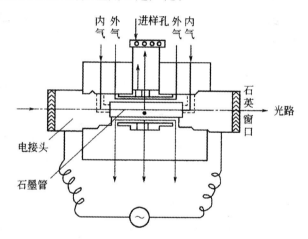

图 5-6　石墨炉原子化器结构示意图

(3)分光系统

分光系统用来将待测元素的共振线与其他谱线(非共振线、惰性气体谱线、杂质光谱和火焰中的杂散光等)分开。分光器由色散元件(棱镜或光栅)、凹面反射镜、入出射狭缝组成,转动棱镜或光栅,则不同波长的单色谱线按一定顺序通过出射狭缝投射到检测器上,如图 5-7 所示。

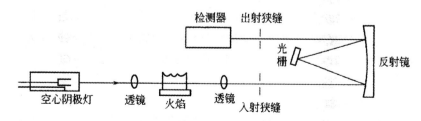

图 5-7　单光束原子分光光度计光学系统

由于元素灯发射的是半宽度很窄的锐线,比一般光源发射的光谱简单,因此原子吸收分析中不要求分光器有很高的分辨能力。

(4)检测系统和读数系统

检测系统包括光电元件、放大器及信号处理器件等,可将由单色器投射出的特征谱线进行光电转换测量。在火焰原子吸收光谱分析法中,光电元件一般采用光电倍增管。

经检测器放大后的电信号通过对数转换器转换成吸光度 A,即可用读数系统显示出来。显示方式历经了电表指示、数字显示、记录仪记录、屏幕显示(曲线、图谱等可自动绘制)或打印输出结果。显示的参数也在增多,如 T、A、c、k 等。现代高级仪器均配有微处理机或计算机来实现软件控制而完成测定。

2.测定条件的选择

原子吸收光谱分析的灵敏度与准确度,在很大程度上取决于所使用的仪器的操作条件。实际分析时,必须严格地选择和控制仪器的各项操作参数。

(1)分析线的选择

共振线是该元素所应采用的分析线,若其附近存在着其他谱线的干扰,就应另选灵敏度较高的其他非共振线作为分析线。对高浓度试样的分析,为了取得合适的吸光度,以改善工作曲线的线性范围,也可以选取灵敏度较低的谱线作为分析线。对于痕量元素的测定,一般选择最强的吸收线作为分析线是最适宜的。

(2)进样量调节

试样提升量是指每分钟吸取溶液的体积,以 ml·min^{-1} 表示。根据朗伯—比耳定律,虽然原子吸收的吸光度大小与待测元素的原子浓度成正比,但是进样量大到一定程度时,吸光度反而会因溶剂的冷却效应和大粒子散射的影响而使吸光值下降,背景值增大;进样量过小则吸收信号弱,不便测量。在实验条件下,应测定吸光度随进样量的变化,以达到最大吸光值时的进样量定为合适的试样提升量。

(3)狭缝宽度选择

狭缝宽度影响光谱带宽度和检测器接收的能量。原子吸收光谱分析中,因光谱重叠干扰的概率很小,所以可以允许使用较宽的狭缝来增强光强和降低检出限。原子吸收分析中选择狭缝的原则是在不减少吸光度的条件下,尽可能使用较宽的狭缝。对检测器就可用小的增益而降低噪声,提高信噪比,改善检出限,稳定性好,但灵敏度略低。

(4)空心阴极灯的灯电流

空心阴极灯的发射特性取决于工作电流。一般需要预热 10~30 min 才能达到稳定输出。提高灯电流有利于谱线的发生强度,但谱线宽度随之增大,同时,过高的灯电流容易损伤灯管,降低使用寿命;而发射强度太弱,谱线变宽虽小,但测定时需放宽狭缝和提高光电倍增管及放大器的电压,这样噪声相对地也增强。原则上,在保证稳定和获得足够的测量光强条件下,应尽量选用较低的灯电流。

(5)火焰的选择和调节

在火焰原子化法中,火焰类型与特征是影响原子化效率的主要因素。火焰温度影响化合物原子化能力。对中、低温元素,使用乙炔—空气火焰;对高温元素,使用乙炔—氧化亚氮火焰;对于分析线位于短波区的元素,使用氢一空气火焰是最合适的。

火焰由燃气和助燃气燃烧而形成。火焰按燃气与助燃气的比例不同,可分为化学计量火焰、贫燃性火焰和富燃性火焰三类。目前最常用的乙炔一空气火焰最高温度为 2500 ℃,改变二者的混合比例,将形成不同类型的火焰。

5.1.4　原子吸收分析方法

当待测元素浓度不高时,在吸收程长度固定情况下,试样的吸光度与待测元素浓度成正比。在实际测量中,通常是将试样吸光度与标准溶液或标准物质比较而得到定量分析的结果。通常方法有标准曲线法和标准加入法。

1.标准加入法

当试样中共存物不明或基体复杂而又无法配制与试样组成相匹配的标准溶液,且机体成分对测定又有明显干扰时,使用标准加入法进行分析是合适的。

标准加入法具体操作方法是:吸取四份以上等量的试液,第一份不加待测元素标准溶液,第二份开始,依次按比例加入不同量待测组分标准溶液,用溶剂稀释至同一的体积,以空白为参比,在相同测量条件下,分别测量各份试液的吸光度,绘出工作曲线,并将它外推至浓度轴,则在浓度轴上的截距,即为未知样品浓度 c_x,如图 5-8 所示。

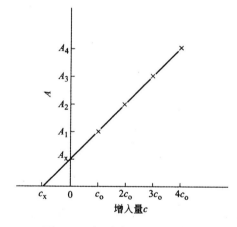

图 5-8　标准加入法示意图

使用标准曲线加入法时应注意:

①待测溶液的浓度必须保证在测量的范围内有良好的直线关系,斜率小时误差大。

②第二份中加入的标准溶液的浓度与试样的浓度应当接近,以免曲线的斜率过大或过小,给测定结果引入较大的误差。

③每次测定必须有 1 个不加标准溶液的试样。为了保证能得到较为准确的外推结果,至少要采用 4 个点来制作外推曲线。

标准加入法可以消除基体效应带来的影响,并在一定程度上消除了化学干扰和电离干扰,但不能消除分子吸收和背景吸收的干扰。因此只有在扣除背景之后,才能得到待测元素的真实含量,否则将使测量结果偏高。

2.标准曲线法

标准曲线法,适用于共从组分互不干扰的试样。配一组溶度合适的标准溶液系列,由低溶度到高溶度分别测定吸光度;以溶度为横坐标,吸光度为纵坐标,绘制 $A-c$ 标准曲线图,如图5-9所示。在相同条件下,测定试样溶液吸光度,由 $A-c$ 标准曲线求得试样溶液中待测元素溶度。

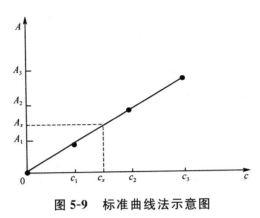

图5-9　标准曲线法示意图

为了保证测定的准确度,测定时应注意以下几点。

①在测量过程中要吸喷去离子水或空白溶液来校正零点漂移。

②标准溶液与试液的基体要相似,以消除基体效应,浓度范围大小应以获得合适的吸光度读数为准。

③由于燃气和助燃气流量变化会引起工作曲线斜率变化,因此每次分析都应重新绘制工作曲线。

工作曲线法简便、快速,适于组成较简单的大批样品分析。

3.内标法

内标法系在标准溶液和试样溶液中分别加入一定量的试样中不存在的内标元素,同时测定这两种溶液中待测元素和内标元素的吸收度,绘制 $\dfrac{A}{A_0}-c$ 标准曲线。A 和 A_0 分别为标准溶液中待测元素和内标元素的吸收度,c 为标准溶液中待测元素的浓度。再根据试液中待测元素和内标元素吸收度比值,从标准曲线上求得试样中待测元素的浓度。

内标法在一定程度上能消除燃气及助燃气流量、火焰湿度、表面张力、进样量、溶液黏度、样品雾化率、吸收速度等因素变动所造成的误差,适于双波道和多波道的 AAS。

5.1.5　原子吸收分析的应用

原子吸收光谱法的测定灵敏度高,检出限低,干扰少,操作简单快速,可测定的元素达70多种,其中已有不少原子吸收光谱法被列入行业和国家的标准分析方法。多年来,在石油化工、生物医药、环境保护等各个领域内获得了广泛的应用。

1. 元素的原子吸收光谱法测定

（1）金属的测定

碱金属是原子吸收光谱法中具有很高测定灵敏度的一类元素。碱金属元素的电离电势和激发电势低，易于电离，测定时需要加入消电离剂，宜用低温火焰测定。

所有碱土金属在火焰中易生成氧化物和小量的 MOH 型化合物。原子化效率强烈地依赖于火焰组成和火焰高度。因此，必须仔细地控制燃气与助燃气的比例，恰当地调节燃烧器的高度。为了完全分解和防止氧化物的形成，应使用富燃火焰。在空气－乙炔火焰中，碱土金属有一定程度的电离，加入碱金属可抑制电离干扰。镁是原子吸收光谱法测定的最灵敏的元素之一，测定镁、钙、锶和钡的灵敏度依次下降。

有色金属元素包括 Fe、Co、Ni、Cr、Mo、Mn 等。这组元素的一个明显的特点是它们的光谱都很复杂。因此，应用高强度空心阴极灯光源和窄的光谱通带进行测定是有利的。Fe、Co、Ni、Mn 用贫燃乙炔－空气火焰进行测定。Cr、Mo 用富燃乙炔－空气火焰进行测定。

Ag、Au、Pd 等的化合物易实现原子化，用原子吸收光谱法测定时显示出很高灵敏度，宜用贫燃乙炔－空气火焰，Ag、Pd 要选用较窄的光谱通带。

（2）非金属的测定

原子吸收光谱法除了可以测定金属元素的含量外，还可间接测定非金属的含量。如 SO_4^{2-} 的测定，先用已知过量的钡盐和 SO_4^{2-} 沉淀，再测定过量钡离子含量，从而间接得出 SO_4^{2-} 含量。

2. 在生物医药中的应用

在制药行业中，原子吸收光谱法的应用也十分广泛。原料药中原料的选取，对药品中有害重金属铅汞的测定，含金属的盐或络合物通过测定金属的含量，可间接得出物质的纯度。

3. 在石油化工中的应用

原子吸收光谱法在石油化工中，用于原油中催化剂毒物和蒸馏残留物的测定，如测定油槽中的镍、铜、铁，对于测定润滑油中的添加剂钡、钙、锌，汽油添加剂中的铅等已有较广泛的应用。

4. 在环境保护中的应用

环境保护中对大气、水、土壤中污染物的环境监测，原子吸收光谱法也发挥了很大的作用。

5.2 原子发射光谱分析技术

5.2.1 概述

发射光谱是指由热能或电能使物质的分子、原子或离子激发而产生的光谱。

1.原子发射光谱的分类

按光谱的形状可分为线状光谱、带状光谱和连续光谱三类。

（1）线状光谱

线光谱线光谱是由一系列分离的有确立峰位的锐线光谱组成。当辐射物质是单个气态原子时，产生的紫外可见光区的线光谱，其自然宽度约为 10^{-15} nm；谱线的宽度可因各种因素而变宽。

（2）带状光谱

带状光谱是由多组具有多条波长靠得很近的谱线，由于仪器分辨不开而呈带状分布。当辐射物质是气态分子时，且存在气态基团或小的分子物质时，则会产生带状光谱。此时不仅产生原子能级的跃迁，还产生分子振动和转动能级的变化，由很多量子化的振动能级以及转动能级叠加在分子的基态电子能级上而形成，由许多紧密排列的谱线组所组成的带光谱，由于它们紧密排列，以至于仪器难以分辨，而呈带状的光谱。

（3）连续光谱

连续光谱是由固态或液态物质激发后产生的连续的、无法分辨出明显谱线的光谱。例如，经典发射光谱分析中炽热的碳电极所发射的光谱即为连续光谱。

原子发射光谱法的研究对象是被分析物质所发出的线光谱，利用待测物质的原子或离子所发射的特征光谱线的波长和强度来确定物质的元素种类及其含量。

发射光谱分析过程分为三步：

第一步激发，即利用激发光源使试样蒸发，解离成原子，或进一步电离成离子，最后使原子或离子得到激发，发射辐射；

第二步是展开，即利用光谱仪把光源发射的光按波长展开，获得光谱；

第三步是分析，即利用检测系统记录光谱，测量谱线波长、强度，根据谱线波长进行定性分析，根据谱线强度进行定量分析。

图 5-10 是冗长在原子发射光谱中看到的线状光谱和带状光谱叠加在连续光谱上的谱图。

2.原子发射光谱特点

原子发射光谱法具有以下特点。

（1）分析速度快

不论是固体试样还是液体试样，不经过任何化学处理，利用光电直读光谱仪，均可在几分钟内同时测定出几十种元素含量。

（2）选择性好

每种元素因原子结构不同而发射出各自不同的特征光谱。这对于一些化学性质极为相似的元素测定具有特别重要的意义。如铌、钽、十几个稀土元素等用其他方法分析难度很大，若用发射光谱分析法却轻而易举地分别加以测定。

（3）准确度较高

一般光源相对误差为 $5\%\sim10\%$，ICP 相对误差可达 1% 以下。

（4）线性范围宽

ICP 光源校准曲线线性范围宽，可达 $4\sim6$ 个数量级，可测定元素各种不同含量（高、中、

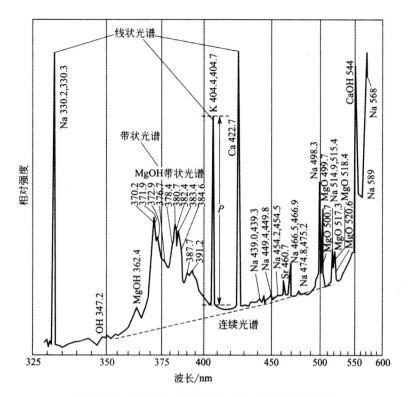

图5-10　用氢氧火焰获得卤水的发射光谱图

低)。一个试样同时进行多元素分析时,又可测定

各种元素的不同含量,这就是ICP—AES应用范围非常广泛的原因所在。

(5)检出限低

一般检出限可达$0.1\sim10$ $\mu g \cdot g^{-1}$,绝对值可达$0.01\sim1$ μg。电感耦合高频等离子体检出限可达$ng \cdot g^{-1}$级。

(6)同时检测多种元素

试样经前处理后,可同时测定一个样品中的多种元素,试样消耗少。

但是,目前一般的光谱仪还无法测定一些非金属元素,如常见的非金属元素氧、硫、氮、卤素等谱线在远紫外区,磷、硒、碲等激发电位低,灵敏度也较低。

5.2.2　原子发射光谱发基本原理

1.原子发射管和光谱产生的原理

原子发射光谱分析法(AES)是根据待测物质的气态原子或离子被激发后所发射的特征谱线的波长及其强度来测定物质的元素组成和含量的一种分析技术。

处于激发态的原子很不稳定,约经$10^{-9}\sim10^{-8}$ s后便恢复到正常状态,这时它便跃迁回基态或其他较低的能级,多余的能量的发射可得到一条光谱线。原子的外层电子由高能级向低能级跃迁,能量以电磁辐射的形式发射出去,这样就得到发射光谱。原子发射光谱是线状光谱。发射光谱的能量可表示为：

$$\Delta E = E_2 - E_1 = h\nu = \frac{hc}{\lambda}$$

式中，E_2 为高能级的能量；E_1 为低能级的能量；h 为普朗克常数；ν 为发射光的频率；λ 为发射光的波长；c 为光速。

由此可知，每一条发射光谱的谱线的波长和跃迁前后的两个能级之差成反比。由于原子内的电子轨道是不连续的，故得到的光谱是线光谱。

每一条所发射的谱线都是原子在不同能级间跃迁的结果，可以用两个能级之差 ΔE 来表示。ΔE 的大小与原子结构有关。不同元素的原子，由于结构不同，可以产生一系列不同的跃迁，发射出一系列不同波长的特征谱线，谱线波长是 AES 定性分析的基础。将这些谱线按一定的顺序排列，就得到不同原子的发射光谱，据此可对样品进行定性分析；而根据待测元素原子的浓度不同，因此发射强度不同，可实现元素的定量测定。如果物质含量愈高，原子数愈多，则谱线将愈强，故谱线强度是原子发射光谱定量分析的基础。

原子发射光谱分析由 3 个过程组成：

①提供外部能量使被测试样蒸发、解离，产生气态原子，并使气态原子的外层电子激发至高能态，处于高能态的原子自发地跃迁回低能态时，以辐射的形式释放出多余的能量。

②将待测物质发射的复合光经色散后形成一系列按波长顺序排列的谱线。

③用光谱干板或检测器记录和检测各谱线的波长和强度，并对元素进行定性和定量分析。

2.谱线强度及其影响因素

由于原子中外层电子在核外的能量分布是量子化的值，不是连续的，所以 ΔE 也是不连续的，因此，原子光谱是线光谱。

在同一原子中，电子的能级有很多，有各种不同的能级跃迁，所以有各种不同的 ΔE 值，即可以发射出许多不同频率 ν 或波长 λ 的辐射线。不同元素的原子具有不同的能级构成，ΔE 不一样，所以 ν 或 λ 也不同，各种元素都有其特征光谱线，从识别各元素的特征光谱线可以鉴定样品中元素的存在，这是光谱定性分析的基础。

元素特征谱线的强度与样品中该元素的含量有确定的关系，所以可通过测定谱线的强度来确定元素在样品中的含量，这是光谱定量分析的基础。

(1)谱线强度

当激发能和激发温度一定时，谱线强度 I 与试样中被测元素的浓度 c 成正比，即

$$I = ac$$

式中，a 是与谱线性质、实验条件有关的常数。此式在低浓度时成立，浓度较大时，处于激发光源中心的原子所发射的特征谱线被外层处于基态的同类原子所吸收，使谱线的强度减弱，此时应修正为

$$I = ac^b$$

或

$$\lg I = b\lg c + \lg a$$

式中，b 为自吸常数。浓度较低时，自吸现象可忽略，b 值接近于 1。随着浓度的增加，b 逐渐减

小,当浓度足够大时,b 接近于零,此时谱线强度几乎达到饱和。此式是原子发射光谱法定量分析的基本公式。

（2）谱线强度的影响因素

①激发温度。

温度升高,谱线强度增大。但随着温度的升高,电离的原子数目也会增多,而相应的原子数减少,致使原子谱线强度减弱,离子的谱线强度增大。因此,不同元素的不同谱线各有其最佳激发温度,在此温度下谱线的强度最大,而激发温度与所使用的光源和工作条件有关。

②基态原子数。

谱线强度与进入光源的激态原子数成正比,因此,试样中被测元素的含量越大,发射的谱线也就越大。

③跃迁概率。

跃迁概率是指电子在某两个能级之间每秒跃迁的可能性的大小,它与激发态的寿命成反比,也就是说原子处于激发态的时间越长,跃迁概率越小,产生的谱线强度越弱。

④激发电位。

谱线强度与激发电位成负指数关系。在温度一定时,激发电位越高,处于该能量状态的原子数越少,谱线强度越小。激发电位最低的共振线通常是强度最大的谱线。

⑤统计权重。

谱线强度与激发态和基态的统计权重之比成正比。$g = 2J + 1$,J 为原子的总角动量量子数。在光谱分析中,g 常用来计算元素多重线的强度比。当只是由于 J 值不同的高能级向同一低能级跃迁形成多重线时,其谱线强度比就等于高能级的 g 值之比。

无论光源温度如何变化,辐射强度比总是等于统计权重之比,且计算值与实验值极为相近。

3. 谱线的自吸和自蚀

从光源中辐射出来的谱线,主要是从温度较高的发光区域的中心发射出来的。在发光蒸气云的一定体积内,温度和原子密度分布不均匀,通常边缘部分温度较低,原子多处于较低能级,当由光源中心某元素发射出的特征光向外辐射通过温度较低的边缘部分时,就会被处于低能级的同种原子所吸收,使谱线中心发射强度减弱,这种现象称为自吸。

当元素含量较高时,谱线强度因自吸效应而减弱,当自吸很严重时,会使谱线中心强度减弱很多,使原来表现为一条的谱线变成双线形状,这种严重的自吸称为自蚀。图 5-11 所示为发生自吸和自蚀时的谱线轮廓变化。因此,最后线不一定是实际的灵敏线,只有在元素含量较低时,自吸效应很小,最后线才是灵敏线。

5.2.3　原子发射光谱仪

原子发射光谱分析仪一般有激发光源、分光系统和检测系统三部分组成。

1. 激发光源

光源具有使样品蒸发、离解、原子化和激发、跃迁产生光辐射的作用。目前常用的光源有

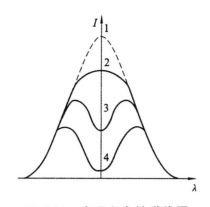

图 5-11 自吸和自蚀谱线图

1—无自吸;2—有自吸;3—自蚀;4—严重自蚀

火焰、直流电弧、交流电弧、高压电火花、直流等离子体喷焰(DCP)、电感耦合等离子体(ICP)、微波感生等离子体(MIP)以及辉光放电(GD)和激光光源等。各种光源有其不同性能(激发温度、蒸发温度、稳定性、强度、热性质等)和特点。与其他光源相比,ICP 具有稳定性好、基体效应小、检出限低、线性范围宽等特点而被广泛应用,目前已被公认为最有活力、前途广阔的激发源。

(1)火焰光源

火焰是最早用于 AES 的光源,它利用燃气和助燃气混合后燃烧,产生足够的热量来使样品蒸发、离解和激发。用不同的燃气和助燃气体、不同的气体流量比例可以得到不同用途的火焰。

利用火焰的热能使原子发光并进行光谱分析的仪器称为火焰光度计,如图 5-12 所示,其分析方法称为火焰光度法。

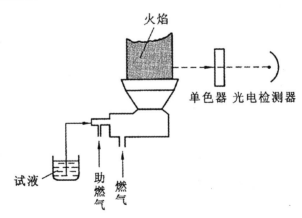

图 5-12 火焰光度计示意图

(2)直流电弧光源

电弧是指一对电极在外加电压下,电极间依靠气体带电粒子维持导电,产生弧光放电的现象。由直流电源维持电弧的放电称为直流电弧,其常用电压为 220～380 V,电流为 5～30

A。直流电弧基本电路如图 5-13 所示,其中 E 为直流电源,R 为镇流电阻,主要用来稳定和调节电流的大小。L 为电感,用来减小电流的波动,G 为分析间隙,由两个电极组成,上电极为碳电极(阴极),下电极为工作电极(阳极),试样一般装在下电极的凹孔内,上下两电极间留有一分析间隙。直流电弧通常用石墨或金属作为电极材料。

由于直流电不能击穿两电极,故应先进行点弧,即使电极间隙气体首先电离。为此可使分析间隙的两电极接触或用某种导体接触两电极使之通电。这时电极尖端被烧热,随后移动电极使其相距 4～6 mm,便得到电弧光源。此时从炽热的阴极尖端射出的热电子流通过分析间隙冲击阳极,产生高温,使加于阳极表面的试样物质蒸发为蒸气,蒸发的原子与电子碰撞,电离成正离子,并以告诉冲击阴极。由于电子、原子、离子在分析间隙互相碰撞,发生能量交换,引起试样原子激发,发射出特征谱线。

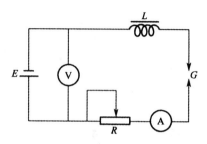

图 5-13　直流电弧电路

当采用电弧或火花光源时,需要将试样处理后装在电极上进行摄谱。当试样为导电性良好的固体金属或合金时可将样品表面进行处理,除去表面的氧化物或污物,加工成电极,与辅助电极配合,进行摄谱。这种用分析样品自身做成的电极称为自电极,而辅助电极则是配合自电极或支持电极产生放电效果的电极,通常用石墨作为电极材料,制成外径为 6 mm 的柱体。如果固体试样量少或者不导电时,可将其粉碎后装在支持电极上,与辅助电极配合摄谱。支持电极的材料为石墨,在电极头上钻有小孔,以盛放试样。

直流电弧的弧焰温度与电极和试样的性质有关,在碳作电极的情况下,电弧柱温可达 4000～7000 K,可使 70 多种元素激发,所产生的谱线主要是原子谱线。

其主要优点是绝对灵敏度高,背景小。但直流电弧放电不稳定,弧柱在电极表面上反复无常地游动,导致取样与弧焰内组成随时间而变化,测定结果重现性较差,且其弧层较厚,自吸现象严重,故不适于高含量组分的定量分析。基于上述特性,直流电弧常用于定性分析及矿石、矿物等难熔物质中痕量组分的定量分析。

(3)交流电弧光源

交流电弧有两类:高压交流电弧和低压交流电弧。高压交流电弧光源灵敏度高、重现性好,工作电压为 2000～4000 V,可以直接点弧,但装置复杂,操作危险,现已很少采用。现多用低压交流电弧光源,它使用 110～220 V 的低压交流电作为电弧的主要电源,但在此低压交流电上又叠加了一个高频高压电来"引火",低压交流电可利用这一"引火"所造成的通路来产生电弧。其基本电路如图 5-14 所示。

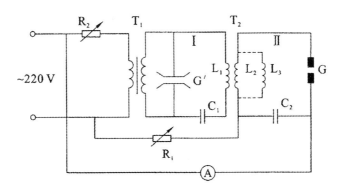

图 5-14　低压交流电弧发生器基本电路

从图 5-14 中可以看出,低压交流电弧发生器基本电路由两部分组成:高频高压引火电路Ⅰ和低频低压燃弧电路Ⅱ。这两个电路借助于高频变压器 T_2 的线圈 L_1 和 L_2 耦合。220 V 的交流电通过变压器 T_1 使电压升至 3000 V 左右向电容器 C_1 充电,充电速度由 R_2 调节。当 C_1 的充电能量随交流电压每半周升至放电盘 G' 击穿电压时,放电盘被击穿,此时 C_1 通过电感 L_1 向 G' 放电,在 L_1C_1 回路中产生高频振荡电流,振荡的速度由放电盘的距离和充电速度来控制,每半周只振荡一次。高频振荡电流经高频变压器 T_2 耦合到低压电弧回路(Ⅱ),并升压至 10 kV,通过电容器 C_2 使分析间隙 G 的空气电离,形成导电通道。低压电流沿着已造成电离的空气通道,通过 G 引燃电弧。当电压降至低于维持电弧放电所需的电压时,弧焰熄灭。接着第二个半周又开始,该高频电流每半周使电弧重新点燃一次,维持弧焰不熄灭。

交流电弧光源适合于金属、合金的定性、定量分析。

(4)高压电火花光源

火花光源的工作原理是在常压下,利用电容器的充放电作用在两电极间周期性的加上高电压,当施加于两个电极间的电压达到击穿电压时,在两极间尖端迅速放电产生电火花,电火花可分为高压火花和低压火花。高压火花电路与低压交流电弧的引燃电路相似,如图 5-15 所示,但高压火花电路放电功率较大。

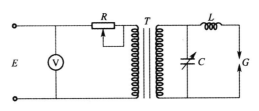

图 5-15　高压火花电路示意图

220 V 交流电压经可调电阻 R、变压器 T 产生 10 kV 左右的高压,并向电容器 C 充电,当电容器两端的充电电压达到分析间隙的击穿电压时,G 被击穿产生火花放电。

在放电一瞬间释放出很大的能量,放电间隙电流密度很高,因此温度很高,可达 10000 K 以上,具有很强的激发能力,一些难激发的元素可被激发,而且大多为离子线;放电稳定性好,因此重现性好,适宜作定量分析,但是自于放电瞬间完成,有明显的充电间歇,所以电极温度较低,放电通道窄,不利于样品蒸发和原子化,灵敏度较差;适宜做较高含量的分析,同时间歇放电、放电通道窄有利于试样的导入,除了可以用碳做电极对外,待测样品自身也可做电极,如炼钢厂的钢铁分析。

(5)电感耦合等离子体光源

电感耦合等离子体(ICP)由高频发生器、同轴的三重石英管和进样系统 3 部分组成。感应线圈一般是由圆形或方形铜管绕制的 2～5 匝水冷线圈。作为发射光谱分析激发光源的 ICP 焰炬装置如图 5-16 所示。

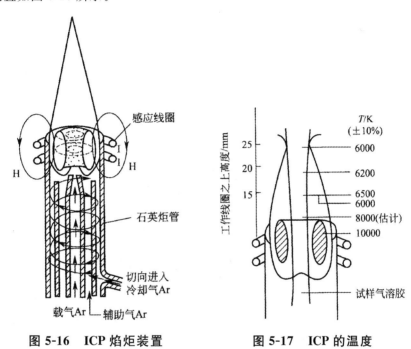

图 5-16　ICP 焰炬装置　　　　　图 5-17　ICP 的温度

等离子体炬管为 3 层同心石英管。氩气冷却气从外管切向通入,使等离子体与外层石英管内壁间隔一定距离以免烧毁石英管。切向进气的离心作用在炬管中心产生一个低气压通道以便进样。中层石英管的出口部分一般制成喇叭形,通入氩气以维持等离子体的稳定。内层石英管内径为 1～2 mm。试样气溶胶由气动雾化器或超声雾化器产生,由载气携带从内管进入等离子体。氩为单原子惰性气体,自身光谱简单,作为工作气体不会与试样组分形成难解离的稳定化合物,也不会像分子那样因解离而消耗能量,因而具有很好的激发性能,对大多数元素都有很高的分析灵敏度。

当有高频电流通过线圈时,产生轴向磁场,用高频点火装置产生火花以触发少量气体电离,形成的离子与电子在电磁场作用下,与其他原子碰撞并使之电离,形成更多的离子和电子,当离子和电子累积到使气体的电导率足够大时,在垂直于磁场方向的截面上就会感应出涡流,强大的涡流产生高热将气体加热,瞬间使气体形成最高温度可达 10000 K 左右的等离子焰炬。当载气携带试样气溶胶通过等离子体时,可被加热至 6000～7000 K,从而进行原子化并被激发产生发射光谱。

ICP 的温度分布如图 5-17 所示。样品气溶胶在高温焰心区经历了较长时间的预热,在测光区的平均停留时间约为 1 ms,比在电弧、电火花光源中平均停留时间长得多,因而可以使试样得到充分的原子化,甚至能破坏解离能大于 7 eV 的分子键,从而有效地消除了基体的化学干扰,大大地扩展了对被测试样的适应能力,甚至可以用一条工作曲线测定不同基体试样中的同一元素。

ICP 的电子密度很高,电离干扰一般可以忽略不计。应用 ICP 可以同时测定的元素达 70 多种。ICP 以耦合方式从高频发生器获得能量,不使用电极,避免了电极对试样的污染。经过中央通道的气溶胶借助于对流、传导和辐射而间接地加热,试样成分的变化对 ICP 的影响很小,因此 ICP 具有良好的稳定性。

(6)直流等离子体喷焰

直流等离子体喷焰实际上是一种被气体压缩了的大电流直流电弧,其形状类似火焰。早起的直流等离子体喷焰由电极中间的喷口喷出来,得到等离子体喷燃,从切线方向通入氩气或氦气,将电弧压缩,以获得高电流密度。其示意图间图 5-18。

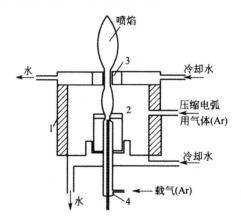

图 5-18　等离子体喷焰示意图

2.分光系统

分光系统的作用是将有激发光源发出的含有不同波长的复合光分解成按波序排列的单色光。常用的分光系统有棱镜分光系统、光栅分光系统和滤光片。根据分光方式的不同,分光系统可分为棱镜分光系统和光栅分光系统。

(1)棱镜分光系统

棱镜分光系统的种类很多,根据棱镜色散能力大小的不同,可分为大、中、小型分光系统。按所用波长的不同,分光系统可分为紫外、可见、红外三大类,它们所用的棱镜材料也不同,对紫外光用水晶或萤石,对可见光用玻璃,对红外光用岩盐等材料。目前在实际工作中较常使用的是中型石英棱镜分光系统。

棱镜分光系统主要由照明系统、准光系统、色散系统及投影系统四部分组成,如图 5-19 所示。

照明系统由透镜 L 组成,透镜可分为单透镜及三透镜两类。为了使光源产生的光均匀地照射于狭缝 S,并使感光板上所得的谱线每一部分都很均匀、清晰,一般采用三透镜照明系统。

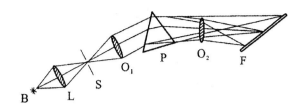

图 5-19　棱镜分光系统的光学系统

准光系统包括狭缝 S 及准光镜 O_1。其作用在于把光源辐射通过狭缝 S 的光,经过准光镜 O_1 变成平行光束照射到棱镜 P 上。要求色差小,光能损失少。

色散系统可以由一个或多个棱镜组成。经过准光镜 O_1 后所得的平行光束,通过棱镜 P 时,由于棱镜材料对不同波长的光折射率不同,因而产生色散现象。对可见光区,玻璃棱镜色散率较大;对于紫外区,石英棱镜的色散率较大。同一棱镜,对短波长的光比对长波长的光色散率大。

投影系统包括暗箱物镜 O_2 及感光板 F。其作用是将经过色散后的单色光束聚焦而形成按波长顺序排列的狭缝像——光谱。

(2)光栅分光系统

光栅分光系统利用衍射光栅作为色散元件,利用光的衍射现象进行分光。

光栅可分为平面光栅和凹面光栅,凹面光栅常用于光电直读式光谱仪,而在分光系统中常用平面光栅。图 5-20 为 WPS-1 型平面光栅分光系统的光路示意图。

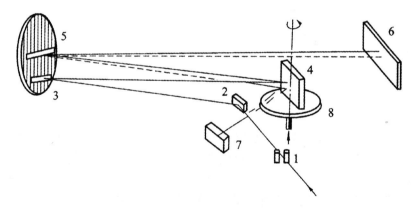

图 5-20　WSP-1 型平面光栅分光系统的光路示意图
1-狭缝;2-反射镜;3-准直镜;4-光栅;5-成像物镜;6-感光板;7-二次衍射反射镜;8-光栅转台

试样被光源激发后发射的光,经过三透镜照明系统由狭缝 1 经平面反射镜 2 折向球面反射镜下方的准直镜 3,经准直镜 3 反射以平行光束投射到光栅 4 上,由光栅分光后的光束经球面反射镜上方的成像物镜 5,最后按波长排列聚焦于感光板 6 上。旋转光栅转台 8 改变光栅的入射角,便可改变所需的波段范围和光谱级次,7 为二次衍射反射镜,衍射(由光栅 4)到它表面上的光线被反射回光栅,被光栅再分光一次,然后到成像物镜 5,最后聚焦成像在一次衍射光谱下面 5 mm 处。这样经过两次衍射的光谱,其色散率和分辨率比一次衍射的大一倍。为了避免一次衍射光谱与二次衍射光谱相互干扰,在暗盒前设有光栏,可将一次衍射光谱滤掉。

在不用二次衍射时,可在仪器面板上转动手轮,使挡板将二次衍射反射镜挡住。

衍射光栅是根据多缝衍射原理制造的色散元件。它由平行排列在光学面上的等距离、等宽度的许多狭缝、刻槽或条纹组成。

3.检测系统

检测系统常用的有照相法和光电检测法。前者采用感光板,后者以光电倍增管或电荷耦合器件(CCD)作为接收与记录光谱的主要器件。

(1)感光板

用感光板来接收与记录光谱的方法称为照相法,采用照相法记录光谱的原子发射光谱仪称为分光系统。感光板由照相乳剂均匀地涂布在玻璃板上而成。感光板上的照相乳剂感光后变黑的黑度,用测微光度计测量以确定谱线的强度。感光板的特性常用反衬度、灵敏度与分辨能力表征。

(2)光电倍增管

用光电倍增管来接收和记录谱线的方法称为光电直读法。光电倍增管既是光电转换元件,又是电流放大元件,其工作原理如图 5-21 所示。

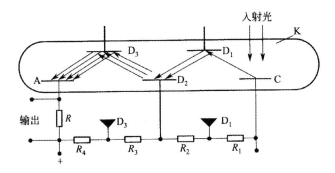

图 5-21　光电倍增管的工作原理

光电倍增管的外壳由玻璃或石英制成,内部抽真空,阴极涂有能发射电子的光敏物质,如 Sb－Cs 或 Ag－Cs 等,在阴极 C 和阳极 A 间装有一系列次级电子发射极,即电子倍增极 D_1, D_2 等。阴极 C 和阳极 A 之间加有约 1000 V 的直流电压,当辐射光子撞击光阴极 C 时发射光电子,该光电子被电场加速落在第一倍增极 D_1 上,撞击出更多的二次电子,以此类推,阳极最后收集到阳极 A 的电子数将是阴极发出的电子数的 $10^5 \sim 10^8$ 倍。

(3)CCD 检测器

电荷耦合器件 CCD 是一种新型固体多道光学检测器件,它是在大规模硅集成电路工艺基础上研制而成的模拟集成电路芯片。由于其输入面空域上逐点紧密排布着对光信号敏感的像元,因此它对光信号的积分与感光板的情形颇相似。但是,它可以借助必要的光学和电路系统,将光谱信息进行光电转换、储存和传输,在其输出端产生波长－强度二维信号,信号经放大和计算机处理后在末端显示器上同步显示出人眼可见的图谱,无须感光板那样的冲洗和测量黑度的过程。

5.2.4　原子发射分析方法

1. 定性方法

对于不同元素的原子,由于它们的结构不同,其能级的能量也不同,因此发射谱线的波长也不同,可根据元素原子所发出的特征谱线的波长来确认某一元素的存在,这就是光谱定性分析。

要检出某元素是否存在,必须有两条以上不受干扰的最后线与灵敏线。每种元素的特征谱线多少不一,有些元素的特征谱线可多达上千条。在实际定性分析中,要确定某种元素是否存在,只需检出两条以上不受干扰的灵敏线即可。

(1)标准试样光谱比较法

将要检出元素的纯物质和纯化合物与试样并列摄谱于同一感光板上,在映谱仪上检查试样光谱与纯物质光谱。若两者谱线出现在同一波长位置上,即可说明某一元素的某条谱线存在。这种方法只适应试样中指定元素的定性。不适应光谱全分析。

(2)铁光谱比较法

铁光谱比较法是目前最通用的方法,它采用铁的光谱作为波长的标尺,来判断其他元素的谱线。

谱线多,在 210～660 nm 范围内有几千条谱线。谱线间距离都很近,且在波长范围内均匀分布。

标准光谱图是在相同条件下,在铁光谱上方准确地绘出 68 种元素的逐条谱线并放大 20 倍的图片。铁光谱比较法实际上是与标准光谱图进行比较,因此又称为标准光谱图比较法,如图 5-22 所示。

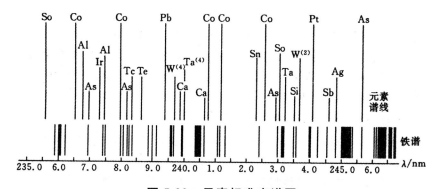

图 5-22　元素标准光谱图

在进行分析时,将试样与纯铁在完全相同的条件下并列并且紧挨着摄谱,摄得的谱片置于映谱仪上;谱片也放大 20 倍,再与标准光谱图进行比较。

比较时,首先须将谱片上的铁谱与标准光谱图上的铁谱对准,然后检查试样中的元素谱线。若试样中的元素谱线与标准图谱中标明的某一元素谱线出现的波长位置相同,即为该元素的谱线。铁谱线比较法可同时进行多元素定性鉴定。

(3)波长测定法

当试样的光谱中有些谱线在元素标准谱图上并没有标出时,无法利用铁谱比较法来进行定性分析,此时可采取波长测定法。如果待测元素的谱线(λ_x)处于铁谱中两条已知波长的谱线(λ_1、λ_2)之间(图 5-23),且这些谱线的波长又很接近,则可认为谱线之间距离与波长差成正比,即

$$\frac{\lambda_2 - \lambda_1}{l_1} = \frac{\lambda_x - \lambda_1}{l_2}$$

$$\lambda_x = \lambda_1 + \frac{(\lambda_2 - \lambda_1)l_2}{l_1}$$

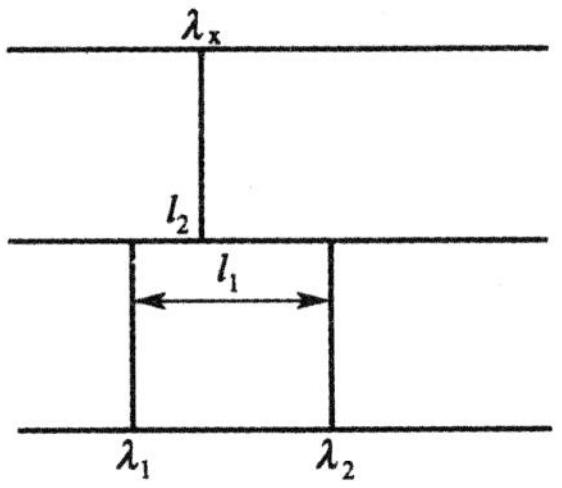

图 5-23　波长测定

利用比长仪测得 λ_1、λ_2,则可求得 λ_x,根据计算出的波长,通过谱线波长表来确定该元素的种类。

2.半定量分析

光谱半定量分析是一种粗略的定量方法,可以估计样品中元素大概含量,在样品数量较大时,剔除没有仔细定量测定的样品时有重大意义。常用方法有以下几种。

(1)显线法

当分析元素含量降低时,该元素谱线也逐渐减少,随着元素含量增加,一些次灵敏线与较弱的谱线相继出现,于是可以编成一张谱线出现与含量的关系表,以后就根据某一谱线是否出现来估计试样中该元素的大致含量。该法的优点是简便快速,其准确程度受试样组成与分析条件的影响较大。

(2)谱线呈现法

谱线呈现法是利用某元素出现谱线数目的多少来估计元素含量。当试样中某元素含量较低时,仅出现少数灵敏线,随着该元素含量的增加,谱线的强度逐渐增强,而且谱线的数目也相应增多,一些次灵敏线与较弱的谱线将相继出现。于是可预先配制一系列浓度不同的标准样品,在一定条件下摄谱,然后根据不同浓度下所出现的分析元素的谱线及强度情况列出一张谱线出现与含量的关系表。以后就根据某一谱线是否出现来估计试样中该元素的大致含量。该法的优点是简便快速,但其准确度受试样组成与分析条件的影响较大。

(3)均称线对法

对试样进行摄谱,得到的光谱中既有基体元素的谱线,也有待测元素的谱线,基体元素为主要成分,其谱线强度变化很小,而对于待测元素的某一谱线而言,元素含量不同,谱线强度也不同,在此谱线旁边可以找到强度和它相等或接近的基体元素谱线。将这些谱线组成线对,就可以作为确定这个元素含量的标志。这种线对中的基体线和待测元素线应是均称线对,所谓

"均称线对"是指两条谱线的激发电位及电离电位分别几乎相等,这样当光源的激发条件有波动时,分析线和基体线的强度随着同时变化,不至于引起估计错误。对于不同金属或合金,分析其中的不同元素时,所用的均称线对可以在一些看谱分析的书中查到。

3.定量分析

(1)标准曲线法和标准加入法

光谱定量分析方法常用的有标准曲线法和标准加入法。其中三标样法最为常用。

标准曲线法也称三标样法。在确定的分析条件下,用 3 个或 3 个以上含有不同浓度被测元素的标准样品与试样在相同的条件下激发光谱,以分析线强度 I 或内标分析线对强度比 R 或 $\lg R$ 对浓度 c 或 $\lg c$ 做校准曲线。再由校准曲线求得试样被测元素含量。若用照相法记录光谱,分析线与内标线的黑度都落在感光板乳剂特性曲线的正常曝光部分,这时可直接用分析线对黑度差 ΔS 与 $\lg c$ 建立校正曲线,进行定量分析。校正曲线法是光谱定量分析的基本方法,应用广泛,特别适用于成批样品的分析。标准试样不得少于 3 个。为了减少误差,提高测量的精度和准确度,每个标样及分析试样一般应平行摄谱 3 次,取其平均值。

当测定低含量元素时,若找不到合适的基体来配制标准试样,一般采用标准加入法。设试样中被测元素含量为 c_x,在几份试样中分别加入不同浓度的被测元素;在同一实验条件下,激发光谱,然后测量试样与不同加入量样品分析线对的强度比 R。当被测元素浓度较低时,自吸系数 $b=1$,分析线对强度 R 正比于 c,$R-c$ 图为一条直线,将直线外推,与横坐标相交的截距的绝对值即为试样中待测元素含量 c_x,如图 5-24 所示。

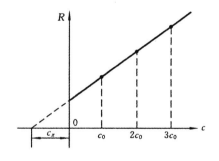

图 5-24　标准加入法

标准加入法可用来检查机体纯度、估计系统误差、提高测定灵敏度等。

(2)内标法

内标法是利用分析线和比较线强度之比与元素含量的关系来进行光谱定量分析的方法。所选用的比较线称为内标线,提供内标线的元素称为内标元素。

设被测元素和内标元素含量分别为 c 和 c_0,分析线和内标线强度分别为 I 和 I_0,6 和 60 分别为分析线和内标线的自吸收系数,根据罗马金—赛伯公式,对分析线和内标线分别有

$$I = A_1 c^b$$

$$I_0 = A_0 c_0^{b_0}$$

用 R 表示分析线和内标线强度的比值

$$R = \frac{I}{I_0} = Ac^b$$

式中，$A = \dfrac{A_1}{A_0 c_0^{b_0}}$。

在内标元素含量 c_0 和实验条件一定时，A 为常数，则

$$\lg R = b\lg c + \lg A$$

此式为内标法光谱定量分析的基本关系式。

根据内标法定量的原理，内标元素与内标线的选择原则有以下几点。

· 内标元素与被测元素化合物在光源作用下应具有相似的蒸发性质；

· 内标元素含量要适量和固定，且该元素在原试样中不存在或含量低至可忽略；

· 分析线与内标线没有自吸或自吸很小，并不受其他谱线的干扰；

· 用原子线组成分析线对时，要求两线的激发电位相近；若选用离子线组成分析线对时，则不仅要求两线的激发电位相近，还要求内标元素与分析元素的电离电位也相近；

· 若用照相法测量谱线强度，要求组成分析线对的两条谱线的波长尽量靠近。

而事实上，找到完全符合上述要求的分析线对是比较困难的。即使采用内标法进行光谱定量分析，还是应该尽可能地控制实验条件的相对稳定。

（3）绝对强度法

当温度一定时，谱线强度 I 与被测元素浓度 c 成正比，即

$$I = ac$$

当考虑到谱线自吸时，有如下关系式：

$$I = ac^b$$

以上两式称为赛伯—罗马金公式。b 随浓度 c 减小而减小，当浓度很小且谱线强度不大，无自吸时，$b=1$，因此，在定量分析中，选择合适的分析线是十分重要的。a 值受试样组成、形态及光源、蒸发、激发等工作条件的影响。将公式取对数，可得

$$\lg I = \lg a + b\lg c$$

$\lg I$ 与 $\lg c$ 的关系曲线如图 5-25 所示。在一定浓度范围内，$\lg I$ 与 $\lg c$ 呈线性关系。当浓度较高时，谱线产生自吸，由于 $b<1$，曲线发生弯曲。因此，只有在一定的条件下，$\lg I$ 与 $\lg c$ 才能呈线性关系，这种测定方法称为绝对强度法。

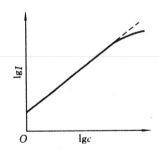

图 5-25 元素浓度与谱线强度的关系曲线

由于 a 值在实验中很难保持为常数，故通常不采用谱线的绝对强度来进行光谱定量分析，而是采用内标法。

第6章 电化学分析技术

电化学分析技术是基于物质在电化学池中的电化学性质及其变化规律进行分析的一种方法，通常以电位、电流、电荷量和电导等电学参数与被测物质的量之间的关系作为计量基础。本章所介绍的包括电位分析技术、极谱分析技术、电解分析技术、化学修饰电极分析技术和扫描隧道电化学分析技术。

电化学分析是分析化学领域中发展迅速、应用日益广泛的学科分支。与其他分析方法相比，电化学分析具有许多显著的特点：

（1）分析速度快，如伏安或极谱分析可一次同时测定多种被分析物。

（2）灵敏度高，可用于痕量甚至超痕量组分的分析，如脉冲极谱、溶出伏安等方法都具有非常高的灵敏度，可测定浓度低至 $10^{-11}\,mol \cdot L^{-1}$、含量为 10^{-9} 量级的组分。

（3）所需试样量少，试样的预处理一般较简单。所使用的仪器简单、经济，且易于实现自动控制。

（4）由于电化学分析测量所得到的值是物质的活度而非浓度，从而在生理、医学上有较广泛的应用。电化学分析法适用于进行微量操作，如微型电极，可直接刺入生物体内，测定细胞内原生质的组成，适用于活体分析和检测。

（5）电化学分析还可用于各种化学平衡常数的测定以及化学反应机理的研究。

6.1 电位分析技术

6.1.1 概述

电位分析技术是通过电池的电流为零的条件下测定电池的电动势或电极电位，从而利用电极电位与浓度的关系测定物质浓度的一种电化学分析方法。

电位分析技术一般使用专用的指示电极，如离子选择性电极，把被测离子的活（浓）度转变为电极电位，利用电极电位与离子活（浓）度间的关系，用能斯特方程直接求出待测离子的活（浓）度。

电位分析法的特点有：

①选择性好。

在多数情况下，共存的离子干扰小，对组成复杂的试样往往不需要分离处理就可直接测定。另外，有专用的离子选择性电极。

②灵敏度高。

直接电位法的检出限一般为 $10^{-8} \sim 10^{-5}\,mol \cdot L^{-1}$，特别适用于常量至微量组分的测定，而电位滴定法则适用于常量分析。

③分析效率高。

设备简单、操作方便,分析快速、测定范围宽,不破坏试液,易于实现分析自动化。

6.1.2 电位差计

电位差计是一种用准确已知的标准电位来平衡未知电位的零点指示仪器。当仪器指零时,便没有电流流过被测量电池。电位差计应用对消法原理,先使线性分压器刻线示值与标准电池值相同,电路与标准电池接通,调节可变电阻,使检流计 G 示零;再将电路与待测电池接通,调节线性分压器,使检流计示零,由线性分压器读出待测电池的电动势值,如图 6-1 所示。

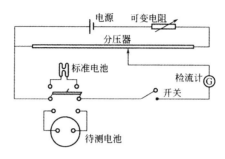

图 6-1　电位差计测量原理

测量的精密度取决于检流计的灵敏度及测量电池的内阻。如对于检流计灵敏度为 10^{-8} A,电池内阻为 $10^4\ \Omega$ 的测量系统,可辨认的最小测量电位为 0.1 mV。

电位差计一般用于内阻小于 10 kΩ 的电池电动势的测量,如由金属基电极构成的原电池系统。它不适用于内阻较大的膜电极,如 pH 电极构成的电池系统。膜电极的内阻一般大于 $10^4\ \Omega$,所以在测量用离子选择性电极构成电池的电动势时,就需要使用具有高输入阻抗的电子伏特计。pH 计是这一类仪器的典型仪器,pH 计的原理如图 6-2 所示。

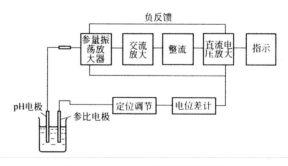

图 6-2　pH 计的原理示意图

高输入阻抗的伏特计一般使用源跟随器,如使用输入阻抗很高的 MOS 场效应管,这类仪器的输入阻抗大于 $10^{11}\ \Omega$。仪器的精度,即读数指示的最小分度值为 ±0.1 mV,量程在 ±1000 mV。

6.1.3 参比电极与指示电极

参比电极是指在一定条件下,其电极电位基本恒定的电极。参比电极应满足可逆性好,且电极电位稳定,重现性好,简单耐用的要求。

1.甘汞电极(SCE)

甘汞电极的结构如图 6-3 所示,底部有少量纯汞,上面覆盖一层 $Hg-Hg_2Cl_2$ 的糊状物,浸在 KCl 溶液中。

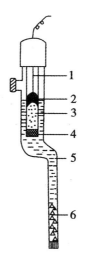

图 6-3 饱和甘汞电极示意图

1—导线;2—Hg;3—Hg_2Cl_2+Hg;4—石棉;5—KCl(aq);6—KCl(s)

电极组成:$Hg|Hg_2Cl_2(s)|HCl(\alpha_{Cl^-})$

电极反应:$Hg_2Cl_2(s)+2e \Longleftrightarrow 2Hg(l)+2Cl^-(a_{Cl^-})$

电极电位:
$$\varphi_{Hg_2Cl_2/Hg}=\varphi^\theta_{Hg_2Cl_2/Hg}-\frac{2.303RT}{F}lg\alpha_{Cl^-} \qquad (6-1)$$

由式 6-1 可知,甘汞电极的电极电位与溶液中 Cl^- 的活度和温度有关有关。甘汞电池构造简单,电位稳定,使用方便,是最常用的参比电极之一,常作为二级标准,代替氢电极来测定其他电极的电位。

2.银-氯化银电极(SSE)

银-氯化银电极的结构如图 6-4 所示,它由 AgCl 沉积在 Ag 电极上,并浸入含有 Cl^- 的溶液中构成的。

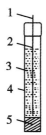

图 6-4 银-氯化银电极示意图

1—银丝;2—银-氯化银;3—饱和 KCl 溶液;4—玻璃管;5—素烧瓷芯

电极组成：$Ag|AgCl(s)|KCl(\alpha_{Cl^-})$

电极反应：$AgCl(s)+e \Longrightarrow Ag(s)+Cl^-(\alpha_{Cl^-})$

电极电位：$\varphi_{AgCl/Ag} = \varphi^\theta_{AgCl/Ag} + \dfrac{2.303RT}{F}\lg a_{Cl^-}$ （6-2）

由式6-2可知，银-氯化银电极的电极电位与溶液中 Cl^- 的活度和温度有关。Ag-AgCl电极构造更为简单，常用作玻璃电极和其他离子选择性电极的内参比电极。此外，Ag-AgCl电极可以制成很小的体积，并可在高于60℃的温度下使用。

指示电极是电极电位随溶液中待测离子的活度的变化而变化的电极。按其组成体系及作用机理的不同，可以分为以下几类：

（1）第一类金属电极

由金属与其离子的溶液组成，可用于测定金属离子的活度。有一个接液相故称为第一类电极。

电极组成：$M(\alpha_M)|M^{n+}(\alpha_{M^{n+}})$

电极反应：$M^{n+}(a_{M^{n+}})+ne \Longrightarrow M(a_M)$

电极电位：$\varphi_{M^{n+}/M} = \varphi^\theta_{M^{n+}/M} + \dfrac{2.303RT}{nF}\lg a_{M^{n+}}$

（2）第二类金属电极

①金属-金属难溶性盐电极。

由表面涂有同一种金属难溶性盐的金属，插入该难溶性盐的阴离子溶液中构成，其电极电位随阴离子浓度变化而变化。常用于测定难溶盐的阴离子的活度。此类电极有两个相界面，称为第二类电极。如 Ag-AgCl 电极：

电极组成　　$Ag|AgCl(s)|KCl(\alpha_{Cl^-})$

电极反应　　$AgCl(s)+e \Longrightarrow Ag(s)+Cl^-(\alpha_{Cl^-})$

由于电极反应是 $AgCl(s)+e \Longrightarrow Ag(\alpha_{Ag^+})+Cl^-(\alpha_{Cl^-})$ 和 $Ag(\alpha_{Ag^+})+e \Longrightarrow Ag(s)$ 两步反应的总和，通过沉淀平衡 $\alpha_{Ag^+} \cdot \alpha_{Cl^-} = K_{sp}$，即可建立 Ag-AgCl 电极标准电极电位与银电极标准电极电位和 AgCl 溶度积之间的关系。

$$\varphi^\theta_{AgCl/Ag} = \varphi^\theta_{Ag^+/Ag} + 0.0592\lg K_{sp,AgCl}$$

②金属-金属难溶氧化物电极。

在金属上涂渍该金属的难溶氧化物制成，可用于指示溶液中 H^+ 的活度。此类电极有两个相界面，称为第二类电极。如：锑电极，是由高纯锑涂一层 Sb_2O_3 制成。其电极反应和电极电位为

$$Sb_2O_3+6H^++6e \Longrightarrow 2Sb+3H_2O$$

$$\varphi = \varphi^\theta_{Sb_2O_3/Sb} + \dfrac{2.303RT}{6F}\lg a^6_{H^+} = \varphi^\theta_{Sb_2O_3/Sb} - \dfrac{2.303RT}{F}pH$$

（3）膜电极

膜电极是具有固体膜或液体膜且能产生膜电位的电极，它能指示溶液中某种离子的活度，测量体系如下：

参比电极 1|溶液 1|膜|溶液 2|参比电极 2

测量时需用两个参比电极，体系的电位差取决于膜的性质和溶液1和溶液2的离子活度，

膜电位的产生不同于上述各类电极,不存在电子的传递与转移过程,而是由于离子在膜与溶液两相界上扩散的结果。各种离子选择电极和测量溶液 pH 的玻璃电极均属于膜电极。

(4)惰性电极

惰性电极由惰性材料(Pt,Au,C)作为电极,插入含有两种不同氧化态电对的溶液中组成。它能指示同时存在于溶液中的氧化态和还原态活度的比值,而本身不参与电极反应,只起传导电子的作用。

6.1.4　离子选择电极与膜电位

1.离子选择电极的分类

根据国际纯粹和应用联合会(IUPAC)推荐,离子选择电极的分类如图 6-5 所示。

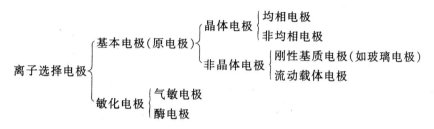

图 6-5　离子选择电极的分类

(1)原电极

原电极是电极膜直接响应被测离子的离子选择电极。它又分为晶体电极和非晶体电极。晶体电极的电极膜是由导电性的电活性物质(如难溶性盐晶体)制成的电极,是目前常用的离子选择电极。根据膜的状态,又可分为均相膜电极和非均相膜电极。电极膜由难溶盐单晶、多晶或混晶化合物均匀混合而制成的电极为均相膜电极。非晶体电极的电极膜由非晶体材料组成,根据膜的物理状态,又可分为刚性基质电极和流动载体电极。

(2)酶电极

酶电极是将生物酶涂布在电极(离子选择电极或其他电流型传感器)的敏感膜上,通过酶催化作用,使待测物质产生能在该电极上响应的离子或化合物,来间接测定该物质,这就是酶电极的工作原理。由于酶的作用具有很高的选择性,所以酶电极的选择性是相当高的。

(3)敏化电极

敏化电极为通过界面反应,将有关物质转换为可供基本电极响应的离子,间接测定有关物质活度(浓度)的离子电极。又可分为气敏电极和酶电极。气敏电极是一种气体传感器,能用于测定溶液中气体的含量。它的作用原理是利用待测气体对某一化学平衡的影响,使平衡中的某特定离子的活度发生变化,再用离子选择电极来反映该特定离子的活度变化,从而求得试液中被测气体的分压(含量)。

2.膜电位

膜电位是膜内扩散电位和膜与电解质溶液形成的内外界面的唐南电位的代数和。

（1）扩散电位

在两种不同离子或离子相同而活度不同的液液界面上,由于离子扩散速率的不同,能形成液接电位,即扩散电位。离子通过界面时,它没有强制性和选择性。扩散电位不仅存在于液液界面,也存在于固体膜内。在离子选择电极的膜中可产生扩散电位。

（2）唐南电位

若有一种带负电荷载体的膜或选择性渗透膜,它能交换阳离子或让被选择的离子通过。例如,当膜与溶液接触时,膜相中可活动的阳离子的活度比溶液中的高,则膜允许阳离子通过,而不让阴离子通过。这是一种具有强制性和选择性的扩散。它造成两相界面电荷分布的不均匀,产生电双层结构,形成了电位差。这种电位称为唐南电位。在离子选择电极中,膜与溶液两相界面上的电位具有唐南电位的性质。

3.常见的离子选择电极

（1）pH 玻璃膜电极

实验室所广泛使用的 pH 玻璃电极,其结构如图 6-6 所示。

pH 玻璃电极的基本结构是由特殊玻璃制成的薄膜球,球内贮以 $0.1\ mol \cdot L^{-1}\ HCl$,作为恒定 pH 值的内参比溶液,并插入镀有 AgCl 的 Ag 丝,构成 Ag/AgCl 内参比电极。

当内外玻璃膜与水溶液接触时,Na_2SiO_3 晶体骨架中的 Na^+ 与水中的 H^+ 发生交换:$G^-Na^+ + H^+ = G^-H^+ + Na^+$

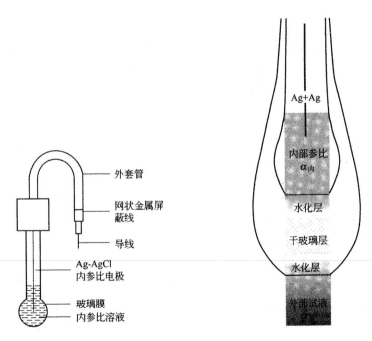

图 6-6　玻璃电极结构示意图　　图 6-7　玻璃电极膜电位示意图

因为平衡常数很大,玻璃膜内外表层中的 Na^+ 的位置几乎全部被 H^+ 所占据,从而形成水化层。

玻璃电极膜电位如图 6-7 所示,由图可知:

$$\text{玻璃膜} = \text{水化层} + \text{干玻璃层} + \text{水化层}$$

$$\text{电极的相} = \text{内参比液相} + \text{内水化层} + \text{干玻璃相} + \text{外水化层} + \text{试液相}。$$

膜电位 $\varphi_M = \varphi_{外}$(外部试液与外水化层之间) $+ \varphi_{玻}$(外水化层与干玻璃之间)

设膜内外表面结构相同 $\varphi_g = \varphi'_g$,即

$$\varphi_M = \varphi_{外} - \varphi_{内}$$

$$\varphi_M = \left(K_1 + 0.059 \lg \frac{\alpha^+_{H,外}}{\alpha^+_{H,表}}\right) - \left(K_2 + 0.059 \lg \frac{\alpha^+_{H,内}}{\alpha^+_{H,表}}\right)$$

$$\varphi_M = K + 0.059 \lg \alpha^+_H = K - 0.059 \text{pH}$$

上式为 pH 电极的膜电位表达式或采用玻璃电极进行 pH 测定的理论依据。式中的 K 项,在一定条件下是个固定值,但无法通过理论计算来求得,所以应用 pH 玻璃电极测定某一体系的 pH 值时,需采用相对比较的方法。pH 测定的电池组成为

$$\text{Ag,AgCl} | \text{pH 溶液(已知浓度)} | \text{玻璃膜} | \text{pH 试液} \| \text{KCl(饱和)} | \text{Hg}_2\text{Cl}_2, \text{Hg}$$

（2）流动载体电极

流动载体电极又叫液体薄膜电极,其敏感膜是液体。它由固定膜(活性物质 + 溶剂 + 微孔支持体)、液体离子交换剂和内参比溶液组成,其电极结构如图 6-8 所示。

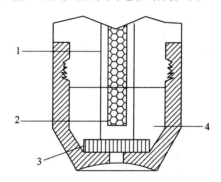

图 6-8　流动载体电极结构

1—内参比溶液;2—内参比电极;3—多孔电极膜;4—离子载体溶液

这种膜的机理为膜内活性物质(液体离子交换剂)与待测离子发生离子交换,但其本身不离开膜。这种离子之间的交换将引起相界面电荷分布不均匀,从而形成膜电位。

几种常见流动载体电极如下:

①K⁺ 离子电极。

它利用大环冠醚化合物作中性载体,K⁺ 离子被螯合在中间。将它们溶解在邻苯二甲酸二戊酯中,再与含有 PVC 的环己酮混合,铺在玻璃上制成薄膜,构成中性载体电极。25 ℃时其电极电位 φ 为

$$\varphi = \text{常数} + 0.059 \lg \alpha_{K^+}$$

②NO₃⁻ 离子电极。

它的电活性物质是带正电荷的载体,如季铵类硝酸盐。将它溶于邻硝基苯十二烷醚中,再与含有 5%PVC 的四氢呋喃溶液以 1∶5 混合,在平板玻璃上制成薄膜,构成电极,25 ℃其电

极电位 φ 为

$$\varphi = 常数 - 0.059\lg\alpha_{NO_3^-}$$

③Ca^{2+} 离子电极。

它的电活性物质是带负电荷的载体,如二癸基磷酸钙。用苯基磷酸二辛酯作溶剂,放入微孔膜中,构成电极,25℃ 时其电极电位 φ 为

$$\varphi = 常数 + \frac{0.059}{2}\lg\alpha_{Ca^{2+}}$$

(3)生物电极

生物电极包括酶电极和生物组织电极等。它是将生物化学与电化学结合而研制的电极。

酶电极是在离子选择性电极的表面覆盖一个涂层,内贮有一种酶,酶是具有特殊生物活性的催化剂,可与待测物反应生成可被电极响应的物质。

如脲在尿素酶的催化下发生的反应

$$NH_2CONH_2 + H_2O \xrightarrow{\text{尿素酶}} 2NH_4^+ + HCO_3^-$$

氨基酸在氨基酸酶的催化下发生的反应

$$RCHNH_2COOH + O_2 + H_2O \xrightarrow{\text{氨基酸氧化酶}} RCOCOO^- + NH_4^+ + H_2O_2$$

上述反应产生的 NH_4^+ 可由铵离子电极测定。

生物组织电极类似于酶电极,由于生物组织中存在某种酶,因此可将一些生物组织紧贴于电极上,构成类似的电极。

4. 离子选择电极的性质

(1)Nernst 响应线性范围

电极电位与响应离子活(浓)度的对数有线性关系,这种线性关系仅存在于一定的浓度范围内,称为 Nernst 响应线性范围。使用时,待测离子的浓度应在电极的 Nernst 范围内,否则将产生较大误差。

(2)选择性

若电极只对特定的一种离子产生 Nernst 响应,则该电极为特定离子的专属电极。实际是这种电极根本没有。通常是电极除对预测离子 A 产生 Nernst 响应外,也对其他共存离子 B、C……(总称干扰离子,用 j 表示)产生响应,从而引起干扰。电极对各种离子的选择性,可用电位选择性系数来表示 $K_{A,j}^{pot}$。其含义为:

$$K_{A,j}^{pot} = \frac{\text{对 } j \text{ 离子的影响}}{\text{对 } A \text{ 离子的影响}} = \frac{a_A}{(a_j)^{n_A/n_j}}$$

其中, a_A 和 a_j 与 n_A 和 n_j 分别代表 A 离子和干扰离子的活度与离子电荷数。$K_{A,j}^{pot}$ 愈小,电极对 A 离子响应的选择性愈高,j 离子的干扰愈小。$K_{A,j}^{pot}$ 值与干扰离子浓度和试验条件有关,其数值可供选用电极作参考,一般不宜作定量校正。

6.1.5　直接电位法

1. 测定溶液 pH

测定溶液的 pH 通常用 pH 玻璃电极作为指示电极(负极),饱和甘汞电极(SCE)作参比

电极（正极），与待测溶液组成工作电池，用精密毫伏计测量电池的电动势（图6-9）。

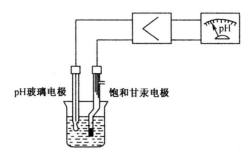

图 6-9　pH 的电位法测定示意图

工作电池可表示为

$$\text{pH 玻璃电极}(-)\mid\text{试液}\parallel\text{饱和甘汞电极}(+)$$

25℃时，工作电池的电动势为

$$E = \varphi_{SCE} - \varphi_{玻} = \varphi_{SCE} - K_{玻} + 0.059\text{pH}$$

由于式中 φ_{SCE}、$\varphi_{玻}$ 在一定条件下是常数，所以上式可表示为

$$E = K' + 0.059\text{pH}$$

电动势 E 可由仪器测出，但 K 总是一个十分复杂的项目，它包括了饱和甘汞电极的电位、参比电极电位、玻璃膜的不对称电位及参比电极与溶液间的液接电位，它们在一定条件下虽有定值却是难以测量和计算的。要是用已知 pH 的标准缓冲溶液为基准，分别测定标准溶液（pH_s）的电动势 E_s 和待测试液（pH_x）的电动势 E_x。

25℃时，E_s 和 E_x 分别为

$$E_s = K'_s + 0.059\text{pH}_s$$
$$E_x = K'_x + 0.059\text{pH}_x$$

在同一测量条件下，采用同一支 pH 玻璃电极和 SCE，则上两式中 $K'_s \approx K'_x$，将两式相减并整理得

$$\text{pH}_x = \text{pH}_s + \frac{E_x - E_s}{0.059}$$

实际测定中，将 pH 玻璃电极和 SCE 插入 pH_s 标准溶液中，通过调节测量仪器的"定位"旋钮使仪器显示出测量温度下的 pH_s 值，就可以消除 K 值（校正仪器的目的），然后将两电极浸入试液中，直接读取溶液 pH。

E_x 和 E_s 的差值与 pH_x 和 pH_s 的差值呈线性关系，在25℃时直线斜率为0.059，直线斜率（$S = \dfrac{2.303RT}{F}$）是温度函数。为保证在不同温度下测量精度符合要求，在测量中要进行温度补偿。用于测量溶液 pH 的仪器设有此功能。另外，E_x 和 E_s 的差值改变0.059 V，溶液的 pH 也相应改变了 1 个 pH 单位。测量 pH 的仪器表头即按此间隔刻出读数。

在实际测量过程中往往因为试液与标准缓冲溶液的 pH 或成分的变化、温度的变化等因素的改变而导致 K' 发生改变。为减小测量误差，测量过程中应尽可能使溶液的温度保持恒定，并且应选用 pH 与待测溶液相接近的标准缓冲溶液。

2.测定溶液的活度或浓度

与直接电位法测定溶液的 pH 相似,直接电位法测定溶液中离子的活度或浓度也是将对待测离子有响应的离子选择性电极和甘汞电极或其他电极浸入待测溶液中组成工作电池,用仪器测出其电动势,从而求出溶液中待测离子的活度或浓度。如图 6-10 所示为离子活度的电位测定装置。

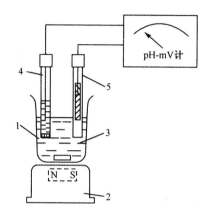

图 6-10 离子活度的电位测定装置

1－容器;2－电磁搅拌器;3－待测离子试液;4－指示电极;5－参比电极

例如,用氟离子选择性电极测定氟离子的活度时,其工作电池为

（－）甘汞电极‖试液‖氟离子选择性电极（＋）

则 25℃时,电池电动势与 a_{F^-} 或 pF 的关系为

$$E = K - 0.059 \lg a_{F^-}$$

或

$$E = K + 0.059 pF$$

用各种离子选择性电极测定与其响应的相应离子活度时,可用下列通式表示：

$$E = K \pm \frac{2.303RT}{nF} \lg \alpha$$

K 的数值取决于离子选择性电极的薄膜、内外参比电极的电位、参比溶液与待测溶液间的液接电位,在一定条件下需要采用两次测量法进行测定。即离子浓度的电位测定装置组装好后,先以一种已知离子活度的标准溶液为基准对仪器进行校正,再在此装置中测定待测溶液的 pX,但目前能提供的离子选择性电极校正用的标准活度溶液,除用于校正 Cl^-、Na^+、Ca^{2+}、F^- 电极用的标准参比溶液 NaCl、KF、$CaCl_2$ 以外,其他离子活度标准溶液尚无标准。通常在要求不高并保证离子活度系数不变的情况下,用浓度代替活度进行测定。

3.测定离子活度或浓度方式

(1)直读法

直读法是能够在离子计上直接读出待测离子活度或浓度的方法。直读法也称为标准比较法,可分为单标准比较法和双标准比较法。

①单标准比较法。

单标准比较法是先选择一个与待测离子活度相近的标准溶液,在相同的测试条件下,用同一对电极分别测定标准溶液和待测试液电池的电动势。在标准溶液及待测试液中分别加入等量的总离子强度调节剂,先用标准溶液校正电极和仪器,通过调节定位旋钮,使仪器的读数与标准溶液的浓度一致,随即用校正后的电极测定待测试液,即可从仪器上直接读出被测离子的浓度。

②双标准比较法。

双标准比较法是通过测量两个标准溶液和试液的相应电池的电动势来测定试液中待测离子的活度。由两个标准溶液中的待测离子活度和测量的相应两个电动势,可以确定电极的响应斜率。双标准比较法电极的响应斜率是通过实验测得的,所以更接近真实值。因此,双标准比较法的准确度比单标准比较法高。

(2)标准曲线法

先配制一系列已知浓度的标准溶液,依次加入相同量的 TISAB,然后将离子选择性电极、参比电极与每一种浓度的标准溶液组成工作电池,在同一条件下,测出各溶液的电动势。以所测得的电动势 E 为纵坐标,以浓度 c(或其负对数)为横坐标,绘出 $E-(-\lg c_i)$ 的关系曲线。如图 6-11 是 F^- 的标准曲线。

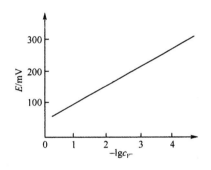

图 6-11　F^- 的标准曲线

在待测溶液中加入与标准溶液同样量的 TISAB 溶液并在同一条件下测定其电池电动势 E_x,再从所绘制的标准曲线上查出 E_x 所对应的 $-\lg c_x$,算出 c_x。这样做出的曲线显然是有误差的,因为所配制的标准溶液并非活度标准溶液。因此,当溶液的浓度大于 10^{-3} mol·L^{-1} 时,应根据公式 $\alpha=\gamma c$ 把浓度换算为活度;当溶液的浓度小于 10^{-3} mol·L^{-1} 时,活度系数接近于 1,可不必换算。

由于 K 值容易受温度、搅拌速度及液接电位的影响,标准曲线不是很稳定,容易发生平移,因此在实际工作中,每次使用标准曲线前都必须选定 1~2 种标准溶液测出 E 值,确定曲线平移的位置,再供分析试液使用。若试剂等更换,应重新做标准曲线。采用标准曲线法进行测量时,实验条件必须保持恒定,否则将影响其线性。

标准曲线法主要适用于大批同样试样的测定,对于要求不高的少量试样,可用两次测量法进行测定。

(3)标准加入法

如果试样组成复杂,或溶液中存在络合剂时,若要测定金属离子总浓度,则可采用标准加入法,即将标准溶液加入到样品溶液中进行测定。标准加入法的操作过程及基本原理如下所述。

用选定的参比电极和离子选择性电极,先测定体积为 V_x、浓度为 c_x 的待测试液的电池电动势 E_1;然后向试液中加入浓度为 c_s、体积为 V_s 的待测离子标准溶液,再测其电动势 E_2。则

$$E_1 = K' \pm \frac{0.059}{n} \lg(X_1 \gamma_1 c_x)$$

$$E_2 = K' \pm \frac{0.059}{n} \lg(X_2 \gamma_2 c_x + X_2 \gamma_2 \Delta c)$$

式中,X_1 和 γ_1 分别为试液中待测游离离子的分数和活度系数;X_2 和 γ_2 分别为加入标准溶液后试液中待测游离离子的分数和活度系数;Δc 是加入标准溶液后试液浓度的增加量。

$$\Delta c = \frac{V_s c_s}{V_x + V_s}$$

由于 $V_s \ll V_x$,所以 $\gamma_1 \approx \gamma_2$,$X_1 \approx X_2$,则

$$\Delta E = E_2 - E_1 = \pm \frac{0.059}{n} \lg \frac{X_2 \gamma_2 c_x + X_2 \gamma_2 \Delta c}{X_1 \gamma_1 c_x} = \pm S \lg\left(1 + \frac{\Delta c}{c_x}\right)$$

整理可得

$$c_x = \Delta c (10^{\frac{\Delta E}{\pm S}} - 1)^{-1}$$

式中,S 为电极的响应斜率,待测离子为阳离子时,S 前取正号;阴离子时则取负号。

实验表明,Δc 的最佳范围为 $c_x \sim 4c_x$;一般 V_x 为 100 ml,V_s 为 1 ml,最多不超过 10 ml。标准加入法的优点是仅需一种标准溶液,操作简便快速,适用于组成复杂样品的分析,不足之处是精密度比标准曲线法低。

(4)多次标准加入法

加几次标准溶液,就会测得几个 E,即 E 随 V_s 而变。

$$E = K + S \lg \gamma \frac{V_s c_s + V_x c_x}{V_x + V_s}$$

变换可得

$$10^{\frac{E}{S}}(V_x + V_s) = 10^{\frac{K}{S}} \gamma (V_s c_s + V_x c_x)$$

由于 γ,K 和 S 为常数,所以 $10^{\frac{K}{S}} \gamma$ 可视为一常数 K'

$$(V_x + V_s) 10^{\frac{E}{S}} = K'(V_s c_s + V_x c_x)$$

以 $(V_x + V_s) 10^{\frac{E}{S}}$ 对 V_s 作图,如图 6-12 所示。

当 $(V_x + V_s) 10^{\frac{E}{S}} = 0$ 时,由于 K 不可能为 0,则有 $V_s c_s + V_x c_x = 0$,于是可得

$$c_x = -\frac{c_s V_s}{V_x}$$

V_s 很容易由根据试验数据制作的此图求得,c_x 和 V_x 是已知的,根据此式,试液中待测物的未知浓度 c_s 可以求出。

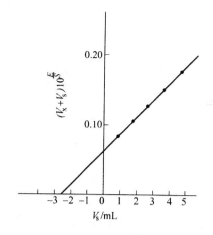

图 6-12　$(V_x + V_s)10^{\frac{E}{S}}$ 与 V_s 的关系

6.2　极谱分析技术

6.2.1　概述

极谱分析技术是一种特殊的电解方法,它以小面积的工作电极与参比电极组成电解池,电解被测物质的稀溶液,根据所得的电流—电位曲线来进行分析。这种根据电流—电位曲线进行分析的方法可以分为两类:

一类是用液态电极作为工作电极,如滴汞电极,且其电极表面做周期性的连续更新,称为极谱法;

另一类是用表面积固定的液态电极或固态电极作工作电极,如悬汞滴、石墨、铂、金电极等,称为伏安法。

极谱分析技术的应用相当广泛,凡能在电极上被还原或被氧化的无机和有机物质,一般都可以用极谱法测定。在理论研究方面,极谱法常用于研究化学反应机理、电极过程动力学、生命过程,以及测定配合物组成和化学平衡常数等。

6.2.2　极谱分析技术原理

极谱法的基本装置如图 6-13 所示。电解池内的阴极是滴汞电极(DME),它由贮汞瓶、塑料管和内径 0.05 mm 左右的毛细管组成。贮汞瓶中的汞通过塑料管进入毛细管,然后由毛细管一滴滴地、有规则地滴入电解池的溶液中。它的表面积很小,约为 10^{-2} cm^2 数量级。池内的阳极通常是饱和甘汞电极(SCE),电极的表面积较大,为 $2\sim4$ cm^2。E 为外电源,AD 为一滑线电阻,加在电解池两极上的电压可通过移动接触点 C 来调节,并由伏特计 V 读出。G 为灵敏检流计,用以测量电解过程中线路上通过的微弱电流。

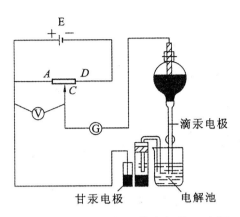

图 6-13　双电系统极谱分析仪示意图

现以测定含 $0.1\ mol \cdot L^{-1}$ KCl 和少量动物胶的 $5 \times 10^{-4}\ mol \cdot L^{-1}$ 的 $CdCl_2$ 溶液为例来说明极谱分析法的过程。以 $3 \sim 4\ s \cdot d^{-1}$ 的滴加速度滴加汞液,移动接触点 C,使两电极上的电压自零逐渐增加。在外加电压未达到 Cd^{2+} 的分解电压时,滴汞电极电位较 Cd^{2+} 的析出电位为正,电极表面没有 Cd^{2+} 还原,此时应该没有电流,但实际上仍有微小的电流通过电流表,该电流称为残余电流,即图 6-14 中的 AB 段。它包括溶液中的微量可还原杂质和未除净的微量氧在滴汞电极上还原产生的电解电流以及滴汞电极充放电引起的电容电流。

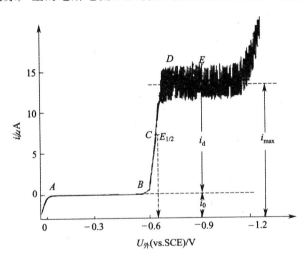

图 6-14　Cd^{2+} 的极谱波(图中的 U 即为 φ)

当外电压增加到 Cd^{2+} 的分解电压时,滴汞电极电位变负到 Cd^{2+} 的析出电位,Cd^{2+} 开始在滴汞电极上还原成金属镉并与汞结合生成镉汞齐:

$$Cd^{2+} + 2e^- + Hg \Longrightarrow Cd(Hg)$$

此时,电解池中开始有 Cd^{2+} 的电解电流通过,即图 6-14 中的 B 点。此后,电压的微小增加就会引起电流的迅速增加,即图中的 BD 段。当外加电压增加到一定数值时,由于发生浓差极化而使电流不再随外加电压的增加而增加,即图中的 DE 段,此时的电流称为极限电流。由极限电流减去残余电流后的电流称为扩散电流(i_d),这是由于滴汞面积较小,反应开始后,电极表面的 Cd^{2+} 浓度会迅速降低,溶液本体中的 Cd^{2+} 开始向电极表面扩散,在电极上发生反应而产生的电流。

在极谱分析中,外加电压 V 与滴汞电极电位 φ_{de} 的关系为

$$V = \varphi_{SCE} - \varphi_{de} + iR$$

式中:i 为通过电解池的电流;R 为电解线路中的总电阻。

由于通过电解池的电流很小,电解液中因加入了大量支持电解质,故线路中 R 值也很小,所以 iR 项可忽略不计。因此

$$V = \varphi_{SCE} - \varphi_{de}$$

当滴汞电极的电极电位以饱和甘汞电极(其电极电位实际为恒定值)为基准计算时,则:

$$V = -\varphi_{de}$$

滴汞电极的电极电位受外加电压控制,外加电压越大,滴汞电极的电位为负数,其绝对值越大。这样,便可通过调节外加电压来控制滴汞电极的电位,从而使各种离子可以在各自所需电极电位处析出。离子的 $i-\varphi_{de}$ 曲线称为该离子的极谱波。因为 $V = -\varphi_{de}$,故同一离子的极谱波和其电流-电压曲线实际上是相同的。

6.2.3 极谱定量分析

1. 扩散电流方程

扩散电流 i_d 是极谱分析法定量的基础,扩散电流与其影响因素之间的关系式:

$$i_d = 607nD^{1/2}m^{2/3}t^{1/6}c$$

式中,i_d 为扩散电流,μA;n 为电极反应中转移的电子数;D 为被检测物质在溶液中的扩散系数,$cm^2 \cdot s^{-1}$;m 为滴汞的流速,$mg \cdot s^{-1}$;t 为滴汞周期,s;c 为被检测出物质的浓度,$mmol \cdot L^{-1}$。

该式又叫尤考维奇公式,定量的阐述了扩散电流与浓度的关系。

在一定条件下,n、D、m、t 均为常数,于是可将这些常数合并为一个常数 K($K = 607nD^{1/2}m^{2/3}t^{1/6}$,称为尤考维奇常数)。则扩散电流可表示为

$$i_d = Kc$$

2. 影响极限扩散电流的因素

从尤考维奇公式可知,在极谱分析过程中只有保持 K 所包含的各项为一定值,才能确保极限扩散电流与被测物质的浓度成正比。而 K 值是由 n、D、m、t 等各种因素决定的。

(1)温度的影响

除 n 外,温度影响公式中的各项,尤其是扩散系数 D。室温下,温度每增加 1 ℃,扩散电流增加约 1.3%。故控温精度必须控制在 ± 0.5 ℃范围之内。

(2)溶液组分的影响

组分不同,溶液黏度不同,因而扩散系数 D 不同。分析时应使标准液与待测液组分基本一致。

(3)毛细管特性的影响

通常将 $m^{2/3}t^{1/6}$ 称为毛细管特性常数。汞滴流速 m、滴汞周期 t 是毛细管的特性,将影响

平均扩散电流大小。

设汞柱高度为 h，k，k'，k'' 为比例系数，因 $m = k'h$，$t = k''h$，则毛细管特性常数 $m^{2/3}t^{1/6} = kh^{1/2}$，即 i_d 与 $h^{1/2}$ 成正比。因此，实验中汞柱高度必须保持一致。该条件常用于验证极谱波是否为扩散波。

3. 干扰电流及消除

极谱分析中的干扰电流包括迁移电流、残余电流、氧电流和极谱极大等。这些干扰电流与扩散电流的本质区别是，它们与被测物质浓度之间无定量关系，因此它们的存在严重干扰极谱分析，必须设法除去。

迁移电流来源于电解池的正极和负极对被测离子的静电引力或排斥力。在受扩散速度控制的电解过程中，产生浓差的同时必然产生电位差，使被测离子向电极迁移，并在电极上还原而产生电流，因此观察到的电解电流为扩散电流与迁移电流之和，而迁移电流与被测物质无定量关系，必须消除，一般向电解池加入大量电解质，由于负极对溶液中所有正离子都有静电引力，所以用于被测离子的静电引力就大大地减弱了，从而使由静电引力引起的迁移电流趋近于零，达到消除迁移电流的目的，所加入的电解质称为支持电解质，只起导电作用，不参加电极反应，因此也称为惰性电解质，如 KCl、NH_4Cl 等。

残余电流的产生有两个方面的原因：

①溶液中存在可还原的微量杂质，如 O_2、Cu^{2+}、Fe^{3+} 等，它们在没有达到被测物质的分解电压以前就在滴汞电极上还原，并产生小的电解电流。

②汞滴不断地生成和下落，汞滴表面与溶液间存在的双电层不断充电而产生的充电电流，其数值一般在 10^{-7} 数量级，相当于 10^{-5} $mol \cdot L^{-1}$ 物质的还原电流。前者可以借助纯化去离子水和试剂的办法来消除，后者由于不是电极反应的结果，难以消除，一般采用作图法消除。

在试液中溶解的少量氧也很容易在滴汞电极上还原，并产生两个极谱波，由于它们的波形很倾斜，延伸很长，占据了 $-1.2 \sim 0$ V 极谱分析最有用的电位区间，重叠在被测物质的极谱波上，干扰很大，称其为氧电流或氧波。消除氧电流的方法有通入难被氧化的气体（如 N_2），驱除溶解氧，或在中性和碱性溶液中加入亚硫酸钠还原氧，或在酸性溶液中加入还原性铁粉与酸作用生成氢来驱除氧。

当电解开始时，电流随电压增加而迅速地上升到一个很大的值，随后才降到扩散电流区域，这种比扩散电流大得多的不正常电流峰，称为极谱极大，峰高与被测物质之间无简单关系，影响扩散电流和半波电位的测量，应加以消除，通常是通过在被测溶液中加入少量的表面活性物质来抑制极谱极大，例如动物胶、聚乙烯醇、阿拉伯胶等，这些物质也称为极大抑制剂，但极大抑制剂也会降低扩散电流，用量不宜过多，并且每次用量要相等。

实际工作中，还存在波的叠加、前放电物质、氢放电的影响等干扰因素，都应设法消除，为了消除这些干扰因素所加入的试剂，以及为了改善波形、控制酸度所加入的其他一些辅助试剂的溶液，称为极谱分析的底液。

4. 定量分析

由于电流（i_d）与记录的波高（h）成正比，即 $i_d = k'h$，且波高很直观，很容易测量，所以

常常利用 $h = kc$ 来进行定量分析。

（1）标准曲线法

首先配制一系列不同浓度的标准溶液,然后在一定条件下测其波高 h。以所得波高为纵坐标,以浓度为横坐标作图,得一直线,即标准曲线。分析未知样时,可在同样条件下测其波高,再从标准曲线上找出与其对应的浓度。此法的特点是简单、方便,适用于大批样品的分析。

（2）标准加入法

首先测定体积为 V_x 的未知液的极谱波高 h,然后加入一定体积（V_s）的待测物质的标准溶液,其浓度为 c_s,在同一条件下再测其极谱波高 H。根据扩散电流方程式得

$$h = kc_x$$

$$k = \frac{h}{c_x}$$

$$H = kc = k\frac{c_x V_x + c_s V_s}{V_x + V_s} = \frac{h(c_x V_x + c_s V_s)}{c_x(V_x + V_s)}$$

由上式可得未知溶液的浓度

$$c_x = \frac{hc_s V_s}{H(V_x + V_s) - V_x h}$$

标准加入法的优点是适合基体复杂体系,准确度高,只需配一个标准溶液。但分析一个样品需加标一次,即一个样品要分析两次。另外,采用标准加入法时要求校正曲线必须通过原点。

（3）波高的测量

波高的测量一般采用三切线法,如图 6-15。在极谱波上通过残余电流、扩散电流和极限电流分别作 AB、EF、CD 三条切线,EF 与 AB 相交于 O 点,与 CD 相交于 P 点,通过 O、P 点作横轴平行线,两平行线间距 h 即为波高。

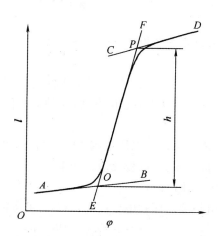

图 6-15　三切法测波高

6.2.4　现代极谱分析技术

1.直流极谱法

极谱分析法是一种在特殊条件下进行电解的分析方法,它是以滴汞电极作工作电极电解被分析物质的稀溶液,根据电流－电压曲线进行分析的方法。若以固态电极作工作电极,则称为伏安法。近年来,在普通极谱的基础上,出现了单扫描极谱、交流极谱、方波极谱、脉冲极谱、溶出伏安法和极谱催化波等新型快速灵敏的现代极谱新技术,它已成为一种常用的分析方法和研究手段。

直流极谱法具有灵敏度较高、分析速度快、重现性好和应用范围广等优点。

（1）极谱波的形成

由极谱分析装置测定的曲线称为极谱波,如图 6-16 所示。

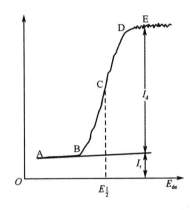

图 6-16　极谱波

以电解氯化铅的稀溶液为例来说明极谱波的形成过程。

①残余电流部分（AB 段）。

当外加电压尚未达到 Pb^{2+} 的分解电压时,滴汞电极的电位较 Pb^{2+} 的析出电位正,电极上没有 Pb^{2+} 被还原,此时,只有微小的电流通过电解池,这种电流称为残余电流（I_r）。

②电流上升部分（BD 段）。

当外加电压继续增加,使滴汞电极的电位达到 Pb^{2+} 的析出电位时,Pb^{2+} 开始在滴汞电极上还原析出金属铅,并与汞生成铅汞齐,电极反应式如下:

阴极:$Pb^{2+} + 2e^- + Hg \Longrightarrow Pb(Hg)$

此时便有电解电流通过电解池。滴汞电极的电位（E_{de}）可由能斯特公式表示:

$$E_{de} - E^{\theta} + \frac{0.059}{2} \lg \frac{[Pb^{2+}]_0}{[Pb(Hg)]_0}$$

式中,$[Pb^{2+}]_0$ 及 $[Pb(Hg)]_0$ 为铅离子及铅汞齐在电极表面的浓度,E^{θ} 表示汞齐电极的标准电极电位。

当外加电压继续增加时,滴汞电极的电位较 Pb^{2+} 的析出电位更负,$\dfrac{[Pb^{2+}]_0}{[Pb(Hg)]_0}$ 的比值将变小,滴汞电极表面的 Pb^{2+} 在电极上迅速还原,电流也急剧上升,即图 6-16 的 BD 段。由于 Pb^{2+} 在电极上的还原,使得滴汞电极表面的 Pb^{2+} 浓度小于主体溶液中 pb^{2+} 的浓度,产生了浓度差,于是 Pb^{2+} 就要从浓度较高的主体溶液向浓度较低的电极表面扩散,扩散到电极表面的 Pb^{2+} 立即在电极表面还原,产生持续不断的电解电流,这种由于扩散引起电极反应产生的电流称为扩散电流(I)。由于 Pb^{2+} 在电极上的还原,在电极表面附近存在离子浓度变化的液层,该液层称为扩散层,扩散层厚度约为 0.05 mm。在扩散层内,Pb^{2+} 浓度从外向内逐渐减小;在扩散层外,Pb^{2+} 的浓度等于主体溶液中的浓度。

由于电极反应速率很快,而扩散速率较慢,溶液又处于静止状态,所以扩散电流的大小决定于扩散速率,而扩散速率又与扩散层中的浓度梯度成正比。因此扩散电流 I 的大小与浓度梯度成正比。即

$$I \propto \frac{[Pb^{2+}] - [Pb^{2+}]_0}{\delta}$$

或

$$I = K[Pb^{2+}] - [Pb^{2+}]_0$$

式中,K 为比例常数。

③极限扩散电流部分(DE 段)。

继续增加外加电压,使滴汞电极电位负到一定数值后,由于滴汞表面 Pb^{2+} 的迅速还原,$[Pb^{2+}]_0$ 趋于零,此时溶液主体浓度和电极表面之间的浓度差达到极限情况,即达到完全浓差极化。此时电流不再随外加电压的增加而增加,曲线呈一平台,此时产生的扩散电流称为极限扩散电流(I_d)。在这种情况下,有

$$I_d = K[Pb^{2+}]$$

由此可看出,极限扩散电流正比于溶液中的待测物质的浓度,这是极谱定量分析的基础。

极谱图上的另一重要参数是半波电位($E_{\frac{1}{2}}$),即扩散电流为极限扩散电流一半时的滴汞电极的电位。当溶液的组分和温度一定时,各种物质的半波电位是一定的,它不随物质的浓度变化而改变。因此,半波电位可作为定性分析的依据。

(2)极谱过程的特殊性

极谱过程是一特殊的电解过程,主要表现在电极和电解条件的特殊性。在极谱分析中,外加电压与两个电极的电位有如下关系:

$$U = E_a - E_{de} + IR$$

式中:E_a 为大面积的饱和甘汞电极的电位(阳极);E_{de} 为小面积的滴汞电极的电位;R 为回路中的电阻;I 为电解电流;U 为外加电压。

由于电流很小,所以 IR 可忽略不计,则滴汞电极相对于饱和甘汞电极的电极电位为

$$E_{de} = -U$$

滴汞电极的电位完全随外加电压的变化而变化,是一个极化电极。这样,可通过外加电压控制滴汞电极的电位,使半波电位不同的金属离子产生不同的极谱波,可以在同一电解质溶液里测定一种以上的离子。在极谱分析中,一个电极是极化电极,另一个电极是去极化电极;而在电位分析中,两个电极都是去极化电极。

电解条件的特殊性表现在被分析物质的浓度一般较小,若组分浓度过高,则会因为电流过

大而使汞滴无法正常滴落。另外,电解过程中,被测离子达到电极表面发生电解反应,主要靠电迁移、对流和扩散来传质,相应产生迁移电流、对流电流和扩散电流,三种电流中仅有扩散电流与被测离子的浓度有定量关系。因此,必须消除迁移电流和对流电流。消除迁移电流的方法是在被测试液中加入支持电解质,而保持溶液的静止则可消除对流电流。

（3）滴汞电极

滴汞电极的特点主要有:

①汞为液态金属,具有均匀的表面性质。

②由于汞滴不断滴下,电极表面不断更新,可以减少或避免杂质粒子的吸附污染,且前一次电极反应的产物不会影响后一次金属的析出,具有良好的再现性。

③氢在汞电极上的过电位比较高,滴汞电极电位负到 1.20 V 相对于饱和甘汞电极还不会有氢析出,这样就可以在酸性溶液中对很多物质进行极谱测定。

④汞能与许多金属生成汞齐,使其在滴汞电极上的析出电位变正,因而在碱性溶液中,极谱分析法可测定碱金属、碱土金属离子。

但是,汞蒸气有毒,实验室要注意通风。滴汞电极所用毛细管易堵塞,制备较麻烦。另外,当用滴汞电极作阳极时,电位一般不能超过 +0.40 V,否则汞将被氧化。

（4）极谱定量分析法

在极谱图上,扩散电流 I_d 由波高来表示,而不必测量扩散电流的绝对值。测定波高的方法有很多种,但最常用的是三切线法,它适用于各种极谱图形的测量。测量方法如下:先通过残余电流、极限电流和扩散电流的锯齿形振荡中心分别做出它们的切线 AB、CD 和 EF,使它们相交于 G 和 P 点,再通过。和 P 点分别做平行于横坐标的平行线,平行线间的距离 h 即为波高,如图 6-17 所示。

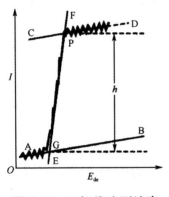

图 6-17　三切线法测波高

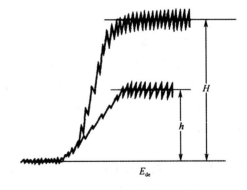

图 6-18　标准加入法

极谱定量的方法通常有标准曲线法和标准加入法。

①标准曲线法。

标准曲线法是先配制一系列浓度不同的标准溶液,在相同的实验条件下分别测定各溶液的波高（或扩散电流）,绘制波高—浓度曲线,然后在同样的实验条件下测定试样溶液的波高,从标准曲线上查出相应的浓度。此法适用于大批量同一类的试样分析,但实验条件必须保持一致。

②标准加入法。

标准加入法是指取浓度为 c_x 体积为 V_x 的试样溶液,做出极谱图,测得波高为 h ;然后加入浓度为 c_s 体积为 V_s 的标准溶液,在相同的条件下做出极谱图,如图 6-18 所示,测得波高为 H。由于极谱图上的扩散电流 I_d 可由波高 h 来代表,根据扩散电流方程式得

$$h = Kc_x$$

$$H = K\left(\frac{c_xV_x + c_sV_s}{V_x + V_s}\right)$$

由此可得

$$c_x = \frac{hc_sV_s}{H(V_x + V) - hV_x}$$

由于加入的标准溶液体积很小,避免了底液不同所引起的误差,因此标准加入法的准确度较高。但是当标准溶液加入得太少时,波高增加的值很小,测量误差就变大;当加入的量太大时,就引起底液组成的变化。因此,在使用这一方法时,加入的标准溶液要适量。另外,只有波高与浓度成正比关系时才能使用标准加入法。

2.溶出伏安法

溶出伏安分析是将控制电位电解富集与伏安分析相结合的一种新的伏安分析技术。如图 6-19 所示,可以将溶出伏安分析分成两个过程,即首先是被测物质在适当电压下恒电位电解,在搅拌下使试样中痕量物质还原后沉积在阴极上,称为富集过程,如曲线所示。第二个过程是静止一段时间后,再在两电极上施加反向扫描电压,使沉积在阴极上的金属离子氧化溶解,形成较大的峰电流,这个过程称为溶出过程,如曲线所示。峰电流与被测物质浓度成正比,且信号呈峰形,便于测量。

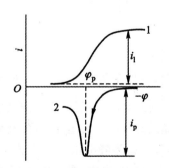

图 6-19　溶出伏安法分析过程

若试样为多种金属离子共存时,按分解电压大小依次沉积,溶出时,先沉积的后析出,故可不经分离同时测量多种金属离子,如图 6-20 所示。根据溶出时工作电极上发生的是氧化反应还是还原反应,可将溶出伏安分析分为阳极溶出伏安分析或阴极溶出伏安分析。溶出伏安分析多用于金属离子的定量分析,溶出过程为沉积的金属发生氧化反应又生成金属阳离子,则称为阳极溶出伏安分析。

溶出伏安分析的灵敏度非常高,被广泛应用于超纯物质分析及化学、化工、食品卫生、金属腐蚀、环境检测、超纯材料、生物等各个领域中的微量元素分析。

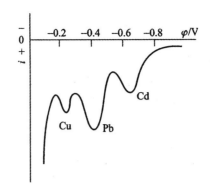

图 6-20　多金属离子的阳极溶出伏安法

3.单扫描波谱分析法

单扫描示波极谱分析法是根据经典极谱原理而建立起来的一种快速极谱分析方法。单扫描示波极谱则在单个汞滴的形成后期进行快速扫描,在每个汞滴上生成一次极谱曲线,并使用示波器来快速显示。单扫描示波极谱的工作原理如图 6-21 所示,其扫描电压是在直流可调电压上叠加周期性的锯齿形扫描电压,在示波器的 z 轴坐标显示的是扫描电压,y 轴坐标显示扩散电流,荧光屏显示的将是一条完整的 $i-\varphi$ 曲线,如图 6-22 所示。

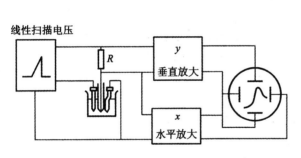

图 6-21　单扫描示波极谱法原理示意图

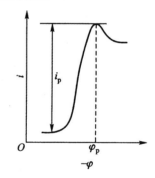

图 6-22　单扫描示波极谱法

快速扫描时,汞滴附近的待测物质瞬间被还原,产生较大的电流,随着电压继续增加,扩散层厚度增加,电极表面物质浓度降低而又使电流迅速下降,达到扩散平衡后,电流稳定,此时完全受扩散控制。图中的 i_p 为峰电流,φ_p 为峰电位。单扫描极谱装置中使用了三电极系统,即在滴汞电极和参比电极外,另加了一支 Pt 电极,极谱电流在滴汞电极和辅助电极间流过。参比电极与工作电极组成了电位监控体系,可使其间没有明显的电流通过,以确保滴汞电极的电位完全受外加电压控制,而参比电极保持恒定。

4.控制电流极谱法

控制电流极谱法包括交流示波极谱法和计时电位法等,在交流示波极谱法中送进电解池的是恒振幅的周期性改变强度的交流电流,计时电位法中送进电解池的是强度一定的直流电流。

（1）交流示波极谱法

在交流示波极谱中,通入电解池的是恒振幅的正弦交流电流,并用示波器记录电极电位的变化。它有 $\varphi-t$，$\dfrac{\mathrm{d}\varphi}{\mathrm{d}t}-t$，$\dfrac{\mathrm{d}\varphi}{\mathrm{d}t}-\varphi$ 三种曲线，其中 $\dfrac{\mathrm{d}\varphi}{\mathrm{d}t}-\varphi$ 曲线最有用。获得该曲线的装置如图 6-23 所示。当溶液中存在去极剂时，$\dfrac{\mathrm{d}\varphi}{\mathrm{d}t}-\varphi$ 曲线上出现切口。去极剂离子在电极上还原，则在阴极支上产生切口；还原产物在电极上重新氧化，则在阳极支上产生切口，如图 6-24 所示。切口尖端所对应的电位为半波电位。切口深度与去极剂浓度的关系为

$$h = ae^{-bc}$$

式中：a，b 为常数；c 为去极剂浓度. 浓度越大，切口越深，则 h 越小。

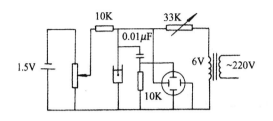

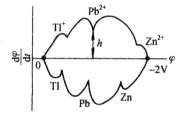

图 6-23 $\dfrac{\mathrm{d}\varphi}{\mathrm{d}t}-\varphi$ 曲线的测量电路图 　　**图 6-24** Tl^+，pb^{2+}，Zn^{2+} 的 $\dfrac{\mathrm{d}\varphi}{\mathrm{d}t}-\varphi$ 曲线

（2）计时电位法

以强度一定的恒电流通过含有去极剂的静止溶液，测量电解过程中电极电位随时间变化的 $\varphi-t$ 曲线的方法称为计时电位法，装置如图 6-25 所示。电解池的两个工作电极 e_1 和 e_2 与恒电流电源连接，工作电极 e_1 和参比电极 e_3 与示波器或电位计相连。以强度一定的恒电流 i 通过电解池，记录 e_1 的电位变化及电解所需要的时间，测得 $\varphi-t$ 曲线。电解在含有过量的支持电解质和溶液静止的条件下进行，去极剂通过扩散向电极表面运动。图 6-26 为 Cd^{2+} 在汞电极上还原为镉汞齐的 $\varphi-t$ 曲线，其可逆电极反应为

$$\mathrm{Cd}^{2+} + 2e + \mathrm{Hg} \rightleftharpoons \mathrm{Cd(Hg)}$$

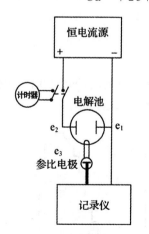

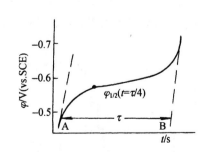

图 6-25 计时电位法装置 　　**图 6-26** Cd^{2+} 的 $\varphi-t$ 曲线

则

$$\varphi = \varphi^{\circ\prime} - \frac{0.059}{2}\lg\frac{[\mathrm{Cd}^{2+}]}{[\mathrm{Cd(Hg)}]}$$

电解过程中,电极电位决定于电极表面的 $\dfrac{[Cd^{2+}]}{[Cd(Hg)]}$ 比率。由于电极反应,电极表面 Cd^{2+} 的浓度逐渐减小,汞齐中镉的浓度不断增大,所以汞电极的电位逐渐变负。当电极表面达到高度浓差极化时,电极表面的 Cd^{2+} 耗尽,电位很快向负的方向移动,直至另一物质在电极上还原,电位的变化速率又减慢。图 6-26 中 AB 间隔所代表的时间称为过渡时间。过渡时间 τ 为

$$\tau^{\frac{1}{2}} = \frac{zAFD^{\frac{1}{2}}\pi^{\frac{1}{2}}}{2i}c = \frac{zFD^{\frac{1}{2}}\pi^{\frac{1}{2}}}{2i_0}c$$

式中,i 为所加恒电流的强度;A 为电极面积;$i_0 = \dfrac{i}{A}$ 为电流密度。

对可逆电极过程,$\varphi - t$ 曲线应遵守下式:

$$\varphi = \varphi_{\frac{1}{2}} + \frac{0.059}{2}\lg\frac{\tau^{\frac{1}{2}} - t^{\frac{1}{2}}}{t^{\frac{1}{2}}}$$

$\varphi_{\frac{1}{2}}$ 是极谱波的半波电位,相当于 $t = \dfrac{\tau}{4}$ 时的电位。$t = \tau$ 时,电极表面去极剂的浓度等于零,不能再维持恒定的电流密度。所以,电极电位负移,直至另一电极反应开始。

在恒电位下将被测物质预先电解富集在汞电极上形成汞齐,然后再氧化而溶出。若溶出是在恒电流条件下,使电积物又重新氧化,并记录电极电位－时间曲线,这种方法称为计时电位溶出法。若溶出是利用溶液中的氧化剂如 Hg^{2+} 或溶解的 O_2 来氧化电极上的电积物,记录电极电位－时间曲线,这种方法称为电位溶出法。计时电位溶出法和电位溶出法使用的仪器设备简便,并具有溶出伏安法的选择性和灵敏度。

5.脉冲极谱法

每一汞滴后期的某一时刻,在线性变化的直流电压上叠加一个方波电压,振幅 ΔE 为 $2\sim100\ mV$,并在方波电压半周期的后期记录电解电流的方法称为脉冲极谱法。由于方波电压的宽度为 $5\sim100\ ms$,因此充电电流和毛细管噪声电流得到充分的衰减。脉冲极谱法是极谱法中灵敏度较高的方法之一。

脉冲极谱法按施加脉冲电压的方式分为常规脉冲极谱法(NPP)和微分脉冲极谱法(DPP)。常规脉冲极谱波与直流极谱波相似,微分脉冲极谱波呈峰形,如图 6-27 和图 6-28 所示。

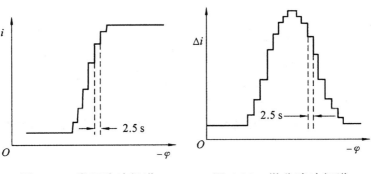

图 6-27　常规脉冲极谱　　　　图 6-28　微分脉冲极谱

6.循环伏安法

循环伏安法加电压方式与单扫描极谱法相似,是将线性扫描电压施加在电极上,电压与扫描时间的关系如图 6-29 所示。开始时,从起始电压 E_i 扫描至某一电压 E 后,再反向回扫至起始电压,成等腰三角形。

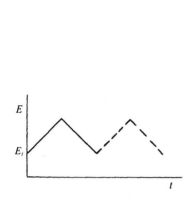

图 6-29　循环伏安法的电压一时间关系　　图 6-30　循环伏安图

若溶液中存在氧化态 O,当电位从正向负扫描时,电极上发生还原反应:

$$O+ze \Longrightarrow R$$

反向回扫时,电极上生成的还原态 R 又发生氧化反应:

$$R \Longrightarrow O+ze$$

循环伏安图如图 6-30 所示。从循环伏安图上,可以测得阴极峰电流 i_{pc} 和阳极峰电流 i_{pa};阴极峰电位 φ_{pc} 和阳极峰电位 φ_{pa} 等重要参数。注意,测量峰电流不是从零电流线而是从背景电流线作为起始值。

对于可逆电极过程有

$$\frac{i_{pc}}{i_{pa}} \approx 1$$

$$\Delta\varphi_p = \varphi_{pa} - \varphi_{pc} \approx \frac{56}{z} \text{ mV}$$

它与循环扫描时的换向电位有关,换向电位比 φ_{pc} 负 $\frac{100}{z}$ mV 时,$\Delta\varphi_p$ 为 $\frac{56}{z}$ mV。通常,$\Delta\varphi_p$ 值在 $55 \sim 65$ V 间。可逆电极过程 φ_p 与扫描速率无关。

峰电位与条件电位的关系为

$$\varphi^{\circ\prime} = \frac{\varphi_{pa} + \varphi_{pc}}{2}$$

通常,循环伏安法采用三电极系统。使用的指示电极有悬汞电极、汞膜电极和固体电极,如 Pt 圆盘电极、玻璃碳电极、碳糊电极等。

6.3 电解分析技术

6.3.1 电解分析技术的原理

电解分析技术是以称量沉积于电极表面的沉积物的质量为基础的一种电分析方法。它是一种比较古老的方法,又称电重量法,它有时也作为一种分离的手段,能方便地除去某些杂质。

电解是借外电源的作用,使电化学反应向着非自发的方向进行。电解过程是在电解池的两个电极上加上直流电压,改变电极电位,使电解质在电极上发生氧化还原反应,同时电解池中有电流通过。如在 $0.1\ mol \cdot L^{-1}$ 的 H_2SO_4 介质中,电解 $0.1\ mol \cdot L^{-1}$ $CuSO_4$ 溶液,装置如图 6-31 所示。其电极都用铂制成,溶液进行搅拌;阴极采用网状结构,优点是表面积较大。电解池的内阻约为 $0.5\ \Omega$。

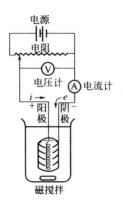

图 6-31 电解装置

将两个铂电极浸入溶液中,当接上外电源,外加电压远离分解电压时,只有微小的残余电流通过电解池。当外加电压增加到接近分解电压时,只有极少量的 Cu 和 O_2 分别在阴极和阳极上析出,但这时已构成 Cu 电极和 O_2 电极组成的自发电池。该电池产生的电动势将阻止电解过程的进行,称为反电动势。只有外加电压达到克服此反电动势时,电解才能继续进行,电流才能显著上升。通常将两电极上产生迅速的、连续不断的电极反应所需的最小外加电压 U_d 称为分解电压。

理论上分解电压的值就是反电动势的值,如图 6-32 所示,其中,曲线(1)是计算所得曲线,曲线(2)为实际测得曲线。

Cu 和 O_2 电极的平衡电位分别是

Cu 电极:$Cu^{2+}+2e=Cu$,$\varphi^{\circ}=0.0337\ V$,

$$\varphi=\varphi^{\circ}+\frac{0.59}{2}lg[Cu^{2+}]=0.337+\frac{0.59}{2}lg0.1=0.308\ V$$

O_2 电极:$\frac{1}{2}O_2+2H^++2e=H_2O$,$\varphi^{\circ}=1.23\ V$,

$$\varphi=\varphi^{\circ}+\frac{0.59}{2}lg\{[p(O_2)]^{\frac{1}{2}}[H^+]^2\}=1.23+\frac{0.59}{2}lg(1^{\frac{1}{2}}\times0.2^2)=1.189\ V$$

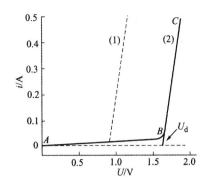

图 6-32　电解铜溶液时的电流－电压曲线

当 Cu 和 O_2 构成电池时，

$$Pt \mid O_2(101325\ Pa), H^+(0.2\ mol \cdot L^{-1}), Cu^{2+}(0.1\ mol \cdot L^{-1}) \mid Cu$$

Cu 为阴极，O_2 为阳极，电池的电动势为

$$E = \varphi_c - \varphi_a = 0.308 - 1.189 = -0.881\ V$$

电解时，理论分解电压的值是它的反电动势 0.881V。

从图 6-32 可知，实际所需的分解电压比理论分解电压大，超出的部分是由于电极极化作用引起的。极化结果将使阴极电位更负，阳极电位更正。电解池回路的电压降（iR）也应是电解所加的电压的一部分，这时电解池的实际分解电压为

$$U_d = (\varphi_a + \eta_a) - (\varphi_c + \eta_c) + iR$$

若电解时，铂电极面积为 100 cm^2，电流为 0.10 A，则电流密度是 0.001 $A \cdot cm^{-2}$ 时，O_2 在铂电极上的超电位是 0.72 V，Cu 的超电位在加强搅拌的情况下可以忽略。

$$iR = 0.10 \times 0.50 = 0.050\ V$$
$$U_d = 0.88 + 0.72 + 0.05 = 1.65\ V$$

6.3.2　控制电位电解分析技术

当试样中存在两种以上的金属离子时，随着外加电压的增大，第二种离子可能被还原。为了分别测定或分离，就需要采用控制阴极电位的电解法。如以铂为电极，电解液为 0.1 $mol \cdot L^{-1}$ 的硫酸溶液，含有 0.1 $mol \cdot L^{-1}$ Ag^+ 和 1.0 $mol \cdot L^{-1}$ Cu^{2+}。

Cu 开始析出的电位为

$$\varphi = \varphi^{\theta}(Cu^{2+}, Cu) + \frac{0.059}{2}lg[Cu^{2+}] = 0.337 + \frac{0.059}{2}lg1.0 = 0.337\ V$$

Ag 开始析出的电位为

$$\varphi = \varphi^{\theta}(Ag^+, Ag) + 0.059lg[Ag^+] = 0.799 + 0.059lg0.01 = 0.681\ V$$

因为 Ag 的析出电位较 Cu 的析出电位正，因此 Ag^+ 先在阴极上析出，当其浓度降至 $10^{-6}\ mol \cdot L^{-1}$ 时，一般可以认为 Ag^+ 已电解完全。此时 Ag 的电极电位为

$$\varphi = 0.799 + 0.059lg10^{-6} = 0.445\ V$$

阳极发生的是水的氧化反应，析出氧气，$\varphi_a = 1.189 + 0.72 = 1.909\ V$，而电解电池的外加电压值为 $U = \varphi_a - \varphi_c = 1.909 - 0.681 = 1.228\ V$，即电压控制为 1.464 V 时，Ag 电解完

全,而 Cu 开始析出的电压值为 $U = \varphi_a - \varphi_c = 1.909 - 0.337 = 1.572\ V$,所以 1.464 V 时,Cu 还没有开始析出。

实际电解时,阴极电位不断发生变化,阳极电位也并不是完全恒定的。因为离子浓度随着电解的延续而逐渐下降,电池的电流也逐渐减小,应用控制外加电压的方式往往达不到好的分离效果。较好的方法是控制阴极电位。要实现对阴极电位的控制,需要在电解池中插入一个参比电极,例如甘汞电极等,它通过运算放大器的输出很好地控制阴极电位和参比电极电位差为恒定值。

电解测定 Cu 时,Cu^{2+} 浓度从 $1.0\ mol \cdot L^{-1}$ 降到 $10^{-6}\ mol \cdot L^{-1}$ 时,阴极电位从 0.337 V 降到 0.16 V。只要不在该范围内析出的金属离子都能与 Cu^{2+} 分离。还原电位比 0.337 V 更正的离子可以通过电解分离,比 0.16 V 更负的离子可以留在溶液中。控制阴极电位电解,开始时被测物质析出速度较快,随着电解的进行,浓度越来越小,电极反应的速率也逐渐变慢,所以电流也越来越小。当电流趋于零时,电解完成。

6.3.3　恒电流电解技术

电解分析有时也在控制电流恒定的情况下进行。这时外加电压较高,电解反应的速率较快,但选择性不如控制电位电解法好。往往一种金属离子还未沉淀完全时,第二种金属离子就在电极上析出。

为了防止干扰,可使用阳极或阴极去极剂,以维持电位不变。如在 Cu^{2+} 和 Pb^{2+} 的混合液中,为防止 Pb 在分离沉积 Cu 时沉淀,可以加入 NO_3^- 作为阴极去极剂。NO_3^- 在阴极上还原生成 NH_4^+,即

$$NO_3^- + 10H^+ + 8e^- = NH_4^+ + 3H_2O$$

它的电位比 Pb^{2+} 更正,而且量比较大,在 Cu^{2+} 电解完成前可以防止 Pb^{2+} 在阴极上的还原沉积。类似的情况也可以用于阳极,加入的去极剂比干扰物质先在阳极上氧化,可以维持阳极电位不变,它称为阳极去极剂。

6.4　化学修饰电极技术

6.4.1　概述

化学修饰电极(CME)是利用化学和物理的方法,将具有优良化学性质的物质固定在电极表面,从而改变或改善电极原有的性质,实现电极的功能设计。在电极上可以进行某些预定的、有选择性的反应,并提供更快的电子转移速度。

化学修饰电极按修饰的方法不同可分成共价键合型、吸附型和聚合物型 3 种。

1.共价键合型修饰电极

共价键合型修饰电极是将被修饰的分子通过共价键的连接方式结合到电极表面。过程为:电极表面经过预处理后引入键合基,然后再通过键合反应接上功能团。这类电极较稳定,寿命长。电极材料有碳电极、金属和金属氧化物电极。

例如,将磨光的碳电极在高温下与 O_2 作用,形成较多的含氧基团,如羟基、羰基、酸酐等。然后用 $SOCl_2$ 跟这些含氧基团作用,形成化合物(Ⅰ)。它再与需要接上去的物质(Ⅱ)反应,通过胺键把吡啶基接到电极表面,再用电活性物质$[(NH_3)_5RuH_2O]^{2+}$与吡啶基配合,得到活性的电极表面。

再如,金属和金属氧化物电极的表面一般有较多的羟基(—OH),它可以被用来进行有机硅烷化,引入—NH_2等活性基团,然后再结合上电活性的官能团。

2. 吸附型修饰电极

吸附型修饰电极是利用基体电极的吸附作用将有特定官能团的分子修饰到电极表面。它可以是强吸附物质的平衡吸附、离子的静电引力、LB 膜的吸附。其中,LB 膜的吸附是将不溶于水的表面活性物质在水面上铺展成单分子膜后,其亲水基伸向水相,而疏水基伸向气相。当该膜与电极接触时,如果电极表面是亲水性的,则表面活性物质的亲水基向电极表面排列,从而得到高度有序排列的分子。

吸附型修饰电极的修饰物通常为含有不饱和键,特别是苯环等共轭双键结构的有机试剂和聚合物,因其 π 电子能与电极表面交叠、共享而被吸附。硫醇、二硫化物和硫化物能借硫原子与金的作用在金电极表面形成有序的单分子膜,称为自组装膜(SAMs)。自组膜是分子通过化学键相互作用自发吸附在固液或气液界面,形成热力学稳定的能量最低有序膜,已有多种类型,其中以烷基硫醇在金上的自组膜最典型并被广泛应用。SAMs 具有组织有序、定向、密集和完好的单分子层或多分子层,而且十分稳定,它具有明晰的微结构。借 SAMs 对离子或分子的识别和在电极上产生选择性响应来进行生物电化学和电分析化学研究已引起人们的注意。例如,以$[Fe(CN)_6]^{6-/4-}$为电化学探针,在谷胱甘肽 SAMs 金电极上研究稀土离子效应。

被吸附修饰的试剂很多是配合剂,它对溶液中的组分可进行选择性的富集,这大大提高了测定的灵敏度。如玻碳电极修饰 6—羟基喹啉后可用于 Tl^+ 的测定。修饰物也能对某些反应起催化作用,如 Anson 将双面钴卟啉吸附于石墨电极表面,它能在酸性溶液中催化还原 O_2 为 H_2O。自组装膜能组成有序、定向、密集、完好的单分子或多分子层,为研究电极表面分子微结构和宏观电化学响应提供了一个很好的实验场所。

3. 聚合物型修饰电极

这种电极的聚合层可通过电化学聚合、等离子体聚合、有机硅烷缩合连接而成。

(1)电化学聚合

电化学聚合是将单体在电极上电解氧化或还原,产生正离子自由基或负离子自由基,它们再进行缩合反应制成薄膜。

(2)等离子体聚合

等离子体聚合是将单聚体的蒸气引入等离子体反应器中进行等离子放电,引发聚合反应,在基体上形成聚合物膜。

(3)有机硅烷缩合

有机硅烷缩合是利用有机硅烷化试剂易水解的性质,发生水解聚合生成分子层。

除以上方法外,将聚合物稀溶液浸涂电极,或滴加到电极表面,待溶剂挥发后也可制得聚合物膜。该方法常用于离子交换型聚合物修饰电极的制备。

6.4.2 碳纳米管修饰电极及纳米传感器

碳纳米管具有独特的力学、电子特性及化学稳定性,是最富特征的一维纳米材料。碳纳米管的长度为微米级,直径为纳米级,具有极高的纵横比和超强的力学性能。它可以认为是石墨管状晶体,是单层或多层石墨片围绕中心按照一定的螺旋角卷曲而成的无缝纳米级管,每层纳米管是一个由碳原子通过 sp^2 杂化与周围 3 个碳原子完全键合后所构成的六边形平面所组成的圆柱面。

碳纳米管分为多壁碳纳米管(MWNT)和单壁碳纳米管(SWNT)两种。多壁碳纳米管是由石墨层状结构卷曲而成的同心且封闭的石墨管,直径一般为 $2\sim25$ nm。单壁碳纳米管是由单层石墨层状结构卷曲而成的无缝管,直径为 $1\sim2$ nm。单壁碳纳米管常常排列成束,一束中含有几十到几百根碳纳米管相互平行地聚集在一起。

碳纳米管在电化学反应中对电子传递有良好的促进作用。用碳纳米管去修饰电极,可以提高对反应物的选择性,从而制成电化学传感器。利用碳纳米管对气体吸附的选择性和碳纳米管良好的导电性,可以做成气体传感器。不同温度下吸附微量氧气可以改变碳纳米管的导电性,甚至在金属和半导体之间转换。

将碳纳米管修饰到扫描隧道电子显微镜(STM)的针尖上可制成新型的电子探针,它可观察到原子缝隙底部的情况,用这种工具可以得到分辨率极高的生物大分子图像。如果在多壁碳纳米管的另一端修饰不同的基团,这些基团可以用来识别一些特种原子,这就使得用 STM 从表征一般的微区形貌上升到实际的分子。

6.4.3 化学修饰电极在电分析化学中的应用

1. 用于提高分析的灵敏度

柄山正树等在玻碳电极上分别以共价键合修饰了亚胺二乙酸(IDA)、乙二胺四乙酸(EDTA)和 3,6-二氧环辛基-1,6-乙氨基-N,N,N′,N′-四乙酸(GEDTA)。这类修饰电极用于循环伏安法测定 Ag(I),可以大大提高分析的灵敏度,如表 6-1 所示。

表 6-1 不同电极测定 Ag(Ⅰ)的结果

电极	$i_{p,a}/\mu A$	$\varphi_{p,a}$	峰面积/cm²
GC	0.08	0.220	0.120
GC/IDA	3.30	0.300	3.96
GC/EDTA	2.60	0.320	2.61
GC/GEDTA	3.5	0.300	4.29

2. 制备电化学传感器

将 L-氨基氧化酶(LAAO)共价键合在玻碳电极表面形成化学修饰的酶电极。它可作为

L-氨基酸的电位传感器。电极对 L-苯基丙氨酸、L-蛋氨酸、L-亮氨酸在 $10^{-2} \sim 10^{-5}$ mol·L^{-1} 的范围有线性的响应。

用电化学聚合聚 1,2-二氨基苯修饰铂电极,由于聚合物中胺键的质子化,可以形成 pH 传感器。在 pH4～10 之间,呈 Nernst 响应,斜率为 53 mV。

3.良好的催化作用

聚乙烯二茂铁(Fc)修饰电极对水溶液中的抗坏血酸(AH_2)在较宽的 pH 和浓度范围内有良好的催化作用,其反应为:

$$Fc(膜) \Longrightarrow Fc^+(膜) + e$$

$$2Fc^+(膜) + AH_2 \longrightarrow 2Fc(膜) + A + 2H^+$$

这是平行催化过程,如此循环,电极电流大大增加,提高了测定 AH_2 的灵敏度。

6.5　扫描隧道电化学分析技术

扫描隧道显微技术(STM)迅速发展,广泛应用于材料、化学、生物等各个领域。STM 的基本原理是量子理论中的隧道效应,即将原子级的极细的探针和被测研究物质的表面作为两个电极,当样品与针尖间的距离非常接近时。在外加电场的作用下,电子会穿过两电极间的势垒流向另一电极,这就是隧道效应。隧道电流 I_t 表示为

$$I_t = exp[(-4S\pi/h)(2m)^{1/2}]$$

式中,S 为针尖与样品间的距离,h 是 Planck 常数,m 是电子质量。

由此可知,如果 S 减小 1 nm,隧道电流将增加一个数量级。因此 STM 具有很高的分辨率。

STM 的早期研究工作主要集中于大气和真空中,但对于化学家来说在水溶液中进行 STM 的研究将更有实用意义。电化学 STM 是用于化学反应溶液中的一个新技术,它可以在溶液中工作,并可从原子、分子层次上研究物质的电子传递过程。它是在普通 STM 的基础上,增加了电化学电位控制系统。再加上强大的计算机软件系统,用电化学 STM 可连续获得一些溶液电化学及形貌信息,如电极表面的微结构、物质吸附及反应等。

电化学 STM 可获得分子、超分子和亚细胞水平的生物样品的结构图像及其电子传递信息。

第7章　核磁共振波谱分析技术

核磁共振波谱(NMR)技术属于吸收光谱,在有机结构分析方面有着重要结构,NMR的重大进展也分为下面四个方向。

①为提高灵敏度与分辨率,仪器向更高磁场仪器发展。

②二维核磁共振谱(2D—NMR)的出现,可以了解核间相关与偶合关系。

③可进行多核研究,原则上具备了测定各种磁性核NMR的条件。

④NMR成像技术实现与完善,使NMR可以用于医疗诊断。

核磁共振谱的应用极为广泛。可概括为定性、定量、测定结构、物理化学研究、生物活性测定、药理研究及医疗诊断等方法。

7.1　常用核磁共振分析技术

7.1.1　核磁共振波谱法基本原理

1.原子核的自旋

某些原子核有自旋现象,因而核具有自旋角动量(P),又由于原子核是由质子和中子组成的,所以自旋时会产生磁矩。自旋核就像一个小磁体,其磁矩用μ表示。各种原子核自旋时产生的磁矩是不同的,磁矩的大小是由核本身性质决定的。自旋角动量与核磁矩都是矢量,其方向是平行的,如图7-1所示。

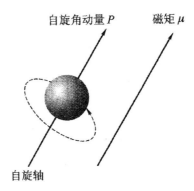

图 7-1　原子核的角动量和磁矩

自旋角动量(P)不能取任意值,根据量子力学原理P是量子化的,它的大小是由自旋量子数(I)决定的。

原子核的总角动量

$$P = \frac{h}{2\pi}\sqrt{I(I+1)}$$

式中,I 为自旋量子数。

一种原子核有无自旋现象,可按经验规则用自旋量子数 I 判断。对于指定的原子核 $_z^a X$ 。

①凡是质量数 a 与原子序数 z 为偶数的核,其自旋量子数 $I=0$,没有自旋,如 $_6^{12}C,_8^{16}O$ 和 $_{16}^{32}$ S 等原子核没有核磁共振现象。

②质量数 a 是奇数,原子序数 z 是偶数或奇数,如 $_1^1H,_6^{13}C,_9^{19}F,_7^{15}N$ 和 $_{15}^{31}P$ 等,原子核 $I=1/2$,还有一些核,如 $_5^{11}B,_{17}^{35}Cl,_{17}^{37}Cl$ 和 $_{35}^{79}Br$ 等,$I=3/2$,都有自旋现象。

③$_1^2H,_7^{14}N$ 核质量数 a 是偶数,原子序数 z 是奇数,它们的 $I=1$,这类核也存在自旋现象。

由此可见,$I=0$ 的原子核无自旋;质量数是奇数,自旋量子数 I 是半整数;质量数是偶数,则自旋量子数 J 是整数或零。凡 $I>0$ 的核都有自旋,都可以发生核磁共振,但是由于 $I \geqslant 1$ 的原子核的电荷分布不是球形对称的,都具有四极矩,电四极矩可使弛豫加快,反映不出偶合分裂,因此核磁共振不研究这些核,而主要研究 $I=1/2$ 的核,它们的电荷分布是球形对称的,无电四极矩,谱图中能够反映出它们相互影响产生的偶合裂分。

2. 核磁共振现象

若原子核处在磁场 B_0 中,则核磁就可以有不同的排列,即自旋核在磁场中有不同的取向,每一种核共有 $2I+1$ 个取向,$I=1$ 的核就会有 3 种取向,各个取向可以由一个磁量子数 m 表示,即 $m=I,(I-1),(I-2),\cdots,-I,I=1$ 的核 $m=1,0,-1$,即有 3 种取向(见图 7-2),^1H 核其 $I=1/2$,则有 $2 \times 1/2+1=2$ 个不同的取向,其 $m=1/2,-1/2$。同理 $I=2$ 就有 5 种取向,$m=2,1,0,-1,-2$,每一个取向对应着一个能级。原子核自旋轴的取向即自旋角动量(P)的方向,也是核磁矩 μ 的方向。

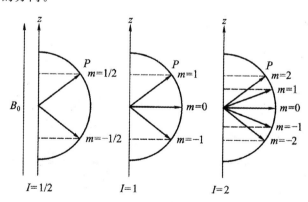

图 7-2　静磁场(B_0)中核磁矩的取向

^1H 核的每种自旋状态(自旋取向)都具有特定的能量,当自旋取向与外磁场 B_0 一致时($m=1/2$),^1H 核处于低能态,$E_1=-\mu B_0$(μ 是 1H 核的磁矩),当自旋取向与外磁场相反时($m=-1/2$),则 ^1H 核处于高能态,$E_2=+\mu B_0$,通常处于低能态(E_1)的核比高能态(E_2)核多,因为处于低能态的核较稳定。两种取向间的能级差用 ΔE 表示,即

$$\Delta E = E_2 - E_1 = \mu B_0 - (-\mu B_0) = 2\mu B_0$$

由上式可见,^1H核由低能级向高能级发生跃迁时需要的能量与外磁场B_0成正比,随外磁场B_0的增加,发生跃迁时所需的能量也相应增大,如图7-3所示。

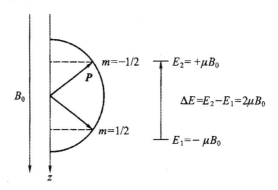

图7-3 静磁场(B_0)中^1H核磁矩的取向和能级

同理,对于$I=1/2$的不同的原子核,因为它们的磁矩(μ)不同,即使在同一外磁场强度下,发生跃迁时所需的能量也是不同的,例如在一磁场B_0中,$^{13}_6C$核与^1H核由于磁矩不同,因此发生跃迁时ΔE就不一样。所以原子核发生跃迁时所需的能量既与外磁场B_0有关,又与核本身的性质μ有关。

由于^1H核的自旋轴与外加磁场B_0的方向成一定的角度,$\theta=54°24'$,因此外磁场就要使它取向于外磁场的方向,实际上夹角θ并不减小,自旋核由于受到这种力矩作用后,它的自旋轴就会产生旋进运动即拉莫尔进动,而旋进运动轴与B_0一致,如图7-4所示,这种现象在日常生活中也能看到,如陀螺的旋转,当陀螺的旋转轴与其重力作用方向不平行时,陀螺就产生摇头运动,即本身既自旋又有旋进运动,这与质子在外磁场中的运动相仿。

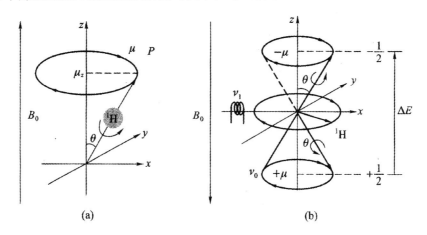

图7-4 自旋核在静磁场(B_0)中的拉莫尔进动(a)和$I=1/2$时核磁能级(b)

拉莫尔进动的频率:

$$v_0 = \frac{1}{2\pi}\gamma B_0$$

式中,γ为旋磁比,$\gamma=\mu/P$。对相同的核,γ是常数,γ代表核本身的一种属性,不同的原子核就有不同的旋磁比,例如 $\gamma_H = 2.68 \times 108\ \text{rad} \cdot T^{-1} \cdot s^{-1}$,$\gamma_C = 0.67 \times 108\ \text{rad} \cdot T^{-1} \cdot s^{-1}$。一般把磁矩在 z 轴上的最大分量叫做原子核的磁矩,即

$$\mu = \frac{1}{2\pi}\gamma I$$

式中,h 为普朗克常量。

可见频率 v_0 与磁感应强度 B_0 成正比,即磁感应强度 B_0 越大,拉莫尔进动频率(v_0)越大,且 γ 越大 v_0 也越大。

^{1}H 核的两个取向的能量是不同的,它代表了两个能级,两个能级间的能量差是 ΔE。如果用一个射频(v_1)照射上述处于磁场 B_0 中的自旋核,若射频的频率恰好等于 ^{1}H 核的拉莫尔进动频率 v_0,$v_1 = v_0$ 时,即

$$hv = \frac{h}{2\pi}\gamma B_0 = \Delta E$$

那么,处于低能级的核,即与 B_0 同向的核,就要吸收射频能量而跃迁到高能级,即由一种取向($+1/2$)变成另一种取向($-1/2$),这种现象称为核磁共振(见图 7-5)。

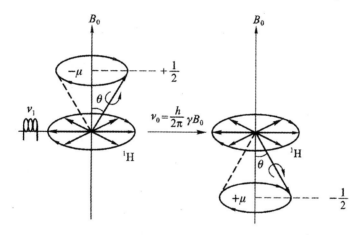

图 7-5 $I=1/2$ 时核磁共振现象

共振频率 v 与磁感应强度 B_0 的关系为

$$v = \frac{\gamma}{2\pi}B_0$$

由以上数据可见,对 ^{1}H 核而言,它的共振频率随磁感应强度 B_0 增加而增大,而同在 2.35T 的外磁场中 ^{1}H 核、^{13}C 核、^{19}F 核的共振频率各异,则是由于它们的 γ 值不同所致。

3. 饱和与弛豫

^{1}H 核在外磁场 B_0 中由于自旋其能级被裂分为二个能级,两个能级间能量相差 ΔE 很小,若将 N 个质子置于外磁场 B_0 中,根据玻耳兹曼分布规律,则相邻两个能级上核数的比值为

$$\frac{N_1}{N_2} = \exp\left(\frac{-\Delta E}{kT}\right) = \left(\frac{-2\mu B_0}{kT}\right)$$

式中,N_1 为处于低能态上的核数,N_2 为高能态上的核数,k 为玻耳兹曼常数,T 为热力学

温度。

一般处于低能态的核总要比高能态的核多一些,在室温下大约一百万个氢核中低能态的核要比高能态的核多十个左右,正因为有这样一点点过剩,若用射频去照射外磁场 B_0 中的一些核时,低能态的核就会吸收能量由低能态向高能态跃迁,所以就能观察到电磁波的吸收即观察到共振吸收谱。但随着这种能量的吸收,低能态的 ^1H 核数目在减少,而高能态的 ^1H 核数目在增加,当高能态和低能态的 ^1H 核数目相等时,即 $N_1 = N_2$ 时,就不再有净吸收,核磁共振信号消失,这种状态叫做饱和状态。

处于高能态的核,可以通过某种途径把多余的能量传递给周围介质而重新返回到低能态,这个过程称为弛豫。弛豫过程可以分为两类。

(1)自旋—自旋弛豫

自旋—自旋弛豫是进行旋进运动的核互相接近时互相之间交换自旋而产生的,也就是说高能态的核与低能态的核非常接近的时候产生自旋交换,一个核的能量被转移到另一个核,这就叫做自旋—自旋弛豫,这种横向弛豫机制并没有增加低能态核的数目,而是缩短了该核处于高能态或低能态的时间,使横向弛豫时间缩短。

(2)自旋—晶格弛豫

这种弛豫是一些高能态的核将其能量转移到周围介质而返回到低能态,实际上是自旋体系与环境之间进行能量交换的过程。通常把溶剂、添加物或其他种类的核统称为晶格,即激发态的核自旋通过能量交换,把多余的能量转给晶格而回到基态。纵向弛豫机制能够保持过剩的低能态的核的数目,从而维持核磁共振吸收。

4.核磁共振的宏观理论

以上讨论了单个原子核的磁性质及其在磁场中的运动规律。实际上试样总是包含了大量的原子核,因此,核磁共振研究的是大量原子核的磁性质及其在磁场中的运动规律。布洛赫提出了"原子核磁化强度矢量(M)"的概念来描述原子核系统的宏观特性。

磁化强度矢量的物理意义可以这样来理解,一群原子核处于外磁场 B_0 中,磁场对磁矩发生了定向作用即每一个核磁矩都要围绕磁场方向进行拉莫尔进动,那么单位体积试样分子内各个核磁矩的矢量和称为磁化强度矢量,用 M 表示。磁化强度矢量 M 就是描述一群原子核被磁化程度的量。

核磁矩的进动频率与外磁场 B_0 有关,但外磁场 B_0 并不能确定每一个核磁矩的进动相位。对一群原子核而言,每一个核磁矩的进动相位是杂乱无章的,但根据统计规律原子核系统相位分布的磁矩的矢量和是均匀的。对于自旋量子数 I 为 1/2 的 ^1H 核来讲(见图 7-6),外磁场 B_0 是沿 z 轴方向的,又是磁化强度矢量 M 的方向。处于低能态的原子核其进动轴与 B_0 同向,核磁矩矢量和是 M_+;而处于高能态的原子核其进动轴与 B_0 反向,核磁矩矢量和是 M_-。由于原子核在两个能级上的分布服从玻耳兹曼分布,总是处于低能级上的核多于高能级上的核数,所以 $M_+ > M_-$ 磁化强度矢量 M 等于这两个矢量之和,$M = M_+ + M_-$。

处于外磁场 B_0 中的原子核系统,磁化强度处于平衡状态时,其纵向分量 $M_z = M_0$,横向分量 $M_\perp = 0$。当受到射频场 H_1 的作用时,处于低能态的原子核就会吸收能量发生核磁共振跃迁,即核的磁化强度矢量就会偏离平衡位置,这时磁化强度矢量的纵向分量 $M_z \neq M_0$,横向分

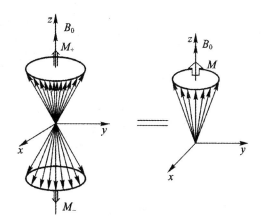

图 7-6　$I=1/2$ 时磁化强度矢量 M

量 $M_\perp \neq 0$。当射频场 H_1 作用停止时，系统自动地向平衡状态恢复。一群原子核从不平衡状态向平衡状态恢复的过程即为弛豫过程，如图 7-7 所示。

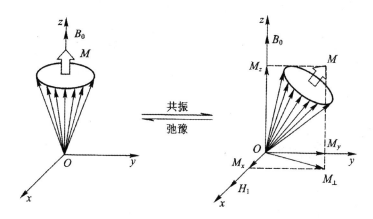

图 7-7　共振时磁化强度矢量 M 的变化

在实验中观察到的核磁共振的信号，实际上是磁化强度矢量 M 的横向分量（$M_\perp$）的两个分量 $Mx=u$（色散信号）和 $My=v$（吸收信号）。

7.1.2　核磁共振波谱仪

按工作方式，可把核磁共振波谱仪分为连续波（CW）核磁共振波谱仪和脉冲傅里叶变换（PFT）核磁共振波谱仪。

1.连续波核磁共振波谱仪

核磁共振波谱仪主要由永久磁铁、射频振荡器、射频接受器等组成，如图 7-8 所示。

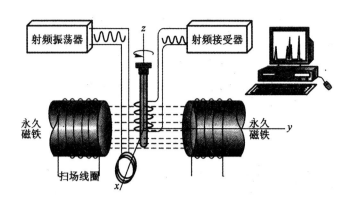

图 7-8　核磁共振波谱仪示意图

2.脉冲傅里叶变换核磁共振波谱仪

仪器结构与前面连续波谱仪相同,但不是扫场或扫频,而是加一个强而短的射频脉冲,其射频频率包括同类核(如 1H)的所有共振频率,所有的核都被激发,而后再到平衡态,射频接受器接受到一个随时间衰减的信号,称为自由感应衰减信号(FID)。FID 信号虽然包含所有激发核的信息,但这种随时间而变的信号(时间域信号)很难识别。而根据 FID 随时间的变化曲线,经傅里叶变换(FT)转换成常规的信号(频率域信号),即 FID 随频率而变化的曲线,也就是我们熟悉的 NMR 谱图,如图 7-9 所示。

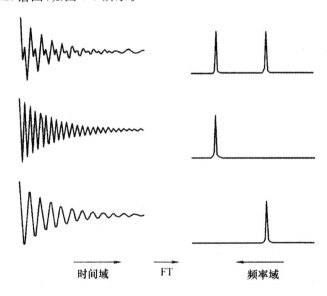

时间域　　　　FT　　　　频率域

图 7-9　FID 信号经 FT 变换产生频率示意图

与 CW-NMR 相比,RFT-NMR 的特点是:

①采用重复扫描,累加一系列 FID 信号,提高信噪比。因为信号(S)与扫描次数(n)成正比,而噪声(N)与$\sqrt{n}$成正比,所以$\dfrac{S}{N}$与$\sqrt{n}$成正比。对于 PFT-NMR,使用脉冲波,脉冲宽度

为 1~50 μs,时间间隔为 x s,速度快,可增加扫描次数。而对于 CW-NMR,若 250 s 纪录一张谱图,要使 $\frac{S}{N}$ 提高 10 倍,需 250×100=25000 s,所以很难增加扫描次数。

②由于 PFT-NMR 灵敏度高于 CW-NMR,对于 ^{1}H NMR,使用 PFT-NMR 时,样品可从几十毫克降到 1 mg,甚至更少。

③用 FT-NMR 可以测 ^{13}C 的信号,而不能用 CW-NMR,用 PFT-NMR 时,测 ^{13}C 谱需样品约几毫克到几十毫克。

7.1.3　氢核的化学位移技术

1.化学位移的表示方法

^{1}H 在 1.41 T 的磁场中将吸收 60 MHz 的电磁波,如果化合物中的所有的质子(^{1}H 核)的共振频率都一样的话,那么在核磁共振谱图上就只会出现一个峰,如果是这样的话,那么 1H NMR 对化合物结构分析就毫无用处,但是,实验发现化合物中处于不同化学环境的质子其共振频率稍有不同,对于 60 MHz 的仪器,一般不同化学环境的 ^{1}H 核共振频率的变化范围为 600 Hz。

处于不同化学环境的 ^{1}H 核共振频率的差异,是由于不同基团中的 ^{1}H 核所实受的磁感应强度不同,而实受的磁感应强度 B 取决于该核周围的电子云密度。若将原子核外电子云的运动简化为一个电子微粒的运动,在外磁场 B_0 的作用下,核外电子将在 B_0 垂直的平面绕原子核产生环流,由其环电流产生一个感应磁场 B',在环的内部与外磁场 B_0 方向相反,表现出局部抗磁效应。核外电子对原子核的这种作用就是屏蔽作用(见图 7-10)。^{1}H 核所受屏蔽作用的大小用屏蔽常数 $\sigma\left(\sigma=\dfrac{B'}{B_0}\right)$ 表示,^{1}H 核实受磁感应强度为

$$B = B_0 - B' = B_0(1-\sigma)$$

其共振频率表示为

$$v = \frac{\gamma}{2\pi}B_0(1-\sigma)$$

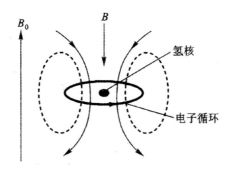

图 7-10　核外电子的矿磁屏蔽效应

在化合物分子中,各种基团的 ^{1}H 核所处的化学环境不同,即它们周围的电子云分布情况不同,所以不同的质子就会受到大小不同的感应磁场的作用,即受到不同程度的屏蔽作用,因

此化合物中不同的 ^1H 核的共振频率就会有微小的差异。

当 $B_0 = 1.41$ T 时，^1H 裸核的 $v_0 = 60$ MHz，假设某核受到的屏蔽作用 $\sigma = 10$，则其共振频率将比 ^1H 裸核低 $\sigma v_0 = 600$ Hz，其共振频率 $v = (60000000 - 600)$ Hz $= 59999400$ Hz，由于这种表示方法不但数值读写不易，而且 v_0 的变化与 B_0 有关，不同仪器测得的数据难以直接比较，所以引入化学位移的概念，在试样中加入一种参比物质，如四甲基硅（TMS），把它的共振信号设为 0 Hz。则化学位移 δ 为

$$\delta = \frac{v_{样品} - v_{标准}}{v_{仪器}} \times 10^6 = \frac{B_{样品} - B_{标准}}{B_{仪器}} \times 10^6$$

通常在核磁测定时，要在试样溶液中加入一些四甲基硅 $(CH_3)_4Si$（TMS）作为内标准物。选 TMS 作内标的优点如下。

①化学性能稳定。

②$(CH_3)_4Si$ 分子中有 12 个 H 原子，它们的地位完全一样，所以 12 个 $^1H_1$ 核只有一个共振频率，即化学位移是一样的，谱图中只产生一个峰。

③它的 ^1H 核共振频率处于高场，比大多数有机化合物中的 ^1H 核都高，因此不会与试样峰相重叠，氢谱和碳谱中都规定 $\delta_{TMS} = 0$。

④它与溶剂和试样均溶解。

假如在 60 MHz 的仪器上，某一氢核共振频率与标准物 TMS 差为 60 Hz，则化学位移为

$$\delta = \frac{v_{样品} - v_{标准}}{v_{仪器}} \times 10^6 = \frac{60}{60 \times 10^6} \times 10^6 = 1$$

还是上述那种 ^1H 核，如果用 100 MHz 的仪器来测定，那么其信号将出现在与标准物共振频率相差 60 Hz 处，其化学位移为

$$\delta = \frac{v_{样品} - v_{标准}}{v_{仪器}} \times 10^6 = \frac{100}{100 \times 10^6} \times 10^6 = 1$$

由此可见，用不同的仪器测得的化学位移 d 值是一样的，只是它们的分辨率不同，100 MHz 的仪器分辨得好一些。

化学位移是无量纲因子，用 δ 来表示。以 TMS 作标准物，大多数有机化合物的 1H 核都在比 TMS 低场处共振，化学位移规定为正值。

在图 7-11 最右侧的一个小峰是标准物 TMS 的峰，规定它的化学位移 $\delta_{TMS} = 0$，甲苯的 ^1H NMR 谱出现二个峰，它们的化学位移（δ）分别是 2.25 和 7.2，表明该化合物有两种不同化学环境的氢原子。根据谱图不但可知有几种不同化学环境的 ^1H 核，而且还可以知道每种质子的数目。每一种质子的数目与相应峰的面积成正比。峰面积可用积分仪测定，也可以由仪器画出的积分曲线的阶梯高度来表示。积分曲线的阶梯高度与峰面积成正比，也就代表了氢原子的数目。谱图中积分曲线的高度比为 5:3，即两种氢原子的个数比。在 ^1H NMR 谱图中靠右边是高场，化学位移 δ 值小，靠左边是低场，化学位移 δ 值大。屏蔽增大（屏蔽效应）时，^1H 核共振频率移向高场（抗磁性位移），屏蔽减少时（去屏蔽效应）^1H 核共振移向低场（顺磁性位移）。

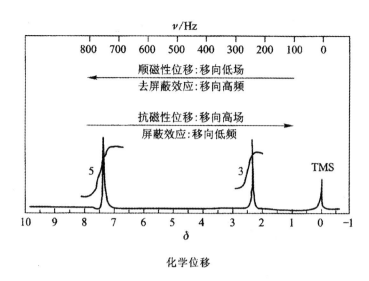

图 7-11　甲苯的 1H NMR 谱图(100 MHz)及常用术语

2.影响化学位移的因素

(1)诱导效应

如上所述,在外磁场中^{1}H 核外电子的环流产生的与外磁场方向相反的感应磁场会对^{1}H 核产生屏蔽作用,^{1}H 核周围电子云密度越高屏蔽效应就越强,屏蔽常数 σ 越大,化学位移 δ 值越小,反之为去屏蔽效应。与^{1}H$_1$核相连的原子电负性越强,^{1}H$_1$核周围的电子云密度就越弱,屏蔽效应减小,^{1}H 核共振频率就在较低场出现,化学位移 δ 值增加。

以 CH_3—X 为例,CH_3 中质子化学位移占值随邻接元素电负性的增强而增大。

X—CH_3	F—CH_3	O—CH_3	N—CH_3	C—CH_3
X 电负性	4.0	3.5	3.0	2.5
化学位移芳	4.26	3.42~4.02	2.12~3.10	0.77~1.88

X—CH_3	F—CH_3	Cl—CH_3	Br—CH_3	I—CH_3
X 电负性	4.0	3.0	2.8	2.5
化学位移芳	4.26	3.05	2.68	2.16

当电负性元素与^{1}H$_1$核的距离增大时,去屏蔽减弱,共振移向高场,化学位移 δ 值减小;电负性原子增多时,去屏蔽增强,共振移向低场,化学位移 δ 值增加。

H_3C—Br	H_3CH_2C—Br	$CH_3(CH_2)_2$—Br	$CH_3(CH_2)_3$—Br
甲基 δ	2.68	1.65	1.04	0.90

CH_3Cl	CH_2Cl_2	$CHCl_3$
化学位移 δ	3.05	5.33	7.24

(2)磁各向异性效应

比较烷烃、烯烃、炔烃及芳烃的化学位移值,芳烃、烯烃的 δ 大,如果是由于 π 电子的屏蔽效应,那么 δ 值应当小,又如何解释 CH≡CH 的 δ 又小于 CH_2＝CH_2 呢?这就是因为 π 电子的屏蔽具有磁各向异性效应。

由图 7-12 可见,芳环上的 π 电子在分子平面上下形成了 π 电子云,在外磁场的作用下产生环流,并产生一个与外磁场方向相反的感应磁场。可以看出,苯环上的 H 原子周围的感应磁场的方向与外磁场方向相同。所以这些 ^{1}H 核处于去屏蔽区,即 π 电子对苯环上连接的 ^{1}H 核起去屏蔽作用。而在苯环平面的上下两侧感应磁场的方向与外磁场的方向相反,因此,若在某化合物中有处于苯环平面上下两侧的 H 原子,则它们处于屏蔽区,即 π 电子对环平面上下的 ^{1}H 核起屏蔽作用。这样就可以解释苯环上的 H 原子化学位移 δ 值大(7.2),因为它处于去屏蔽区,^{1}H 核在低场共振。

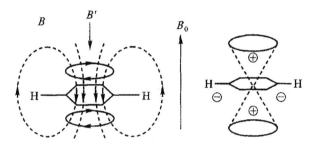

图 7-12　苯环的磁各向异性效应

在磁场中双键的 π 电子形成环流也产生感应磁场,由图 7-13 可见处于乙烯平面上的 H 原子它周围的感应磁场方向与外磁场一致,是处于去屏蔽区,所以 ^{1}H 核在低场共振,化学位移位大($δ=5.84$);在乙烯平面上下两侧的感应磁场的方向与外磁场方向相反,因此,若在某化合物中有处于乙烯平面上下两侧的 H 原子,则它们处于屏蔽区,^{1}H 在高场共振。

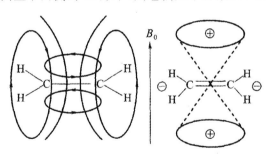

图 7-13　双键的磁各向异性效应

羰基 C=O 的 π 电子云产生的屏蔽作用和双键一样,以醛为例,醛基上的氢处于 C=O 的去屏蔽区,所以它在低场共振,化学位移值很大,$δ≈9$(很特征)。

炔键 C≡C 中有一个 σ 键,还有两个 p 电子组成的 π 键,其电子云是柱状的。由图 7-14 可见,乙炔上的氢原子它与乙烯中的氢原子以及苯环上的氢原子是不一样的,它处于屏蔽区,所以。H 核在高场共振,化学位移小些 $δ=2.88$。

单键的磁各向异性效应与三键相反,沿键轴方向为去屏蔽效应(见图 7-15)。链烃中 $δ_{CH} > δ_{CH_2} > δ_{CH_3}$ 甲基上的氢被碳取代后去屏蔽效应增大而使共振频率移向低场。

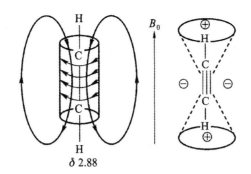

$\delta\ 2.88$

图 7-14　三键的磁各向异性效应

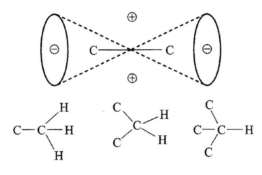

$\delta\ 0.85\sim0.95\quad<\quad\delta\ 1.20\sim1.40\quad<\quad\delta\ 1.40\sim1.65$

图 7-15　单键的磁各向异性效应

7.1.4　核磁共振碳谱技术

有机化合物中的碳原子构成了有机物的骨架,因此观察和研究碳原子的信号对研究有机物有着非常重要的意义。虽然^{13}C 有核磁共振信号,但其天然丰度仅为 1.1%,观察灵敏度只有。H 核的 1/64,故信号很弱,给检测带来了困难。所以在早期的核磁共振研究中一般只研究核磁共振氢谱。

直到 20 世纪 70 年代脉冲傅里叶变换核磁共振谱仪(PFT－NMR)问世,以及去耦技术的发展,核磁共振碳谱(^{13}C NMR)的工作才迅速发展起来。目前 PFT－^{13}C NMR 已成为阐明有机分子结构的常规方法。广泛应用于涉及有机化学的各个领域。在结构测定、构象分析、动态过程讨论、活性中间体及反应机制的研究,聚合物立体规整性和序列分布的研究及定量分析等方面都显示了巨大的威力,成为化学、生物、医药等领域不可缺少的测试方法。

1.^{13}C NMR 的特点

(1)化学位移范围宽

^{1}H 谱的谱线化学位移值 d 的范围在 0～10,少数谱线可再超出约 5,一般不超过 20,而一般^{13}C 谱的化学位移在 0～250 范围,特殊情况下会再超出 50～100。由于化学位移范围较宽,故对化学环境有微小差异的核也能区别,这对鉴定分子结构更为有利。

（2）信号强度低

由于^{13}C天然丰度只有1.1％，^{13}C的旋磁比（％）较^{1}H的旋磁比（h）低约4倍，所以^{13}C的NMR信号：^{1}H的要低得多，大约是^{1}H信号的六千分之一。故在^{13}C NMR的测定中常常要进行长时间的累加才能得到一张信噪比较好的图谱。

（3）耦合常数大

由于^{13}C天然丰度只有1.1％，与它直接相连的碳原子也是^{13}C的概率很小，故在碳谱中一般不考虑天然丰度化合物中的^{13}C—^{13}C耦合，而碳原子常与氢原子连接，它们可以互相耦合，耦合常数的数值一般在125～250 Hz。因为^{13}C天然丰度很低，这种耦合并不影响^{1}H谱，但在碳谱中是主要的。所以不去耦的碳谱，各个裂分的谱线彼此交叠，很难识别。故常规的碳谱都是去耦谱，谱线相对简单。

（4）共振方法多

^{13}C—NMR除质子噪声去耦谱外，还有多种其他的共振方法，可获得不同的信息。如偏共振去耦谱，可获得^{13}C—^{1}H耦合信息；不失真极化转移增强共振谱，可获得定量信息等。因此，碳谱比氢谱的信息更丰富，解析结论更清楚。

与核磁共振氢谱一样，碳谱中最重要的参数是化学位移，耦合常数、峰面积也是较为重要的参数。另外，氢谱中不常用的弛豫时间如T_1值在碳谱中因与分子大小、碳原子的类型等有着密切的关系而有广泛的应用，如用于判断分子大小、形状；估计碳原子上的取代数、识别季碳、解释谱线强度；研究分子运动的各向异性；研究分子的链柔顺性和内运动；研究空间位阻以及研究有机物分子、离子的缔合、溶剂化等。

2.^{13}C NMR的去耦技术

在^{1}H NMR谱中，^{13}C对^{1}H的耦合仅以极弱的峰出现，可以忽略不计。反过来，在^{13}C NMR谱中，^{1}H对^{13}C的耦合是普遍存在的。这虽能给出丰富的结构分析信息，但谱峰相互交错，难以归属，给谱图解析、结构推导带来了极大的困难。耦合裂分的同时，又大大降低了^{13}C NMR的灵敏度。解决这些问题的方法，通常采用去耦技术。

（1）质子噪声去耦谱

质子噪声去耦谱也称作宽带去耦谱，是测定碳谱时最常采用的去耦方式。它的实验方法是在测碳谱对，以一相当宽的射频场B_1照射各种碳核，使其激发产生^{13}C核磁共振吸收的同时，附加另一个射频场B_2（又称去耦场），使其覆盖全部质子的共振频率范围，且用强功率照射，使所有的质子达到饱和，则与其直接相连的碳或邻位、间位碳感受到平均化的环境，由此去除^{13}C和^{1}H之间的全部耦合，使每种碳原子仅给出一条共振谱线。

质子宽带去耦谱不仅使^{13}C NMR谱大大简化，而且由于耦合的多重峰合并，使其信噪比提高，灵敏度增大。然而灵敏度增大程度远大于复峰的合并强度，这种灵敏度的额外增强是NOE效应影响的结果。所谓NOE是指在^{13}C(^{1}H)NMR实验中，观测^{13}C核的共振吸收时，照射^{1}H核使其饱和，由于干扰场B_2非常强，同核弛豫过程不足使其恢复到平衡，经过核之间偶极的相互作用，^{1}H核将能量传递给^{13}C核，^{13}C核吸收到这部分能量后，犹如本身被照射而发生弛豫。这种由双共振引起的附加异核弛豫过程，能使^{13}C核在低能级上分布的核数目增加，共振吸收信号增强，这一效应称之NOE。

但是,由于各碳原子的 NOE 的不同,质子噪声去耦谱的谱线强度不能定量地反映碳原子的数量。

(2)选择性质子去耦(SPD)

选择性质子去耦又称单频率质子去耦或指定的质子去耦。选择性去耦是偏共振去耦的特例。当调整去耦频率正好等于某种氢的共振频率,与该种氢相连的碳原子被完全去耦,产生一单峰,其他碳原子则被偏共振去耦。使用此法依次对 ^{1}H 核化学位移位置照射,可以使相应的 ^{13}C 信号得到归属。

例如,分析糠醛的 ^{13}C NMR 谱(见图 7-16)要区分出碳原子 3 和 4 的 δ 是不容易的,但采用选择性去耦法:双照射 C_3 的 ^{1}H,则 C_3 的峰增强,如图 7-16(a)所示;双照射 C_4 的 ^{1}H,则 C_4 的峰增强,如图 7-16(b)所示。从中可区别出哪一个峰是 C_3 或 C_4 及 δ 值。

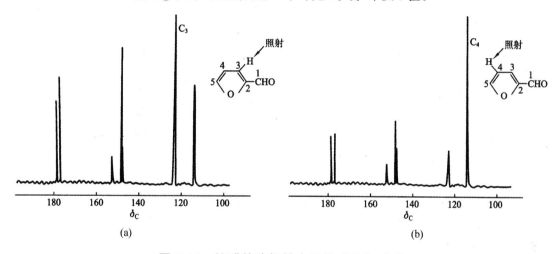

图 7-16 糠醛的选择性去耦核磁共振碳谱

(3)偏共振去耦谱(OFR)

与质子宽带去耦方法相似,偏共振去耦也是在样品测定的同时另外加一个照射频率,只是这个照射频率的中心频率不在质子共振区的中心,而是移到比 TMS 质子共振频率高 100～500 Hz 的(质子共振区以外)位置上。由于在分子中,直接与 ^{13}C 相连的 ^{1}H 核与该 ^{13}C 的耦合最强; ^{13}C 与 ^{1}H 之间相隔原子数目越多,耦合越弱。用偏共振去耦的方法,就消除了弱的耦合,而只保留了直接与 ^{13}C 相连的 ^{1}H 的耦合。一般来说,在偏共振去耦时, ^{13}C 峰裂分为 n 重峰,就表明它与($n-1$)个氢核相连。这种偏共振的 ^{13}C—NMR 谱,对分析结构有一定的用途。

(4)不失真极化转移技术(DEPT)

不失真极化转移技术目前成为 ^{13}C—NMR 测定中常用的方法。DEPT 是将两种特殊的脉冲系列分别作用于高灵敏度的 ^{1}H 核及低灵敏度的 ^{13}C 核,将灵敏度高的 ^{1}H 核磁化转移至灵敏度低的 ^{13}C 核上,从而大大提高 ^{13}C 核的观测灵敏度。此外,还能利用异核间的耦合对 ^{13}C 核信号进行调制的方法来确定碳原子的类型。谱图上不同类型的 ^{13}C 信号均表现为单峰的形式分别朝上或向下伸出,或者从谱图上消失,以取代在 OFR 谱中朝同一方向伸出的多重谱线,因而信号之间很少重叠,灵敏度高。

DEPT 谱的定量性很强,主要有三种:DEPT(45)谱、DEPT(90)谱和 DEPT(135)谱,其特征见表 7-1。

表 7-1　DEPT 谱的特征

谱图名称	不出峰的基团	出正峰的基团	出负峰的基团
DEPT 45	—C—	—CH₃ ， CH₂ ， CH—	——
DEPT 90	—CH₃ ， CH₂ ， —C—	CH—	
DEPT 135	—C—	—CH₃ ， CH—	CH₂

3. 3C 的化学位移

核磁共振碳谱的测定方法有很多种,其中最常见的是质子噪声去耦谱。在这类谱中,每一种化学等价的碳原子只有一条谱线,原来被氢耦合分裂的几条谱线并为一条,谱线强度增加。但是由于不同种类的碳原子 NOE 效应不相等,因此对峰强度的影响也就不一样,故峰强度不能定量地反映碳原子的数量。所以在质子噪声去耦谱中只能得到化学位移的信息。

碳谱中化学位移(δ_C)直接反映了所观察核周围的基团、电子分布的情况,即核所受屏蔽作用的大小。碳谱的化学位移对核所受的化学环境是很敏感的,它的范围比氢谱宽得多,一般在 0～250。对于分子量在 300～500 的化合物,碳谱几乎可以分辨每一个不同化学环境的碳原子,而氢谱有时却严重重叠。

不同结构与化学环境的碳原子,它们的 δ_C 从高场到低场的顺序与和它们相连的氢原子的 δ_H 有一定的对应性,但并非完全相同。 δ_C 的次序为:饱和碳在较高场,炔碳次之,烯碳和芳碳在较低场,而羰基碳在更低场。

分子有不同的构型、构象时, δ_C 比 δ_H 更为敏感。碳原子是分子的骨架,分子间的碳核的相互作用比较小,不像处在分子边缘上的氢原子,分子间的氢核相互作用比较大。所以对于碳核,分子内的相互作用显得更为重要,如分子的立体异构、链节运动、序列分布、不同温度下分子内的旋转、构象的变化等,在碳谱的 δ_C 值及谱线形状上常有所反映,这对于研究分子结构及分子运动、动力学和热力学过程都有重要的意义。

7.2　多维 NMR 技术

新的 NMR 实验方法的不断创新也极大地推动了核磁共振技术的发展,多维核磁共振和极化转移技术的实现,以及 FT 技术的引入,促进了现代 NMR 实验技术的飞速发展。其中,多维核磁共振可以把原子核之间的相互联系散开在多维空间内,大大提高了谱的分辨率,同时还能提供更多结构和动力学的信息。多维谱技术不断发展变化也反映了 NMR 技术的发展和壮大。最初的是一些基本的 2D NMR 技术,如 COSY、TOCSY、NOESY 和 ROESY 等,这些基本的 2D¹H—¹H NMR 同核谱相关技术,可以解析分子质量小于 10 kDa 的蛋白质结构。

对于分子质量大于 5 kDa 的蛋白质,其 NMR 信号重叠严重。蛋白质的^{1}H 谱信号众多,且绝大多数信号处在 10 ppm 左右的谱宽范围之内,因此以^{1}H 谱为基础的 2D 实验已经难以实现大分子质量蛋白质各个谱峰的完整辨识,于是出现了异核多共振 NMR 技术。由于异核^{13}C 和^{15}N 谱线的分散程度远远大于^{1}H 谱,且多维谱维数的增加能够使不同的谱峰信号更好地分散在不同的轴上,所以这些异核多共振实验大大提高了 NMR 谱线的分辨率。

多数结构解析的基本 NMR 实验主要依靠标量 J 耦合作用进行极化转移。为了保证信号的传递效率,极化转移的时间通常需要在 1/2$_J$时间范围。但^{1}J$_{H,H}$非常小,导致基于^{1}H$-^1$H 同核耦合的多维谱的极化转移时间通常非常大,在此期间由于横向弛豫所造成的信号衰减也会非常严重,造成了此类^{1}H$-^1$H 同核相关实验的信噪比随着所解析蛋白质的分子质量增大而迅速降低。而异核或者同核之间的标量耦合常数远远大于^{1}J$_{H,H}$耦合常数。因此,异核实验的有效的极化转移时间大大减小,弛豫所造成的信号损失降低,目前,基于以上几种核的异核三共振实验是结构解析的主要技术。

7.3　异核直接检测技术

目前,以^{1}H 监测为主的异核相关谱技术最常用的蛋白质的结构解析技术,通常被称为逆检测技术。^{1}H 的旋磁比较大,灵敏度高,但是其偶极一偶极作用较强,弛豫速率较快,受到顺磁或者交换等效应的影响也大。因此,非质子检测技术受到越来越多的关注,特别是随着新探头技术的发展,如^{13}C 直接检测探头能够将^{13}C 灵敏度提高约 1 个量级,所以异核直接检测特别是^{13}C 直接检测技术受到越来越多的关注。

另外,^{13}C 直接检测能够提供更好的分辨率,特别是在顺磁、非折叠或者超大分子质量蛋白质研究中。因为随着分子质量的增大,或者由于顺磁中心的存在,或者慢交换现象的存在,使得^{1}H 线宽增加,以致难以观测。而^{13}C 却有着较窄的线宽,其直接检测可能提供更丰富的信息。

此外,由于质子的化学位移分散度较低,于是很容易出现较大重叠,特别是非折叠蛋白质。而^{13}C 却有着非常大的化学位移分散度,是表征以上系统的较为理想的工具。因此,异核^{13}C 直接检测是'H 检测技术的一个非常有效的补充或者替代技术,能够用在非折叠蛋白质、顺磁蛋白,甚至大分子质量蛋白质研究中。例如,^{13}C$-^{13}$C NOESY 可提供几十万道尔顿蛋白质的信息。另外,这一技术虽然检测灵敏度低,但是可同快速 NMR 方法相结合,提高实验效率。

7.4　超极化增强灵敏度技术

可用光抽运技术、仲氢引发的极化增强(PHIP)和动态核极化(DNP)等技术来增强核极化,并可以使 NMR 灵敏度提高数个数量级。但是,由于超极化的一些条件要求较为苛刻,所以应用受限,发展较为缓慢。例如,光抽运惰性气体,如^{129}Xe 等,可用于活体 MRI 检测,但是仅局限于惰性气体同位素。PHIP 技术也需要依靠研究分子的双键或叁键反应才能在目标分子内进行不对称加氢反应,插入仲氢进行超极化。

DNP 技术采用孤对电子的自旋极化核自旋,可使相应核的 NMR 信号灵敏度增加约 4～5

个数量级。在同样的磁场和温度条件下,电子的自旋磁矩远远大于核的自旋磁矩,因此其极化率远大于核。DNP 便是采用相应的技术将高磁化率的电子自旋转移到核自旋以提高 NMR 信号的灵敏度。虽然这一现象和其物理机制很早就已经被揭示,但是其具体应用随着仪器和技术的发展在最近几年才受到越来越多的关注。DNP 主要被用于固体样品,采用适当的装置迅速将固体样品溶解在溶液中,产生超极化溶液分子。这一技术可使 ^{13}C 信号增强 44400 倍,^{15}N 信号增强 23500 倍。

第8章 质谱与质谱联用技术

质谱分析技术(MS)是通过对样品离子的质量和强度的测定来进行定性定量及结构分析的一种分析方法。它与紫外光谱(UV)、红外吸收光谱(IR)、核磁共振波谱(NMR)被称为有机化合物结构分析的四谱。MS是以一定能量的电子流轰击或用其他适当方法打掉气态分子(M)的一个电子,形成带正电荷的离子,这些正离子在电场和磁场的共同作用下,按离子的质量与所带电荷比值(m/z ,即质荷比)的大小排列成谱,对离子进行分离和检测的一种分析方法。质谱不同于 UV、IR 和 NMR,从本质上看,质谱不是光谱,而是带电粒子的质量谱。

8.1 常用质谱分析技术

8.1.1 质谱分析原理

1. 质谱分析的基本原理

质谱分析的基本原理很简单,即使被研究的物质形成离子,然后使离子按质荷比进行分离。下面以单聚焦质谱仪为例说明其基本原理。物质的分子在气态被电离,所生成的离子在高压电场中加速,在磁场中偏转,然后到达收集器,产生信号,其强度与到达的离子数目成正比,所记录的信号构成质谱。

当具有一定能量的电子轰击物质的分子或原子时,使其丢失一个外层价电子,则获得带有一个正电荷的离子。若正离子的生存时间大于 10^{-6} s,就能受到加速板上电压 U 的作用加速到速度为 v,其动能为 $\frac{1}{2}mv^2$,而在加速电场中所获得的势能为 zU ,加速后离子的势能转换为动能,两者相等,即

$$zU = \frac{1}{2}mv^2$$

式中, m 为离子的质量; v 为离子的速度; z 为离子电荷; U 为加速电压。

正离子在电场中的运动轨道是直线的,进入磁场后,在磁场强度为 H 的磁场作用下,使正离子的轨道发生偏转,进入半径为 R 的径向轨道,如图 8-1 所示,这时离子所受到的向心力为 Hzv,离心力为 $\frac{mv^2}{R}$,要保持离子在半径为 R 的径向轨道上运动的必要条件是向心力等于离心力,即

$$Hzv = \frac{mv^2}{R}$$

半径 R 的大小与离子质荷比的关系为

$$\frac{m}{z} = \frac{H^2 R^2}{2U}$$

此式为磁场质谱仪的基本方程。式中,m/z 为质荷比,当离子带一个正电荷时,它的质荷比就是它的质量数。

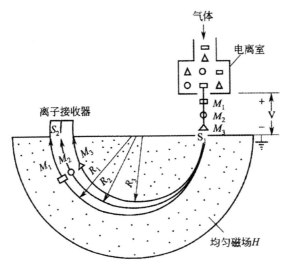

图 8-1　半圆形磁场

R_1、R_2、R_3 为不同质量离子的运动轨道曲率半径;M_1、M_2、M_3 为不同质量的离子;S_1、S_2 为分别为进口狭缝和出口狭缝

2.离子分离方式

要将各种 m/z 的离子分开,可以采用以下两种方式。

(1)固定 H 和 U,改变 R

固定磁场强度 H 和加速电压 U,不同 $\frac{m_i}{z}$ 将有不同的 R_i 与 i 离子对应,这时移动检测器狭缝的位置,就能收集到不同 R_i 的离子流。但这种方法在实验上不易实现,常常是直接用感光板照相法记录各种不同离子的 $\frac{m_i}{z}$。

(2)固定 R,连续改变 H 或 U

在电场扫描法中,固定 R 和 H,连续改变 U,通过狭缝的离子 $\frac{m_i}{z}$ 与 U 成反比。当加速电压逐渐增加,先被收集到的是质量大的离子。

在磁场扫描法中,固定 R 和 V,连续改变 H,$\frac{m_i}{z}$ 正比于 H^2,当 H 增加时,先收集到的是质量小的离子。

3.质谱图

质谱的常见表示方法有质谱图、质谱表和元素图表。

质谱图是记录质荷比及质谱峰强度的图谱。由质谱仪直接记录下来的图是一个个尖锐密集的峰,但在文献中多采用如图 8-2 所示的棒图。

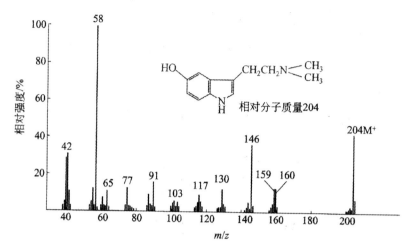

图 8-2 蟾毒色胺质谱图

在图中,横坐标表示离子的质荷比(m/z),纵坐标代表离子的相对丰度。质谱峰愈高,丰度越大,说明该峰所对应的正离子的稳定性越好、数量越多。谱图中的最强峰叫基峰,其丰度为 100,其余各峰的高度占基峰高度的百分数即为其相对丰度。从质谱图上可以看到许多质谱峰,这些峰包括分子离子峰、碎片离子峰、同位素离子峰、亚稳离子峰、多电荷离子峰等。对它们所包含的结构信息加以分析和提取便是质谱解析过程。

质谱表是一种记录正离子的质荷比和峰强度的表格,它简单方便,但不如质谱图直观。元素图除给出正离子的质量数和峰强度外,还给出各个正离子的元素组成,因此有利于结构的推导。

8.1.2 质谱仪

质谱仪是能产生离子、并将这些离子按其质荷比进行分离记录的仪器,它由五大部分组成,即进样系统、离子源、质量分析器、检测记录系统及真空系统,如图 8-3 所示。

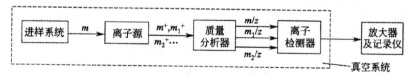

图 8-3 质谱仪的方框图

通过合适的进样装置将样品引入并进行气化,气化后的样品进入离子源进行电离,电离后的离子经适当加速后进入质量分析器,按不同的质荷比进行分离,然后到达检测记录系统,将生成的离子流变成放大的电信号,并按对应的质荷比记录下来而得质谱图。

1.真空系统

质谱仪的离子源、质量分析器及检测系统都必须处于高度真空状态,否则无法正常工作。常用机械真空泵、扩散真空泵组合抽真空。

2.进样系统

将样品导入离子源,导入装置如图 8-4 所示。对于气体或挥发性液体,可用注射器或阀直接注入左边的预先抽真空的贮存器,然后通过细小的漏孔进入离子源。固体样品可用探针导入。此探针实为长 25 cm,直径 6 mm 的不锈钢棒,前端有一可容纳样品的陶瓷小凹槽。当探针插入或拉出时,斜置的封闭阀就可将真空体系与外界大气隔绝。通过电热,使样品蒸发。对热稳定的有机化合物,一般可加热至 200℃～300 ℃而不分解,通常可分析非极性分子的分子量达 1000 u;中等极性分子量达 300 u。也可以通过与气相色谱或液相色谱仪联用,将经分离的柱后流出物直接导入质谱仪分析。

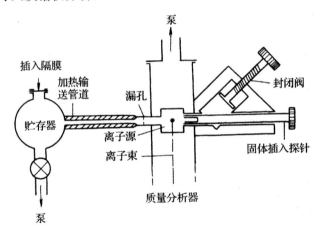

图 8-4　样品导入装置

3.离子源

离子源用来将进样系统引入的气态样品分子转化成离子。由于离子化所需要的能量随分子不同差异很大,因此,对于不同的分子应选择不同的离解方法。通常能给样品较大能量的电离方法称为硬电离方法,而给样品较小能量的电离方法称为软电离方法,使分子电离的手段很多,因此有各种各样的离子源,表 8-1 列出了一些常见离子源的基本特征。

表 8-1　质谱研究中的常见离子源

名称	简称	类型	离子化试剂
电子轰击离子化	EI	气相	高能电子
化学电离	CI	气相	试剂离子
场电离	F1	气相	高电势电极
场解吸	FD	解吸	高电势电极

续表

名称	简称	类型	离子化试剂
快原子轰击	FAB	解吸	高能电子
二次离子质谱	SIMS	解吸	高能离子
激光解吸	LD	解吸	激光束
电流体效应离子化(离子喷雾)	EH	解吸附	高场
热喷雾离子化	ES		荷电微粒能量
电喷雾电离	ESI	解吸	高电场
基质辅助激光解吸电离	MALDI	解吸	激光束

(1)电子轰击源(EI)

电子轰击源结构简单,易于操作,电离效率高,谱线多,信息量大,再现性好;缺点是某些化合物的分子离子峰很弱,甚至观察不到。

电子轰击源的构造如图 8-5 所示。

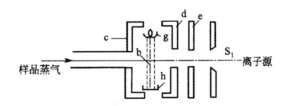

图 8-5　电子轰击离子源示意图

当样品蒸气进入离子源后,受到由灯丝 g 发射的电子 b 的轰击,生成正离子。在离子源的后墙 c 和第一加速极 d 之间有一个低正电位,将正离子排斥到加速区,正离子被 d 和 e 之间的加速电压加速,通过狭缝 S_1 射向质量分析器。电子 b 的能量可以通过调节灯丝 g 和正极 h 间的电压来控制,这个电压称为电离电压。对有机化合物常选用 70~80 eV,有时为了减少碎片离子峰,简化质谱图,也采用 10~20 eV 的电子能量。

(2)电喷雾电离源(ESI)

ESI 是一种软电离方式,常作为四极滤质器、飞行时间质谱仪的离子源,主要用于液相色谱-质谱联用仪。电喷雾电离源的示意图如图 8-6 所示。

ESI 有一个多层套管组成的电喷雾喷针。最内层是液相色谱流出物,外层是喷射气,喷射气采用大流量的氮气,其作用是使喷出的液体容易分散成微小液滴。在喷嘴的斜前方有一个辅助气喷口,在加热辅助气的作用下,喷射出的带电液滴随溶剂的蒸发而逐渐缩小,液滴表面电荷密度不断增加。当达到瑞利极限,即电荷间的库仑排斥力大于液滴的表面张力时,会发生库仑爆炸,形成更小的带电雾滴。此过程不断重复直至液滴变得足够小、表面电荷形成的电场足够强,最终使样品离子解吸出来。离子产生后,借助于喷嘴与锥孔之间的电压,穿过采样孔进入质量分析器(离子化机理见图 8-7)。ESI 特别适合于分析极性强、热稳定性差的有机大分子,如蛋白质、多肽、糖类等。

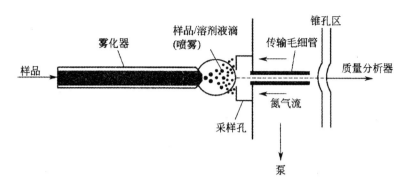

图 8-6　电喷雾电离源的示意图

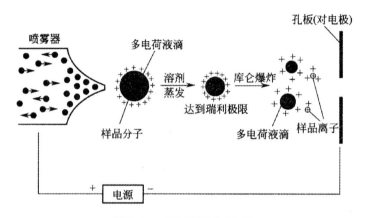

图 8-7　ESI 离子化机理

（3）化学电离源（CI）

化学电离源是通过分子－离子反应使样品电离，因此化学电离源需要使用反应气体，常用的反应气体有甲烷、氢、氦、CO 和 NO 等。化学电离源适于高相对分子质量及不稳定化合物的分析，它具有谱图简单、灵敏度高等特点；缺点是碎片少，可提供的结构信息少。

假设样品是 M，反应气体是 CH_4，将两者混合后送入电离源，先用能量大于 50 eV 的电子使反应气体 CH_4 电离，发生一级离子反应：

$$CH_4 + e^- \longrightarrow CH_4^+ + CH_3^+ + CH_2^+ + C^+ + H_2^+ + H^+ + ne^-$$

生成的 CH_4^+ 和 CH_3^+ 约占全部离子的 90%。

电离生成的 CH_4^+ 和 CH_3^+ 很快与大量存在的 CH_4 作用，发生二级离子反应

$$CH_4^+ + CH_4 \longrightarrow CH_5^+ + CH_3 \cdot$$

$$CH_3^+ + CH_4 \longrightarrow C_2H_5^+ + CH_2$$

生成的 CH_5^+ 和 $C_2H_5^+$ 活性离子与样品分子 M 进行分子－离子反应生成准分子离子。准分子离子是指获得或失掉一个 H 的分子离子

$$M + CH_5^+ \longrightarrow [M+1]^+ + CH_4$$

$$M + C_2H_5^+ \longrightarrow [M+1]^+ + C_2H_4$$

此外,下列反应也存在

$$M+C_2H_5^+ \longrightarrow [M+29]^+$$

$$M+C_3H_5^+ \longrightarrow [M+41]^+$$

在生成的这些离子中,以$[M+1]^+$或$[M-1]^+$的丰度为最大,成为主要的质谱峰,且通常为基峰。

（4）快原子轰击源（FAB）

FAB的工作原理如图8-8所示。

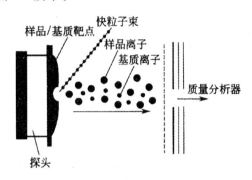

图8-8　快原子轰击源的工作原理示意图

氙气或氩气在电离室依靠放电产生离子,离子通过电场加速并与热的气体原子碰撞,发生电荷和能量转移,得到高能原子束（或离子束）,该高能粒子打在涂有非挥发性底物和样品分子的靶上使样品分子电离,产生的样品离子在电场作用下进入质量分析器。FAB与EI源得到的质谱图是有区别的,一是相对分子质量的获得不是靠分子离子峰$M^{+\cdot}$,而是靠$[M+H]^+$或$[M+Na]^+$等准分子离子峰;二是碎片峰比EI谱要少。FAB适合于强极性、相对分子质量大、难挥发或热稳定性差的样品分析,如肽类、低聚糖、天然抗生素和有机金属络合物等。

（5）大气压化学电离源（APCI）

APCI属于软电离方式,产生的主要是准分子离子,碎片离子很少。APCI与ESI类似,如图8-9所示。

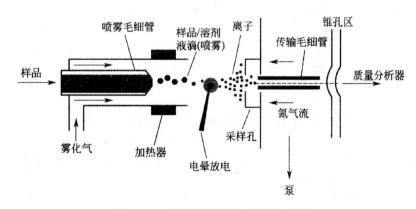

图8-9　大气压化学电离源示意图

不同之处在于 APCI 喷嘴的下游放置一个针电极,通过放电电极的高压放电,使空气中某些中性分子电离,产生 H_3O^+、N_2^+、O_2^+ 和 O^+ 等离子,溶剂分子也会被电离。这些离子与样品分子发生离子－分子反应,使样品分子离子化,如图 8-10 所示。APCI 主要用来分析中等极性的化合物。

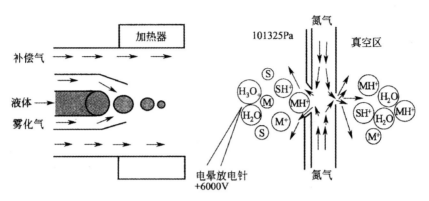

图 8-10　APCI 离子化机理

S. 溶剂;M. 样品

(6)激光解吸源(LD)

LD 源是利用一定波长的脉冲式激光照射样品,使样品发生电离。将样品置于涂有基质的样品靶上,激光照射到样品靶上,基质分子吸收激光能量,与样品分子一起蒸发到气相,并使样品分子电离。LD 源需要有合适的基质才能获得较好的离子化效率,因此,常称其为基质辅助激光解吸电离源(MALDI)。MALDI 的电离原理如图 8-11 所示。

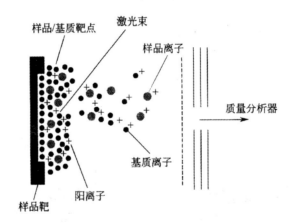

图 8-11　基质辅助激光解吸电离源的原理示意图

MALDI 属于软电离技术,主要用于分析生物大分子及高聚物,得到的多是分子离子、准分子离子,碎片离子和多电荷离子较少。

(7)大气压光致电离源(APPI)

APPI 与 APCI 相似,采用标准的加热喷雾器,用氪灯代替电晕放电针。当样品进入 APPI 源后,加热蒸发,分析物在 UV 光源辐射的光子作用下产生光离子化。加入合适的掺杂剂可提高离子化效率。APPI 多用于弱极性及非极性化合物的分析,如多环芳烃、甾族化合物和类黄酮等。APPI 源也用于液相色谱-质谱联用仪。

(8)场解吸电离源(FD)

场解吸电离源的作用原理与场致电离源相似,不同的是进样方式,在这种方法中,分析样品溶于溶剂,滴在场发射丝上,或将发射丝浸入溶液中,待溶剂挥发后,将场发射丝插入离子源,在强电场作用下样品不经气化即被电离。场解吸电离源适用于不挥发和热不稳定化合物的相对分子质量的测定。

(9)场致电离源(FI)

应用强电场可以诱发样品电离。场致电离源由电压梯度约为 $10^7 \sim 10^8$ V·cm^{-1} 的两个尖细电极组成。流经电极之间的样品分子由于价电子的量子隧道效应而发生电离,电离后被阳极排斥出离子室并加速经过狭缝进入质量分析器。

场致电离源形成的离子主要是分子离子,碎片离子少,可提供的信息少,通常将其与电子轰击源配合使用。

(10)火花源

对于金属合金或离子型残渣之类的非挥发性无机试样,必须使用不同于上述离子源的火花源。火花源类似于发射光谱中的激发源,向一对电极施加约 30 kV 脉冲射频电压,电极在高压火花作用下产生局部高热,使试样仅靠蒸发作用产生原子或简单的离子,经适当加速后进行质量分析。火花源对几乎所有元素的灵敏度都较高,可达 10^{-9},可以对极复杂样品进行元素分析,但由于仪器设备价格昂贵,操作复杂,限制了使用范围。

4. 质量分析器

质量分析器的作用是将离子源中形成的离子按质荷比的大小分开。质量分析器可分为静态和动态两类。静态分析器采用稳定不变的电磁场,按照空间位置把不同质荷比的离子分开,单聚焦和双聚焦磁场分析器属于这一类。动态分析器采用变化的电磁场,按照时间或空间来区分质量不同的离子,属于这一类的有飞行时间质谱仪、四极滤质器等。

(1)单聚焦质量分析器

单聚焦质量分析器是具有扇形磁场的分析器,所用磁场的开角可以是 180°、90° 和 60° 等。离子源产生的离子进入扇形磁场(磁感应强度为 B)时可用三个参数来描述这个离子,即质荷比(m/z)、能量(zeV)和运动方向。图 8-12 所示为 180° 的扇形磁场。若离子在离子源中的初始动能为 0,而在加速区被加速而具有一定动能的离子(速度为 v)进入分析器后,在外磁场 B 的作用下,受到磁场力 F_1 和离心力 F_2 的作用,将在磁场中作匀速圆周运动(半径为 r)。离子所受到的磁场作用力为 $F_1 = zevB$,离心力 $F_2 = \dfrac{mv^2}{r}$,平衡时向心力等于离心力,即 $F_1 = F_2$

$$zevB = \frac{mv^2}{r}$$

将 $v = \sqrt{\dfrac{2zeV}{m}}$ 带入上式得

$$zeB = \sqrt{\frac{2zeV}{m}}\,\frac{m}{r}$$

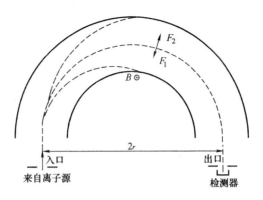

图 8-12 典型的 180°扇形磁场

$$r = \sqrt{\frac{2zeV}{m}} \frac{m}{zeB}$$

$$r = \frac{1}{B}\sqrt{\frac{2mV}{ze}}$$

$$\frac{m}{z} = \frac{r^2 B^2 e}{2V}$$

可见,离子在磁场中运动轨道的半径决定于加速电压 V、磁场强度 B,以及质荷比 m/z。在进行质谱分析时,磁场强度恒定,一般采用电压扫描,使不同质荷比的离子依次沿半径为 γ 的轨道运行,穿过出射狭缝到达检测器。

当具有相同质荷比的离子束,在进入入射狭缝时,各离子的运动轨迹是发散的,但在通过磁偏转型质量分析器之后,发散的离子束又重新聚焦于出射狭缝处。磁偏转型质量分析器的这种功能称为方向聚焦。

(2)双聚焦质量分析器

双聚焦质量分析器在离子源和磁场之间加入一个静电场,如图 8-13 所示。令加速后的正离子先进入静电场 E,这时带电离子受电场作用发生偏转,要保持离子在半径为 R 的径向轨道中运动的必要条件是偏转产生的离心力等于静电力,即

$$zE = \frac{mv^2}{R}$$

所以

$$R = \frac{m}{z} \cdot \frac{v^2}{E} = \frac{2}{z \cdot E} \cdot \frac{1}{2}mv^2$$

当固定 E,由上式可知,只有动能相同的离子才能具有相同的 R,因此静电分析器只允许符合上式的一定动能的离子通过。即挑出了一束由不同的 m 和 v 组成,但具有相同动能的离子(这就叫能量聚焦),再将这束动能相同的离子送入磁场分析器实现质量色散,这样就解决了单聚焦仪器所不能解决的能量聚焦问题。

具有这类质量分析器的质谱仪可同时实现方向聚焦和能量聚焦,故称为双聚焦质谱仪,它具有较高的分辨率。

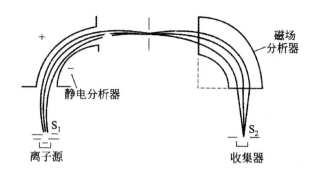

图 8-13 双聚焦质量分析器示意图

（3）四极滤质器

这种分析器由四个筒形电极组成，对角电极相连接构成两组，如图 8-14 所示。

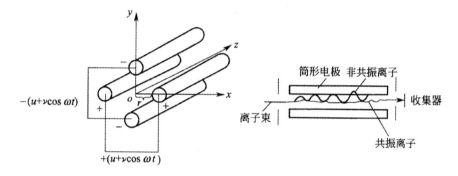

图 8-14 四极滤质器示意图

z 轴通过原点 o 垂直于纸平面，原点 o（场中心点）至极面的最小距离称为场半径 r。在 x 方向的一组电极上施加 $+(u+v\cos\omega t)$ 的射频电压，在 y 方向的另组电极上施加 $-(u+v\cos\omega t)$ 的射频电压，式中 u 是直流电压，v 是交流电压幅值，ω 是角频率，t 是时间。

如果有一个质量为 m，电荷为 z，速度为口的离子从 z 方向射入四极场中，由于在 z 和 y 方向存在交变电场，离子要进行振荡运动。当 ω、u 和 v 为某一特定值时，只有具有一定质荷比的离子能沿着 z 轴方向通过四极场到达接收器，这样的离子称为共振离子，质荷比为其他值的离子，因其振荡幅度大，撞在电极上而被真空泵抽出系统，这些离子称为非共振离子。当 r 和 z 一定时，通过四极场的正离子质量是由 u、v 和 ω 决定，改变这些参数就能使离子按质荷比大小顺序依次通过射频四极场，实现质量分离。

四极滤质器体积小、重量轻、价格较廉，加上具有较高的灵敏度和较好的分辨率，因而它成为近年来发展最快的质谱仪器。

（4）飞行时间质量分析器

飞行时间质量分析器可以按照时间实现质量分离，既不需要磁场，也不需要电场，只需要直线漂移空间，因此仪器的结构简单，分析速度快，但其分辨率较低。

飞行时间质量分析器是指获得相同能量的离子在无场的空间漂移,不同质量的离子,其速度不同,行经同一距离之后到达收集器的时间不同,从而可以得到分离。仪器的构造见图 8-15。

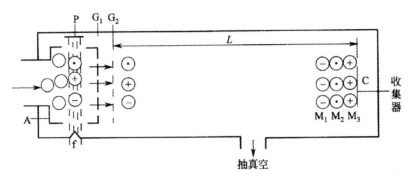

图 8-15　飞行时间质量分析器示意图

由阴极发射的电子,受到电离室 A 上正电位的加速,进入并通过 A 到达电子收集极 P,电子在运动过程中撞击 A 中的气体分子并使之电离,在栅极 G_1 上施加一个不大的负脉冲(-270 V),把正离子引出电离室 A,然后在栅极 G_2 上施加直流负高压 U(-2.8 kV),使离子加速而获得动能 E。

$$E = \frac{1}{2}mv^2 = zU$$

可得离子的速度 v 为

$$v = \sqrt{\frac{2zU}{m}}$$

离子以速度 v 飞行长度为 L 的既无电场又无磁场的漂移空间,最后到达离子接收器 C,所需的时间 t 为

$$t = \frac{L}{v}$$

于是可得

$$t = L\sqrt{\frac{m}{2zU}}$$

当 L、z、v 等参数不变的情况下,离子的质荷比与离子飞行时间的平方成正比。

5. 离子检测器

离子检测器的作用是将从质量分析器出来的只有 $10^{-9} \sim 10^{-12}$ A 的微小离子流加以接收、放大,以便记录。最常用的离子检测器有法拉第杯、电子倍增器及照相底片等。法拉第杯是加有一定电压的筒状或平板状金属电极,离子流通过出口狭缝落在电极上,产生的电流经转换成电压后进行放大记录。法拉第杯简单可靠,配以合适的放大器可以检测约 10^{-15} A 的离子流。

电子倍增器的种类很多,可检测出由单个离子直到大约 10^{-9} A 的离子流,可实现高灵敏、快速测定。近代质谱仪中常采用隧道电子倍增器,其工作原理与电子倍增器相似,电子倍增器由阴极、倍增极与阳极组成,如图 8-16 示。因为体积较小,多个隧道电子倍增器可以串联起来,可同时检测多个质荷比不同的离子,从而大大提高了分析效率。

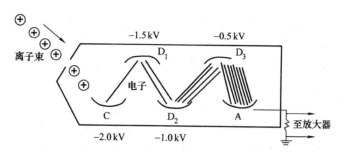

C-阴极(铜铍合金)　D-倍增极(铜铍合金)　A-阳极,金属网

图 8-16　电子倍增器工作原理

照相检测主要用于火花源双聚焦质谱仪,其优点是无需记录总离子流强度,也不需要整套的电子线路,且灵敏度可以满足一般分析要求,但其操作麻烦,效率不高。

现代质谱仪一般都采用较高性能的计算机对产生的信号进行快速接收与处理,同时通过计算机可以对仪器条件等进行严格监控,从而使精密度和灵敏度都有一定程度的提高。

8.1.3　串联质谱法

串联质谱法是质谱法的重要联用技术之一,它将两台质谱仪串联起来使用:第一台质谱仪用于分离复杂样品中各组分的分子离子;这些离子依次导入第二台质谱仪中,从而产生这些分子离子的碎片质谱。一般第一台质谱仪采用软离子化技术使产生的离子大部分为分子离子或质子化分子离子$(M+H)^{+}$。为了获得这些分子离子的质谱,将它们导入一碰撞室中,使其与泵入的 He 分子在 $1.33 \times (10^{-1} \sim 10^{-2})$ Pa 压力下碰撞活化而产生类似电子轰击源产生的碎片,再用质谱仪 II 进行扫描。这种应用称为子离子串联质谱分析。

另一种串联质谱法可相应称为母离子串联质谱分析。此方法中质谱仪 II 设定在指定的子离子进行监测,而质谱仪 I 进行扫描。这种方法可用于分析鉴定产生相同子质谱的一类化合物。

各式质量分析器都可用于串联质谱中,常用的串联方式是 QqQ 模式,如图 8-17 所。将三组四极滤质器串联起来,样品经软离子化源(CI 源)离子化后加速进入第一级,按一般四极滤质方式分离出母离子;这些离子快速进入第二级,此级为碰撞室,母离子开始发生进一步裂解,此级工作在仅有射频场(无直流电压)模式,对离子进行聚焦;再引入$(1.3 \sim 13) \times 10^{-2}$ Pa 氦气发生碰撞而裂解,子离子引入第三级进行扫描记录。

串联质谱法可以起到 GC-MS,LC-MS 类似的作用且工作效率更高,目前应用更多的是与GC 或 LC 相连,进行 GC-MS^n 或 LC-MS^n 联用,并在生命科学、环境科学领域中应用很有前途。

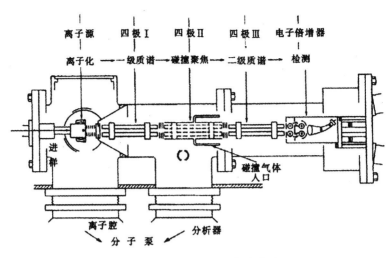

图 8-17　QqQ 式串联质谱法

8.1.4　MALDI-TOF MS 技术

基质辅助激光解析电离飞行时间型质谱(MALDI-TOF MS)技术是分析极性及难挥发有机物质的重要手段之一,有效解决了热不稳定生物大分子以和高聚物的离子化及检测的难题。MALDI 是一个非常复杂的过程,涉及多种物化过程。目前,反射模式及时间延迟聚焦技术有较高的分辨率。

MALDI-TOF MS 技术具有高灵敏度、快速、能耐受较高浓度缓冲液和盐等杂质的优点,且 MALDI 与无质量检测上限的 TOF 型质量分析器联用,是一种适用于生物多聚物分析检测的成熟技术手段。它不仅可以测定各种有机分子的分子质量,还能直接用来测定混合物中蛋白质的分子质量。

一种用于组织成像的 MALDI 质谱分子成像(IMS)技术可以在组织切片中找到每一种蛋白质分子,并它们在组织中空间分布的精确信息,同时可以对蛋白质含量进行相对定量分析。利用原位酶切技术直接鉴定组织切片上的蛋白质和多肽是 IMS 技术的关键,在临床应用中也起到重要作用。另外,一种基于空气辅助的大气压基质辅助激光解吸电离(PA-AP MALDI)技术可用于多肽、蛋白质和寡糖等分析。该技术可以与直角加速 TOF MS 仪偶联,可线性质量校正,具有较高的质量准确度和比较温和的电离方式。PA-APMALDI-TOF MS 技术适用于分析含弱键的极性生物分子,样品的制备或处理比较简单;然而相对于常规的 MALDI 技术,它的样品消耗量大一些。

为提高蛋白质/多肽的检测灵敏度、重现性、肽段覆盖率和耐盐性等,人们研发出如单一有机固态基质和无机基质等新型基质。

免疫亲和捕获和 MALLD-MS 手段相结合产生了免疫亲和 MS 技术。以干扰素-抗干扰素单克隆抗体为模型,该技术能够确定抗原上与抗体非共价作用的大致结合区域。在 MALDI-MS 测定蛋白质分子质量的实验中,采用在线纯化蛋白质样品的简单、快速的新技术,改善了离子的信噪比,提高了蛋白质分子质量测定的灵敏度。还可将此法推广到配体-受体、蛋白质-寡核苷酸和酶-底物等其他生物分子的非共价复合物的研究中。

用于蛋白质结构和相互作用研究的氨基酸专属的共价标记技术也有新的突破,它们通过测定氨基酸侧链的不同反应来研究蛋白质结构和相互作用,蛋白质中氨基酸的反应通常取决于侧链和试剂的接近程度、标记试剂的内在反应性和氨基酸侧链的反应性。MALDI-MS 可以用于获得的肽质量指纹图谱以此来鉴定修饰位点。MS 技术快速、灵敏、准确地获得蛋白质修饰位点的能力,使得共价标记方法成为鉴定蛋白质结构的有效方法。

MALDI-TOF MS 技术及其性能的不断提高与发展,与生物技术的结合开创了 MS 应用的新领域,成为生命科学研究中非常重要的分析工具。此外,MALDI 技术与 HPLC、毛细管电泳(CE)等分离系统联用有利于复杂混合物的分析。离线偶联更有优势,质谱可根据获得信息量的需求来控制操作速度,且可在任何时间操作。与单项技术相比,联用技术具有更高通量和动态范围,具有广阔的应用前景。

8.1.5　同位素质谱分析技术

无机和同位素质谱技术的快速发展和分析测量能力的飞速提高,使其从开始局限在地质、核材料方面的应用,逐渐扩展到生物医学、生态环境、食品安全和材料科学等方面的研究。无机和同位素质谱分析技术的发展主要表现于测试对象的原位和微区化、分析结果的多面化、仪器设备的自动化和测试技术的标准化等。此外,在原位、微区、元素形态等方面的应用也取得长足的进步,测量方法学研究的深度在不断加强,对相关测量标准的研发及其使用程度与日俱增。

目前常用的无机和同位素质谱技术主要包括:二次离子质谱法、电感耦合等离子体质谱、辉光放电质谱法、热电离质谱(TIMS)、辉光放电质谱(GDMS)等。

1.二次离子质谱法

当初级离子束(如 Ar^+、O_2^+ 等)轰击固体样品表面时,它可以从表面溅射出各种类型的二次离子,通过质量分析器,利用离子在电场、磁场或自由空间中的运动规律,可以使不同质荷比的离子得以分开,经分别计数后可得到二次离子强度-质荷比关系曲线,这种分析方法称为二次离子质谱法(SIMS)或次级离子质谱法。它是一种研究固体表面元素组成的近代表面分析技术。

溅射出的粒子通常为中性,只有一小部分为带正、负电荷的离子。入射离子必须具有一定的能量,以便克服表面对这些粒子的束缚。这种开始出现溅射所需的入射离子最低能量,称为阈值能量,对于一般金属元素大约为 $10 \sim 30$ eV。

在不同情况下入射离子的溅射能力并不一样,每个入射离子平均从表面溅射的粒子数,称为溅射产额。元素种类或化合物类型不同时,溅射产额不同,大约为 $0.1 \sim 10$ 原子/离子。入射离子的种类和能量可以影响二次离子产额。二次离子质谱通常用 Ar^+ 等惰性气体离子作为入射离子。如果选用电负性的入射离子,那么可以极大地提高正的二次离子产额。如果选用电正性的入射离子,那么可以极大地提高负的二次离子产额。

在分析中,可以选择不同的入射离子,以使某个成分的灵敏度增加。不同样品的二次离子类型和产额是不同的,即使同一种元素处于不同的化合物或基体中,由于其他成分的存在,二次离子产额也会发生变化,产生基体效应。这是因为二次离子溅射要涉及电子转移,当其他成分影响到原子的电子状态,二次离子产额就会发生变化。另外,同一化合物的各种不同二次离子的产额也存在几个数量级的差别,因此质谱图中的二次离子流强度通常用对数坐标表示。在质谱图中,不同质荷比的峰不但反映化学成分的不同,而且同时也提供了不同质量的同位素信息。

二次离子质谱有静态和动态两种。在静态二次离子质谱(SSIMS)中,入射离子能量低,束流密度小,以此尽量降低对表面的损伤,这样接收的信息可以看做是来自未损伤的表面。动态二次离子质谱,入射离子能量较高,束密度大,表面剥离速度快,分析的深度深,在表面分析过程中,它会使表面造成严重损伤。

2.电感耦合等离子体质谱技术

电感耦合等离子体质谱(ICP-MS)技术具有检测限低、线性范围宽、样品处理简单、样品分析速度快和可进行多元素分析等优点,尤其具有与其他技术联用的能力,分析测量对象涉及多种元素、元素形态、同位素、表面、微区和成像等。因此,ICP-MS 技术为前沿学科及领域研究提供了新的技术手段,已成为最具发展前景的主要分析技术之一。

3.辉光放电质谱法

辉光放电质谱法使用试样为阴极的辉光放电装置作为离子源,辉光放电溅射能将构成阴极材料的原子输入等离子体,使部分溅射原子电离,进而对试样进行质谱元素分析。辉光放电质谱法能对块状金属进行快速定量、定性分析,也能对薄层、溶液残渣和压制粉末样品进行分析。辉光放电离子源与激光器联用,能大大提高其使用性能。

4.热电离质谱技术

热电离质谱(TIMS)技术是指将分离纯化过的样品置于 Re、Ta 和 Pt 等高熔点金属灯丝表面上,通过灯丝加热致使分析物电离的一种 MS 技术。TIMS 的主要测量对象包括铷-锶、钐-钕、铀-铅、过渡元素、轻质量元素和非金属元素同位素组成。

近年来,研发出的 TRITON 和 IsoProbeT 热电离质谱仪具有较宽的质量谱带、高精度和高灵敏度等特点,并装备了多通道法拉第接收器和离子计数接收器;通过提高接收器增益的稳定性和改进校正模式,极大消除了不同接收器间的差异,使锶、钕等同位素比值测量精度提高了近一个数量级。另外,测量过程已完全由计算机软件控制,易于操作;正负电离源可方便切换;一次装源可测量 21 个样品,在很大程度上提高了测量效率。

在使用 TIMS 测量时,需通过适当的化学前处理,将待测元素从样品基体中分离出来,故测量过程比较耗时费力。但是,通过电离温度实现待测同位素的电离,排除各种干扰的离子源系统,以及结合低本底化学分离流程提高分辨率,降低用样量,使测量结果的可靠性得到了很好的保障。因此,TIMS 依然是高精度和高准确度同位素测量的主流分析仪器。

5.辉光放电质谱技术

辉光放电质谱(GD-MS)技术作为火花源 MS 仪器的替代技术,检出限非常低,稳定性好,可检测非金属元素 S、P、Si 和 Cl 等,分辨率可达 10000,而且不同元素相对灵敏度因子差异小,在克服 MS 干扰和降低基体效应方面有很强的能力。新型的 ELEMENT GD-MS 仪在磁场快速扫描、磁场稳定性、样品装载方式和数据处理软件等方面有了较大的改进,提高了检测速度。GD-MS 作为直接分析测量固体导电材料中痕量、超痕量元素的最有效手段,可用于合金和半导体材料等工业领域高端产品提纯工艺的指示和产品质量控制。由于 GD-MS 采用直流放电,所以只能直接分析导体样品,对于非导体材料可采用射频源、混合法和第二阴极法进行分析测量。

随着国内新仪器的引进及使用和测量技术研究的深入,GD-MS 显现出良好的应用前景。

6. 火花源质谱法

火花源质谱法(SSMS)的离子源为射频火花源或低压直流电弧源,通过放电而使无机样品分子产生正离子。在质量分析器内按质荷比分离,然后在照相干板上被同时检测,或用电子倍增器依次检测。火花源质谱法主要应用于金属、半导体和绝缘体的总体痕量分析,工艺合金、地球化学和宇宙化学样品的多元素分析,生物样品和放射性材料的多元素分析及环境分析等。

7. 激光微探针质谱法(LAMMA)

利用高能激光束使固体试样上一个确定的微区内的原子、分子和原子团蒸发、激发和电离,生成正离子,然后进行质谱分析。该方法既能按透射方式对薄样品进行微区分析,又能用反射方式对厚样品进行分析,在植物生物学、生物医学和环境研究等领域都有广泛的应用。

8.2　质谱成像技术

质谱成像(IMS)技术已成为 MS 领域的一个研究前沿和热点。作为一种新型的分子成像技术,IMS 能够用影像技术对生物体内参与生理和病理过程的分子进行定性或定量的可视化检测,可用于检测基因、蛋白质和药物等其他小分子物质在生物体内的分布及其浓度变化信息,提供生物体不同的生理过程及病理过程中分子的变化,在临床医学和分子生物学等领域有重大应用前景。

IMS 技术与正电子发射断层成像、核磁共振成像、放射自显影和荧光成像等其他成像技术比较,具有以下几个特点:

①能够对多种分析物成像。

②不需要标记。

③可以同时获得非目标物质的信息。

④利用 MS/MS 分析可对未知化合物进行结构解析等。

IMS 技术在近年来获得了长足发展,为生命科学、材料科学及生物医学等领域提供了强大的技术支持。

但是作为一种新兴的分子成像技术,其未来的发展需要从以下几个方面努力。

①加快数据采集及分析也是未来需要改进的一个重要方向。目前即使在最优化数据采集

和处理条件下,利用质谱成像技术给出结果仍需较长时间。

②提高成像技术的空间分辨率,实现单细胞水平蛋白质组学成像分析。如果实现这个目标,临床医生就能够在分子水平上评估由显微镜观察到的结果。

③提高现有技术的灵敏度,因为低丰度生物标志物的检测经常受到灵敏度的限制;此外,提高成像空间分辨率的同时,进样量也会急剧降低,则需要高检测灵敏度的质谱分析器弥补。

此外,应进一步研发新的质谱成像探针技术,用于发展超大型或超小型成像质谱仪,前者用于人体或大型物体的成像分析,后者作为便携式仪器用于现场分析,这对于临床诊断、公共安全、食品安全和环境监测等都有非常重要的意义。

8.3 色谱-质谱联用技术

随着现代科学技术的发展,样品的复杂性、测量难度以及对响应速度的要求在不断提高,采用单一的分析技术已不可能解决复杂未知样品的快速定性、定量、价态及形态分析的难题。由两种或多种分析仪器组合成统一完整的新型仪器,它能吸收各种分析技术之特长,弥补彼此间的不足。联用技术指两种或两种以上的分析技术结合起来,重新组合成一种以实现更快速、更有效地分离和分析的技术。

联用技术增加了获得数据的维数,数据的多维性提供了比单独一种分离技术或光谱技术更多的信息。

8.3.1 气相色谱联用技术

1.气相色谱-质谱仪

气相色谱-质谱联用仪(GC-MS)是分析仪器中较早实现联用技术的仪器。

由于质谱法的灵敏度高,扫描速度快,因此极适合与气相色谱联用,为柱后流出组分的结构鉴定提供确证的信息,而且即使对含量处于 ng 级,在数秒钟内流出的物质也可以鉴别。采用气相色谱填充柱时,载气流量达每分钟数十毫升,因此与高真空离子源极不匹配。为了解决此问题,必须采用接口,即分子分离器。

(1)分类

GC-MS 联用仪的分类有多种方法,按照仪器的机械尺寸,可以粗略地分为大型、中型、小型三类气质联用仪;按照仪器的性能,粗略地分为高档、中档、低档三类气质联用仪或研究级和常规检测级两类。按照质谱技术,GC-MS 通常是指气相色谱—四极杆质谱或磁质谱,GC-IT-MS 通常是指气相色谱-离子阱质谱,GC-TOFMS 是指气相色谱—飞行时间质谱等。按照质谱仪的分辨率,又可以分为高分辨、中分辨、低分辨气质联用仪。小型台式四极杆质谱检测器(MSD)的质量范围一般低于 10000。四级杆质谱由于其本身固有的限制,一般 GC-MS 分辨率在 2000 以下。和气相色谱联用的高分辨磁质谱一般最高分辨率可达 60000 以上,和气相色谱联用的飞行时间质谱(TOFMS),其分辨率可达 5000 左右。

(2)基本结构

气相色谱-质谱仪的结构如图 8-18 所示。

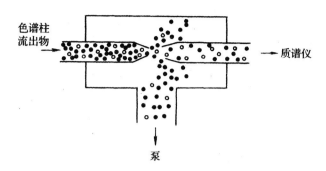

图 8-18　喷嘴分子分离器

气相色谱仪由进样器、色谱柱、检测器（GC-MS 联用时质谱仪为检测器）及控制色谱条件的微处理机组成。与气相色谱联用的质谱仪类型多种多样，主要体现在分析器的不同，有四极杆质谱仪、磁质谱仪、离子阱质谱仪及飞行时间质谱仪等。四极质谱仪的扫描速度高，但分辨率及灵敏度要差一些。最理想的是傅里叶变换离子回旋共振质谱仪。

（3）工作原理

GC-MS 的工作原理如图 8-19 所示。当一个混合样品用微量注射器注入气相色谱仪的进样器后，样品在进样器中被加热气化。由载气载着样品气通过色谱柱，色谱柱内填有某种固定相，不同分析对象应选择不同的固定相。色谱柱分为填充柱和毛细管柱。由于气相色谱仪独特的分离能力，在一定的操作条件下，每种组分离开色谱柱出口的时间不同。从进样时算起至某组分的区域中心离开色谱柱出口的时间是这个组分的保留时间。

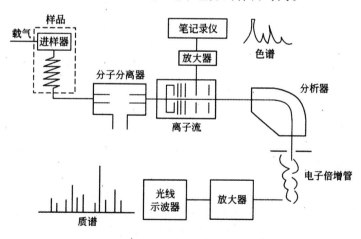

图 8-19　GC-MS 工作原理

当有某种器件装在色谱柱出口时，能使到达柱出口的某组分转化为电信号。这个信号经放大器放大后可在记录仪上得到色谱峰的图形。上述器件在色谱仪中称为检测器，如热导池、氢火焰和电子俘获检测器等。在 GC-MS 中不使用这些检测器，而是用离子源中的一个总离子检测极代替它。在色谱仪出口，载气已完成它的历史使命，需设法筛去，保留组分的分子进入质谱仪的离子源中。分子分离器的作用就是尽可能地把载气筛去，只让组分的分子通过。

因为这时组分的量非常少,进入质谱仪时,不至于严重破坏质谱仪的真空。

样品的中性分子进入质谱仪的离子源后将会被电离为带电离子。另外,还会有一部分载气进入离子源,它们和质谱仪内残余气体分子同时被电离为离子并构成本底。样品离子和本底离子一起被离子源的加速电压加速,射向质谱仪的分析器中,在进入分析器前,设计好的总离子检测极,收集总离子流的一部分。总离子检测极收集的离子流经过放大器放大并记录下来,在记录纸上得到的图形实际上就是该组分的色谱峰。总离子色谱峰由底到峰顶再下降的过程,就是某组出现在离子源的过程。

在进行 GC-MS 操作时,从进样起,质谱仪开始在预定的质谱范围内,磁场作自动循环扫描,每次扫描给出一组质谱,存入计算机,计算机算出每组质谱的全部峰强总和,作为再现色谱峰的纵坐标。每次扫描的起始时间作为横坐标。这样每次扫描给出一个点,连接这些点会再现一个色谱峰。它和总离子色谱峰相似。数据系统可给出每个再现色谱峰峰顶所对应的时间,即保留时间。

利用再现的色谱峰,可任意调出色谱上任何一点所对应的一组质谱。色谱峰顶处可获得无畸变的质谱。另外,还可利用再现的色谱峰来计算峰面积进行定量分析。

(4)样品导入和接口

GC 柱上的流出物通过接口逐一进入质谱仪并被鉴定。用于 GC-MS 联用的色谱柱在柱流失方面有较高的要求,这是因为质谱仪对柱流出物有较大的响应。选用低流失的色谱柱对GC-MS 联用至关重要。

实现 GC-MS 联用,需要解决的一个重要问题是气相色谱仪的出口大气压工作条件和质谱仪的真空操作条件相匹配。质谱仪必须在高真空条件下工作,否则,电子能量将大部分消耗在大量的氮气和氧气分子的电离上。离子源的适宜真空度约为 10^{-3} Pa,而色谱柱出口压力约为 10^5 Pa,这高达 8 个数量级的压差是联用时必须考虑的问题。也就是说,要有一个适当的方法来解决两者间压差较大的问题。接口用来降低压力,以满足质谱仪的要求;二是减少流量,排除过量的载气。

(5)操作条件的优化

①色谱操作条件的选择。

在 GC-MS 中,气相色谱单元的功能是将混合物的多组分化合物分离成单组分化合物。凡是能进行气相色谱分析的样品,都可以进行 GC-MS 检测。但是由于和质谱仪相联用,因此在兼顾色谱系统的某些要求后,对被分析物质的相对分子质量都有了限制。

用于 GC-MS 的载气,主要考虑其相对分子质量和电离电位。气相色谱常用的载气为氮气、氢气和氦气,由于氮气的相对分子质量较大(28.14),会干扰低相对分子质量组分的质谱图,不宜采用;而氦气的电离电位(24.6 eV)比氢气(15.4 eV)的大,不易被电离形成大量的本底电流,利于质谱检测。因此,氦气是最理想的、最常用的载气。

在柱型的选择上,应根据具体的分析情况决定。若分离效率是次要的,且样品中大部分为溶剂,则可选用内径为 2 mm 的填充柱;若样品组成十分复杂,或样品总量不足几微克,则采用毛细管柱是合适的。对于常用的 MS,都采用毛细管柱。由于受质谱仪离子源真空度的限制,最常用的是内径为 0.25 mm、0.32 mm 的色谱柱。只有使用能除去溶剂的开口分流接口装置,才能使用内径为 0.53 mm 的色谱柱。对于固定液,除了考虑色谱分离效率外,还必须兼顾其流失问题,否则会造成复杂的质谱本底。交联柱的耐温能力比普通柱高,且耐溶剂冲洗,柱效率高,柱寿命长,很适合 GC-MS 分析。

此外,还要选择好影响气相色谱分离的各种条件。载气流量和线速度应选取在 GC-MS 仪接口允许的范围内。为减少载气总量,常采用较低的流量和较高的柱温。对于内径为 0.25 mm、0.5 mm 的毛细管柱,实用体积流量应分别为 1 mL·min⁻¹、5 mL·min⁻¹左右。载气的线速度应等于或略高于最佳线速度。

最大样品量应以不使色谱柱分离度严重下降为宜,但是在进行痕量组分分析时,要使用超过极限的最大样品量。假若按最小色谱峰估算,样品总量仍不足时,则应进行样品预富集。

②防止离子源的污染和退化。

色谱柱老化时不能接质谱仪(离子源),老化温度应高于使用温度。另外,所有的注射口(如隔垫、内衬管、界面)都必须保持干净,不能使手指汗渍、外来污染物玷污它们,否则会引起新的质量碎片峰。

③合理设置各温度带区的温度。

必须维持色谱柱、分离器和质谱仪入口整个通路的温度恒定,或者自一端至另一端的温度逐渐下降幅度很小。务必避免通路中有冷却点存在,否则会使一些高沸点流出物在中途冷凝而影响质谱定量结果。例如,接口的温度过高或过低,常引起联机分析失败。一般来说,其温度可略低于柱温,每 100℃柱温,接口温度可低 15℃~20℃。任何时候均应避免在接口(包括连接管线)的任何部分出现冷却点。

④综合考虑质谱仪的操作参数。

按分析要求和仪器能达到的性能来综合考虑质量色谱图的质量范围、分辨率和扫描速度。在选定气相色谱柱型和分离条件下,可知气相色谱峰的宽度,然后以 1/10 气相色谱峰宽来初定扫描周期。由所需谱图的质量范围、分辨率和扫描周期初定扫描速度,再实际测定,直至仪器性能满足要求为止。

总之,一次成功的联机分析要求色谱、接口及质谱部分均工作在良好状态。为此,常应在联机分析前先进行色谱单机实验,以了解样品量、溶剂以及是否需对所有色谱峰进行质谱分析等情况,从而选取最佳的联机条件。

2. 气相色谱-傅里叶变换红外光谱

与色散型红外光谱仪相比,傅里叶变换红外光谱仪光通量大,检测灵敏度高,能够检测微量组分,而且由于多路传输,可同时获取全频域光谱信息,其扫描速度快,可同步跟踪扫描气相色谱馏分,微机的引入使其功能更加强大。随着近年来研究工作的深入,窄带汞镉碲(MCT)检测器代替了硫酸三甘肽(TGS)热释电检测器,内壁镀金硼硅玻璃光管取代了早期的不锈钢光管,这两项关键技术使 GC-FTIR 进入了实用阶段,最终实现了 GC 与 FTIR 的在线联机检测。随着接口技术的不断创新与完善,GC-FTIR 联用技术也随之不断发展。早期商品仪器为填充柱 GC-FTIR 系统,后来出现了商用毛细管 GC-FTIR 仪,随后逐渐取代了早期的填充柱 GC-FTIR 仪器。毛细管 GC-FTIR 以其优越的分离检测特性被广泛用于科研、化工、环保、医药等领域,成为有机混合物分析的重要手段之一。

GC-FTIR 联用系统的组成单元为:

①气相色谱单元,对试样进行气相色谱分离。

②联机接口,GC 馏分在此检测。

③傅里叶变换红外光谱仪,同步跟踪扫描、检测 GC 各馏分。

④计算机数据系统,控制联机运行及采集、处理数据。

其联用系统的结构示意如图 8-20 所示。

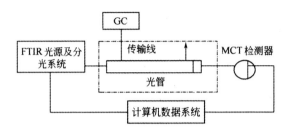

图 8-20　GC-FTIR 联用系统结构示意

由图可以看出,GC-FTIR 联用是通过一个接口来实现的,它是由一个光管、高灵敏的 MCT 检测器、传输线和反射镜组成。在整个接口装置中,光管的作用最重要,它的优劣直接影响着 GC-FTIR 联机的质量好坏。工作时,从色谱柱分离的组分经传输线输入光管中。

另外,来自主光学台的入射干涉光束经椭球镜聚焦后射向光管窗口,在光管中被分离组分吸收,并作多次反射,再经椭球镜-平面镜组反射至检测器进行检测。为避免色谱馏分冷凝,光管和传输线皆缠绕电炉丝保温。整个操作可通过专用控制器自动进行,若使输入端和色谱放大器输出端相接,则利用程序就可以在色谱的输出信号大于阈值电压时,触发 FTIR 的数据系统,收集干涉图。

当一个色谱峰出完后,信号低于阈值,数据收集也就停止。当下一个色谱峰馏出时,色谱信号又大于设定的阈值,控制器再进行触发收集数据。由于 FTIR 的扫描速度快,对每个色谱峰都可作多次扫描,然后把同一色谱峰的多次扫描累加起来再平均,并以色谱的出峰先后次序编号,以干涉图形式存储起来,经计算机处理后就可以得到重建色谱图。利用重建色谱图,可将有研究价值的干涉图文件选择出来,取出相应馏分的存储数据,变换为红外光谱进行进一步分析,同时也可得到色谱分离组分的流出示意图,连续显示得实时控制的三维谱图。

3. 气相色谱-原子发射光谱联用

气相色谱-原子发射光谱(GC-AED)以微波诱导 He 等离子体中被激发的元素发射为基础,提供的是元素特效检测,而不是分子特效检测。因此,它可看作是对这些检测器的理想补充。

原子发射检测器是基于这样的事实,即将色谱流出物引入惰性气体维持的等离子体中进行完全原子化,形成的原子和离子在等离子体中进一步被激发并发射出光。不同类型的等离子体被用作激发光源,且取得了不同程度的成功,如用氦和氩维持的微波诱导等离子体(MIP)、直流等离子体(DCP)、电感耦合等离子体(ICP)、电容耦合等离子体(CCP)和稳定化的电容等离子体(SCP)等。

微波诱导氦等离子体已经被广泛接受,这是因为:

①等离子体在常压下工作，与 GC 的接口非常简单。

②气体流速比较低。

③用 He 作载气，作为等离子体气体比较方便。

④He 具有简单的光谱背景，激发能明显高于氩，即使是对非金属元素，也能进行有效的激发。

将 2.45 GHz 60 W 的射频发生器耦合入等离子体，其功率明显低于 ICP，因此等离子体的温度较低。只要小心操作，不让等离子体过载即可。

为了解释等离子体中激发、复合的电离-激发或碎裂—激发机理，并考虑到在复合激发过程中特别有效的大量低能电子，已提出了下述一些不同反应：

$$e^- + He + A \rightarrow He + A^* + h\nu (连续)$$

或

$$e^- + A^+ \rightarrow A^* + h\nu (连续)$$

式中 A 是待测原子。

高能、快速的电子按下式维持此等离子体：

$$e^- + He \rightarrow He^+ + 2e^-$$

但也直接涉及激发过程：

$$e^- + A \rightarrow A^* + e^-$$

$$e^- + A^+ \rightarrow A^{+*} + e^-$$

等离子体中的离子和亚稳态可将待测物激发：

$$A + He^+ \rightarrow A^{+*} + He \qquad ①$$

$$A + He_m \rightarrow A^* + He + e^- \qquad ②$$

$$A^+ + He_m \rightarrow A^{2+} + He + e^- \qquad ③$$

$$A + He_m \rightarrow A^* + He \qquad ④$$

$$A^+ + He_m \rightarrow A^{+*} + He \qquad ⑤$$

反应②式和③式为著名的彭宁离子化过程。

在等离子体中，离解激发反应也非常重要，图 8-21 所示为一种商业品化的 GC－AED 装置。从 GC 色谱柱洗脱出来的待测物通过出口被直接引入等离子体的放电管中。

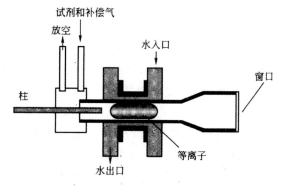

图 8-21　气相色谱—原子发射光谱联用装置

为维持等离子体的稳定工作和对不同元素灵敏度和选择性检测的要求，需使用额外的 He

辅助气。为了提高灵敏度并防止在放电管内壁形成碳沉积,在进入等离子体之前还要加入试剂气和清洗气。由于等离子体无法承受大量碳化合物的引入,在进入等离子体之前需用一个阀将溶剂排出。将低功率微波发生器产生的等离子体维持在位于微波腔中心直径 1 mm 的石英放电管中,在等离子体温度高于 3000 K 时,待测物将完全原子化、激发并发射出特征的电磁辐射,然后从放电管的开口端进行观测,并通过光学元件传送至可使多色光色散的全息光栅。沿光栅的焦面放置一个可移动的二极管阵列检测器,对元素的特效发射进行检测,二极管阵列检测器只能覆盖整个可用光谱的约 25 nm,可同时检测发射线靠得比较近的元素。由于上述原因及使用不同净化气所产生的限制,只有有限数目的元素可被同时检测。GC-AED 的运行结果是产生一个三维数据矩阵,其发射强度作为保留时间和波长的函数而被记录下来。采用专用算法,可实时地由这些数据矩阵计算出元素的特效色谱图,该算法已校正了背景发射和光谱干扰。

GC-AED 的成功主要由于以下三个事实。

①若不能获得待测物的可信标准,可在定量分析中采用与化合物无关的校准。通过分子结构中元素响应的独立性计算出待测物的元素组成。虽然测定的准确度不能与传统的微量元素分析相比,但在样品量小于 6 个数量级的情况下仍可直接从色谱峰中获得结果。

②能检测可被 He 激发的所有元素以及某些稳定同位素。当分子发射的光谱谱带与最大丰度同位素相比稍有位移时,也有可能被检测。

③GC-AED 有独特的选择性。杂元素对碳的选择性通常等于或超过 1000,而用其他的元素特效检测器则很难达到。另外,可通过比较所研究化合物的发射光谱来确证待测元素的存在。

8.3.2　液相色谱联用技术

液相色谱高效、快速、灵敏,适用于相对分子质量大、难挥发或热敏感化合物及离子型化合物的分离分析。将液相色谱与光波谱技术联用能够同时发挥两者的优势,快速、有效地进行复杂样品的在线分析。LC-MS、LC-NMR、LC-IR、LC-NMR-MS 等技术的成熟及商品化使有机分析的应用领域大大拓展了,并为生物大分子和药物代谢产物的分析鉴定提供了有效的方法。

1. 液相色谱-质谱联用

液相色谱-质谱联用(LC-MS)必须通过一个特殊的接口,在样品进入质谱前将 LC 流动相中的大量溶剂除去,并使分离出的样品离子化,这样才能有效地将色谱分离和质谱检测相结合。因此,可以说液质联用技术的发展就是接口技术的发展。

在热喷雾接口出现之前,LC-MS 主要采用移动带接口和连续流 FAB 接口,但这并不是真正意义上的液质联用。直到大气压离子化技术(API)的出现才使液相色谱-质谱联用技术有了突破性进展,API 接口的商品化使得 LC-MS 成为真正的联用技术。

(1)工作原理

液相色谱是高压-液相-分子体系,而质谱是高真空-气相-离子体系。传统 HPLC 分离时用的高流速和质谱仪要求的高真空之间存在着难以协调的矛盾。HPLC-MS 接口设计是要把尽可能多的 LC 流出物引入 MS,以获得最大的灵敏度;并使待分析样品在接口处获得有效的浓缩,而 MS 的差速真空系统仅可容许引入约 50 nl·s⁻¹ 的液体流动相。

为克服以上限制采用了这几种方法:

①扩大 MS 真空系统的抽气容量。

②引入真空系统前先除去溶剂。

③牺牲灵敏度,分流流出物。

④使用可在较低流量下有效工作的微型 LC 柱。将这些手段用于 LC-MS 接口技术中,可以解决真空匹配问题。

(2)LC-MS 方法的建立

近年来发展起来的 ESI、APCI、APPI 等多种接口技术已成为 LC-MS 最常用的接口,均为在大气压条件下同时完成溶剂的去除和样品的电离。

下面介绍 API-LC-MS 方法建立的一些规律。

①选择合适的离子化模式。

作为 API-MS 的接口,ESI、APCI 和 APPI 各有所长,应根据样品的性质及色谱分离模式来择合适的离子源,如图 8-22 所示。ESI 适合分析中等极性到强极性化合物,而 APCI 则适于分析非极性到中等极性、相对分子质量小于 1000 的热稳定性化合物,APPI 适于分析非极性化合物。相比而言,ESI 适合与反相色谱、体积排阻色谱及亲和色谱联机;而 APCI 和 APPI 则适合与正相色谱和大多数反相色谱联机。

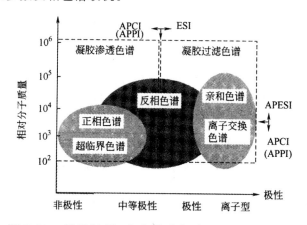

图 8-22 样品性质、分离模式与离子化技术的选择

②柱后修饰技术。

通常情况下,对已有的色谱分离方法进行优化后不能得到较为满意的联机效果,这时,需采用柱后修饰技术加以解决,其流程如图 8-23 所示。

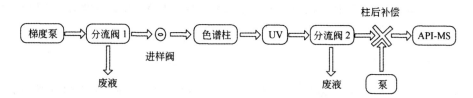

图 8-23 柱后修饰技术示意图

柱后修饰主要有以下几种。

· 柱后添加挥发性的酸、碱溶液,调节流动相的 pH,如添加甲酸或乙酸的异丙醇溶液,降低流动相的 pH,可提高 ESI 正模式检测的灵敏度。反之,柱后添加 $NH_3 \cdot H_2O$,可提高流动相的 pH,有利于负模式检测。

· 柱后添加有机溶剂以优化质谱性能,最合适的添加溶剂是异丙醇,能利于含水量较高的流动相去溶剂化,并可稀释离子型缓冲溶液。

· 柱后分流,降低流速,通常用在大内径色谱柱分离上。

· 柱后添加一定浓度的碱金属离子,使分子中缺少或不含可质子化位点的化合物阳离子化。

· 柱后添加可与被分析物形成弱离子对的添加物来代替形成强离子对的添加物,提高 ESI 的灵敏度,这种柱后修饰技术称为"TFA-fix"。当流动相中含有三氟乙酸或七氟丁酸时,可在柱后添加弱酸来取代这些低沸点的强酸,如选用丙酸的异丙醇溶液。

· 柱后衍生化以形成具有电喷雾活性的衍生物,可以检测出 ESI 条件下难离子化的样品。

③将 LC 方法转换为 LC-MS。

进行方法转换时,要尽量选择与液质联机系统相匹配的色谱条件,应注意以下几点。

· 使用挥发性的添加物,如甲酸、乙酸、TFA、$NH_3 \cdot H_2O$ 等来调节流动相的 pH;

· 选用可挥发性缓冲盐代替不挥发性缓冲盐,或尽量采用低浓度的缓冲液;

· 采用挥发性的离子对试剂,或尽量选择分子量较小的离子对试剂,避免产生较强的本底干扰;

· 尽量采用色谱纯的有机溶剂,以减少噪声信号;

· 由于长期使用缓冲液的色谱柱上可能残留有大量的 Na^+、K^+ 离子,因此应避免使用这样的色谱柱进行 LC-MS 分析;

· 应根据不同情况选择合适的柱内径、流速;

· 进行 HPLC-MS 分析时,要求样品尽量不含可能会引起 ESI 信号干扰的基质,且样品黏度不宜过大,以免堵塞喷口及毛细管入口。

因此,进行 HPLC-MS 联机前必须根据样品的具体情况选择合适的处理方法。

④选择合适的质谱检测模式。

应根据样品的性质及流动相的组成来选择质谱检测模式,对碱性样品可优先考虑使用正离子模式,对酸性样品可使用负离子模式检测,当化合物的酸碱性不明确时可优先选择 APCI 正模式检测。

通常情况下,碱性化合物适用于正离子模式检测,测试溶液的 pH 应较低,可用乙酸、甲酸、三氟乙酸来调节。另外,酸性化合物适于用负离子模式检测,测试溶液的 pH 应较高,可用氨水或二乙胺等进行调节。

2. LC-MS/MS 联用

新药的发现和开发过程需要评价大批先导化合物的吸收、分布、代谢和排泄(ADME)性质。高通量 ADME 分析法直接加快了优化先导化合物的过程,并使开发新药所需的总时间缩短。MS 技术固有的高灵敏度、选择性和快速等特点被证明是药物代谢和药物动力学研究的最佳手段之一。目前,大多数体外样品以及随后的动物体内实验样品,均普遍采用 LC-MS 及 LC-MS/MS 进行定性和定量分析,该类方法快速、灵敏、易于自动化,无论在药物动力学生物样品定量分析中,还是在药物代谢产物结构鉴定中,均发挥着主导作用。

(1)生物样品的定量分析

经过多年发展,LC-MS/MS 迅速成为药物代谢和药物动力学研究的主要分析技术,使相关的实验研究得到新的突破,满足了新药研制和制药业不断增长的需求。随着 MS 灵敏度的不断提高,采血量会更少,样品预处理会更简便;而且其性能和分析方法的不断改善,检测范围不断扩大。

大多数药物的血浆的浓度与它们的药理活性及副作用相关。跟踪血浆中原形药物和代谢产物浓度的定量分析,称为药物动力学分析。现代药物作用强、剂量低,在血浆中的浓度一般在 ng·ml^{-1} 级别。由于血浆成分复杂,因而建立可靠的血浆样品定量分析方法是药物动力学研究的关键步骤。生物样品分析方法的基本要求包括选择性强、灵敏度高、重现性好和线性范围宽等。在过去,药物动力学定量分析主要依赖于 HPLC 法,该法专属性差,灵敏度较低,耗时长。以四极杆质量分析器为基础的 LC-MS/MS 技术大大提高了选择性和灵敏度,已经成为候选药物及其代谢物定量分析的首选方法。

LC-MS/MS 定量分析采用选择反应监测(SRM)方式,选择性明显增大,样品预处理得到简化,分离时间大幅减少。在血浆样品定量分析中,LC-MS/MS 检测碱性药物的灵敏度可达到 0.01 ng·ml^{-1},酸性和中性药物多数可达到 0.1 ng·ml^{-1} 水平,这些结果比 HPLC-UV 检测的灵敏度提高了 2~3 个数量级。LC-MS/MS 方法适用于多种类型药物或代谢产物,对于某些药物仍需要通过衍生化方法改善其离子化行为。为了改善 HPLC 以缩短分析时间和提高样品通量,引入了超高效液相色谱系统,这极大提高了色谱的分辨率及分离能力,并改善了分析的灵敏度。

反相 HPLC 分离机理对强极性化合物的保留性差,新出现的亲水相互作用液相色谱(HILIC)有助于解决这个问题。它的极性固定相是硅胶,主要用于保留强极性分析物,并保持高的 LC-MS 灵敏度。目前,建立严格的生物样品定量分析方法一般包括质谱条件优化、色谱条件优化和样品预处理条件优化的循环过程。

色谱共流出组分对分析物的 MS 信号的抑制或增强是 LC-MS/MS 定量分析的一个主要问题,被称为基质效应,它能减少线性和分析结果的重现性。因此,在定量方法确证和应用之前,必须解决基质效应问题。近年来,推荐采用稳定同位素内标进行生物样品 LC-MS/MS 定量分析,它与分析物色谱保留时间相同或相近,离子化程度及质谱裂解方式一致,有利于克服基质效应的影响,能有效避免重现性。

(2)药物代谢产物的结构鉴定

为了在药物临床实验中保证人体安全性,通常要求对代谢物进行鉴定。药物代谢途径包括一相代谢反应(包括氧化、还原和水解复用)和二相代谢反应(较大的内源性强极性分子与官能团发生的结合反应)。

HPLC-UV、GC-MS、FAB-MS 等为传统的鉴定代谢物结构的分析技术,LC-MS/MS 技术是目前用于生物样品中药物代谢物研究的最有效的分析手段,能够获得色谱保留时间、分子质量等多种信息。采用的 MS/MS 仪主要包括：三重四极杆、离子阱、飞行时间、轨道阱和离子回旋共振等。ESI-MS 谱可以直接检测极性代谢物，如葡萄糖醛酸结合物、硫酸结合物和谷胱甘肽结合物等。为了能全面表征代谢物结构，LC-MS 方法经常与其他分析方法联用，有时需要获得其对照品和 NMR 谱数据来最终确定代谢物结构。

高分辨 MS 技术具有更高的准确度和专属性，它缩小了观测离子的范围。质荷比测量的有效误差限使相符的分子式目标范围缩小。

鉴定代谢物结构常用的 MS/MS 扫描及过滤技术主要包括产物离子扫描、前体离子扫描、中性丢失扫描、数据依赖扫描和质量缺失过滤等。另外，进行质谱解析的各种软件也不断得到强化，而且代谢物预测软件也被整合到 LC-MS 中，可加速代谢物的检测和结构鉴定。

3.液相色谱-核磁共振波谱

液相色谱-核磁共振波谱(LCNMR)联用技术的难度非常大，这是因为核磁共振波谱法灵敏度不高，测试的样品量须达微克级，溶剂的信号必须得到有效的抑制。研制一个性能优良的接口可以使其具有核磁共振信号的最大灵敏度和满意的分辨率。

联用装置示意图如图 8-24 所示，分离体系需离磁体约 2 m，紫外吸收检测器出口通过毛细管连接到安装在探头底部的切换阀上。

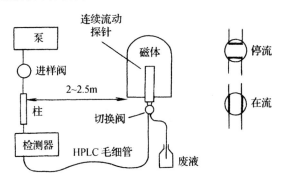

图 8-24 液相色谱-核磁共振联用示意图

调节切换阀可以采用连续流动方式或停流方式来获得光谱图。而探头是由非旋转的玻璃流通池组成，射频线圈直接固定在上面。色谱柱后的流出物直接进入流通池，而此流通池探头置于强磁场中，流动探头的设计极为关键，不但要设法达到最高灵敏度，而又要保持色谱分离度。因此必须选择合适的参数。被分析样品在磁场中应有合适的时间，以使核极化。由于核在流通池中停留时间有限，与通常的核磁共振测试相比，纵向与横向弛豫时间都减少了。这导致信号强度随流速而增加，但是在较高流速下，核磁共振谱线的宽度却增加了，因而必须寻找合适的条件来解决这对矛盾。在联用时，色谱流动相必须使用氘代或非质子溶剂。氘代由于太昂贵而使用不多，故常采用质子化溶剂，且在采用质子化溶剂时必须采用溶剂信号抑制技术。

4.液相色谱-傅里叶变换红外光谱

液相色谱-傅里叶变换红外光谱(LC-FTIR)可以得到分子中功能团的信息。但它又受到所用流动相性质的影响,使联用又比 GC-FTIR 复杂,这是由于流动相在中红外区域有强烈吸收,给在溶剂吸收带范围内检测被分析物带来困难。特别是在痕量分析物洗脱只引起吸收值很小变化的这种情况下,几乎不可能检测出被分析物。为了防止溶剂带的全吸收,其流通池接口的光路长度要求非常短,因此灵敏度将会很低,检测限约在 0.1～1 μg 范围。

为了提高灵敏度,可以采用溶剂消除接口。它比采用流通池接口的优越之处在于能得到被分析物的全程光谱信息;对溶剂组成及分离模式选择的限制较少。然而,使用这种接口就要求溶剂比被分析物的挥发度要大得多。在操作时,使柱后流出物滴至 KCl 粉末上,在氮气流驱赶下溶剂蒸发,然后将沉积有被分析物的 KCl 粉末推进至光路中,记录红外光谱。如果采用窄径柱,峰浓度更相对集中,检测限更低,溶剂的消除更容易。

8.3.3　毛细管电泳-质谱联用

毛细管电泳技术(CE)是一类以毛细管为分离通道、以高压电场为驱动力的液相分离分析新技术。毛细管电泳具有高效分离、快速分析和微量进样的特点。CE 的高效分离与 MS 的高鉴定能力结合,成为微量生物样品,尤其是多肽、蛋白质分离分析的强有力工具,可以用来分析天然大分子。

图 8-25 所示为 CE-MS 联用,毛细管两端间施加电压为 30～50 kV,而毛细管末端则施加5 kV 的电压。

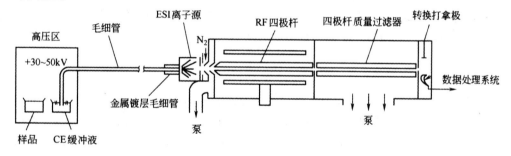

图 8-25　CE-MS 联用

薄层色谱(TLC)与 MS 和 FTIR 的联用已有了成功的接口,但没有得到广泛的应用,这大概是由于把分析实验中最简单、最便宜的分离技术与最复杂、最昂贵的检测技术相联接的缘故。但是,绝不能低估现代高效薄层色谱的分离能力及其通用性。超临界流体色谱(SFC)也已成功地与质谱、FTIR 和原子发射检测技术联用。根据 SFC 中所使用流动相的性质,对接口的要求也介于气相和液相色谱的接口之间。因此,现有的 GC 和 LC 接口只需稍加改动便可与各种类型的光谱检测器成功地联用。

这些发展背后的推动力是各种分离技术均需要高度灵敏和专属的检测器,使之能够解决日益复杂的分析问题。接口技术的成功与否将最终取决于是否能满足这些联机的要求,展望联用技术的未来,不难预测新颖的联用技术很可能就会出现。其中,毛细管电泳(CE)与 FT-IR、原子发射、质谱检测技术联用等接口的研究已具有了一定的成熟性。

第9章　生化分析技术

当今生命科学的发展已充分显示出三个特点：一是现代生命科学在整个科学技术领域中的重要性日益彰显；二是生命科学对高新技术的需求和依赖越来越大；三是分析化学作为生命科学研究的方法与手段支撑了生命科学的发展。生命科学和临床医学的重大进步都离不开特异性、高灵敏度的标记、检测和定量技术；而某一个技术的重大突破又可能带来一个新领域的产生。分析测试方法的发展与进步是生命科学及其相关研究领域发展的关键，开展高灵敏、高通量、快速、自动化的生命分析化学新原理、新方法与新技术研究已成为21世纪分析化学与生命科学交叉研究的重要方向，它是生命科学及其相关领域原始性创新的重要基础。

生化分析技术是研究生命体系中各种成分、结构单元以及相互作用过程中的变化，建立生命活动过程中生物分子检测新原理、新方法与新技术，对生命物质进行准确、特异、灵敏、快速的定量、定性监控，实现分子识别和生物信息提取的一个新兴交叉领域。

9.1　信号放大技术

利用分子生物学方法对样品中检测对象进行放大或通过高含量示踪分子对生物识别事件进行放大可实现分析方法的高灵敏度，甚至达到单分子检测的要求。分子生物学放大方法包括PCR和滚环扩增等技术，而放大生物识别事件可通过酶催化、化学催化和纳米信号放大等技术来实现。后者已成为当今超高灵敏分析方法发展的主要手段之一，受到广泛关注。

9.1.1　纳米放大信号

各种新型纳米材料已在生物样品的超灵敏检测、疾病的早期诊断、基因与药物的靶向输送、生物分离和生物医学成像等众多方面得到广泛应用。特别是在生命分析中，将不同纳米材料作为信号放大载体可极大提高分析信号的强度，实现对目标分析物的高灵敏度、低检测限分析。

纳米粒子和生物分子的高度亲和性使纳米粒子已成为一类重要的标记物，使生命分析的灵敏度大大提高。结合先进纳米技术的生命分析方法将会在生命过程的探索和研究中发挥更大的作用，促使分析方法不断向微型化、集成化、智能化的方向发展。

纳米信号放大主要包括直接标记型和多酶标记增强法。

1.直接标记型

将纳米金的标记同电化学溶出伏安技术相结合，可以获得很高的分析灵敏度。这种方法的基本思路是将结合到载体上的金属纳米粒子采用化学方法溶解后，再通过溶出伏安法测定溶液中金属离子的含量，可以间接测定蛋白质或核酸。

半导体荧光量子点具有荧光颜色可调、光谱的半峰宽窄等特点，利用不同尺寸的荧光量子点可对不同生物分子进行标记,达到多元分析的目的。通过合适的方法将量子点标记到目标结合物上,可以用溶出伏安法测定量子点组分中的金属含量,间接测量目标物。

利用层层组装先后在二茂铁晶体上包裹一层阴离子聚电解质和一层阳离子聚电解质制成的纳米粒子很容易用于生物分子的标记,在分子识别后包裹于聚电解质内的电活性二茂铁可以通过加入二甲基亚砜释放出来,用电化学的方法进行测定。由于这种方法大约可以在每个生物分子上标记 $10^4 \sim 10^5$ 个二茂铁分子,大大提高了分析的灵敏度。一种脂质体包裹电化学探针的电化学免疫传感器也得到发展。该方法先将抗体固定在碳纳米管修饰电极上,通过夹心免疫反应,将包有 $K_3[Fe(CN)_6]$ 的脂质体捕捉于电极表面后向电极表面加少量的曲通 100,使 $K_3[Fe(CN)_6]$ 释放出来并吸附于电极表面,用方波伏安法进行测定。

2. 多酶标记增强法

为了增加酶在蛋白质上的标记量以实现分子识别信号的增强,可利用纳米粒子设计新型多酶标记方案。例如,将抗体活化后,可以实现对抗体的多酶标记,有利于免疫识别信号的增强。以碳纳米管作为酶的载体,可将亲和素或 DNA 链和碱性磷酸酶固定在碳纳米管上,由于碳纳米管对酶催化产物的吸附富集作用,可将电化学信号增强 1000 倍。

9.1.2 酶与模拟酶信号放大

1. 酶的信号放大

(1) 核酸检测的信号放大

核酸检测的信号放大主要包括枝状核酸信号放大系统、侵染检测和滚环扩增(RCA)方法。含多个分枝的探针即枝状核酸(bDNA),是一种利用标记碱性磷酸酶的人工合成的多分枝 DNA 分子将检测信号放大的技术。bDNA 既能用于 DNA,也能用于 RNA 的检测。侵染检测是指在正确的靶序列下产生和放大一个特定的信号,具有非常高的灵敏度,并通过建立一个酶特异性识别的杂交结构而获得很高的特异性,它已在临床用于检测与凝血因子突变、囊性纤维化、载脂蛋白和耐药基因有关的突变及单核苷酸多态性,直接用溶胞产物测量细胞中 mRNA 水平分析基因表达,对病毒 DNA 和 RNA 定量。

(2) 免疫分析的信号放大

免疫检测中的信号放大主要为酶联免疫吸附测定(ELISA)法。ELISA 将酶催化反应的放大作用和抗原抗体亲和反应的高专一性、特异性相结合,以酶标记的抗原或抗体作为主要试剂的免疫测试方法。目前常用的酶标记物有 HRP 和碱性磷酸酶(ALP)。此外,生物素-亲和素系统是一种具有高亲和力、灵敏度高、特异性强和稳定性好等优点的信号放大标记技术,已在此基础上发展了多种酶信号放大的免疫分析方法,在细胞和抗原的定位和检测中体现出极其重要的作用。

(3) 酶对待测分子的信号放大

酶催化作用的实质在于它能降低反应的活化能,使反应在较低能量水平上进行,从而加速反应。酶之所以能降低活化能,加速化学反应。许多生物分子,如肌红蛋白、血红蛋白、细胞色素 C、HRP、超氧化物歧化酶等的直接电化学在电极上相继实现,它们分别对 H_2O_2 和超氧根阴离子的还原具有很强的催化作用。

2. 模拟酶的信号放大

利用化学合成的方法可以合成一些比酶结构简单得多的具有催化功能的非蛋白质分子，这些分子可以模拟酶对底物的结合和催化过程，既可以达到酶催化的高效率，又能够克服酶的不稳定性，这样的物质分子称为模拟酶。

模拟酶在结构上必须具有底物结合位点和催化位点，一般具有以下性质：

①能与底物形成静电或氢键等相互作用，并以适当的方式相互键合。

②一个良好的疏水键合区来和底物发生相互作用。

③模拟酶的结构对底物键合的方向应该具有立体化学专一性。

目前对天然酶的模拟工作主要包括。

①合成有类似酶活性的简单配合物。

②酶活性中心模拟，即在天然或人工合成的化合物中引入某些活性基团，使其具有酶的催化能力。

③整体模拟，即包括微环境在内的整个酶活性部位的化学模拟。

通过化学方法合成小分子化合物作为模拟酶来模拟天然酶活性中心的催化部位及结合部位的空间结构和调控结构，可以提高模拟酶的催化活性，克服天然酶在储存、实验操作及成本等方面的不足。

已被成功合成的模拟酶有：环糊精模拟酶、大环冠醚模拟酶、膜体系模拟酶、聚合物模拟酶、金属卟啉模拟酶及纳米材料模拟酶。

9.1.3 生物分子学信号放大

核酸放大技术以其高分析灵敏度，在超痕量核酸序列检测中大放异彩。

1. 工具核酸酶

核酸放大使用的工具酶主要有三类：聚合酶、外切酶及内切酶。较常见内切酶有切刻内切酶和 FokI 内切酶，用于分子信号放大的聚合酶主要依托 PCR 技术和 RCA 技术、核酸适体技术等。PCR 技术是最早用于核酸序列放大的方法，可用于基因分离、克隆和核酸序列分析及疾病的诊断等。RCA 是等温信号扩增法，使用两个引物即可实现指数滚环扩增，线性扩增倍数为 10^5，指数化扩增能力大于 10^9。产生的扩增产物连接在固相支持物表面的 DNA 引物或抗体上，可用于极微量生物大分子及生物标志物的检测与研究。

经研究，整合免疫分析技术、分子生物学技术和滚环扩增、纳米技术以及电化学技术，提出了联级信号放大策略，发展了超灵敏的蛋白质检测方法，实现了对埃摩尔浓度蛋白质的定量检测，能够对 100 ml 样品溶液中的 60 个蛋白质分子进行检测。

基于核酸适体引发的滚环扩增、金纳米 DNA 探针以及简便的信号读取系统，发展了一种简单实用的超灵敏检测蛋白质标志物的策略，通过银增强实现蛋白质的定量，可检测人血管内皮生长因子。

2.核酸酶分子信号放大

核酸酶信号放大已用于各种生物小分子的检测。有研究发现,利用链取代放大技术构建了一个可卡因检测的荧光核酸适体传感器。在电化学检测中使用多态性,将细胞的核酸适体识别与多态性相结合,发展了一种基于 DNA 序列链取代复制的 DNA 检测方法,扩展到核酸适体识别的肿瘤细胞。

生物分子学信号放大技术的发展方向主要有三个:

①实验工具。因为外切酶通常对序列没有依赖性,在基于酶的信号放大领域有更大的发展前景。特别是开发应用于信号放大的新的外切酶。

②实验设计。探索基于 RCA 和环介导等温扩增(LAMP)等扩增技术原理并结合分子信标和纳米粒子等检测手段的新思路,发展新功能,实现对蛋白质、RNA 和细胞等的选择性检测。

③实验操作。向可视化和简单化方向发展,并努力提高灵敏度、降低检测限,推动超低浓度的核酸序列检测向着普及化、便携化和低污染等方向发展。

9.2　分子印迹分析技术

分子印迹是从仿生角度,采用人工方法制备对特定分子(模板)具有专一性结合能力的高分子聚合物的过程,在生命分析领域有较好的应用前景。

1.分子印迹电化学分析

分子印迹电化学分析将分子印迹技术与电化学检测手段相结合,兼具分子印迹技术和电化学检测技术的优点。近年来,分子印迹技术在电化学分析中的应用研究有很大进展。

例如,在金电极表面制备三硝基甲苯的分子印迹膜,用纳米金放大信号,检测限达 $46 \ ng \cdot ml^{-1}$。再如,在碳纳米管的尖端制备了人铁蛋白的分子印迹聚合物,用电化学阻抗法进行检测,检测限低至 $10 \ pg \cdot L^{-1}$。

通过一步电化学合成法可以在金电极表面制备邻苯二胺和多巴胺的共聚物,形成印迹孔腔,作为识别元件成功构建了一种新型手性识别谷氨酸的分子印迹电容传感器。利用纳孔氧化铝为模板,通过纳孔内蛋白质的共价固定和多巴胺的化学聚合,制得印迹蛋白质分子的聚合物纳米线,可用于蛋白质分离与识别检测。另外,将分子印迹技术与微通道电泳技术相结合,通过原位聚合分子印迹微通道壁,发展了手性化合物的快速分离—电化学检测方法,有望用于对映体的高通量筛选。

2.分子印迹光子晶体分析

光子晶体是建立分子印迹分析方法的一个重要方式,通过识别模板前后谐振波长的漂移实现检测,可借助光学仪器检出或目视传感测定。研究发现,结合胶体晶体和分子印迹技术可以合成一种具有光子晶体结构的印迹聚合物,手性识别分析物后布拉格衍射峰红移,该过程可通过紫外-可见光谱或目视监测,实现了对手性分子的检测。随后,将光子晶体结构的印迹聚合物用于蛋白质的检测。

3.分子印迹荧光分析

将 MIPs 的高选择性与荧光检测的高灵敏度相结合,是分子印迹分析法的主要研究方向之一。分子印迹荧光分析方法主要有以下两种类型:

①采用具有荧光基团的功能单体参与聚合或直接在 MIPs 中包埋荧光试剂,此时 MIPs 既作为识别元件也作为信号元件,通过监测吸附模板分子前后 MIPs 荧光强度的变化来检测分析物。

②通过分析物与其荧光类似物竞争结合 MIPs 的方式实现检测。

4.分子印迹压电传感

压电传感器是一种基于石英晶体的压电效应对电极表面质量变化进行测量的仪器,测量精度可以达到 ng 级。将分子印迹技术与压电传感技术相结合的分析方法具有灵敏度高、选择性好、免标记的优点。

有关分子印迹聚合物在分析化学中的应用研究正不断深入。目前,在分子印迹聚合物的制备、检测条件和信号转换器的选择等方面已进行了一些探索并取得了一定的成果,但仍然存在一些问题需要解决。

①MIPs 与模板分子间的作用比较弱,导致分子印迹分析方法的灵敏度不高。

②由于 MIPs 的非特异性吸附大,导致很难提高其选择性。

③分子印迹技术在小分子物质方面的应用比较成熟,但是蛋白质等生物大分子由于体积庞大、对环境的要求较高且具有易变性。

因此,寻找具有亲水性和生物相容性的功能单体、交联剂来建立新的分子印迹分析方法,是解决这尴问题的关键。

9.3　细胞电化学分析技术

细胞电化学是生物电化学的一个重要领域,它是基于电化学原理、实验方法与细胞、分子生物学技术的相互结合,对细胞进行分析和表征,研究或模拟研究细胞荷电粒子或电活性粒子能量传递的运动规律,揭示细胞结构—功能关系和外源分子对细胞功能影响的一个新研究领域。

细胞电化学传感器已成为国际上生物医学传感技术领域的研究热点。其中最典型的是细胞阻抗传感技术(ECIS)。ECIS 是测量由于细胞形态变化、细胞移动或者细胞间相互接触而引起细胞层电阻变化的平台技术。它的主要特点是能实时定量无损伤地监测细胞动态行为,使研究结果更直观、更便于分析,可用于细胞生长、细胞迁移、细胞增殖、细胞浸润、细胞损伤—修复、细胞—基底膜相互作用、细胞膜电容、病毒与细胞相互作用、细胞层屏障功能、体外毒理学、信号传导等众多研究领域。

由于细胞膜具有绝缘性,吸附于电极表面的细胞在数量、生长状况和形态上的变化都会影响电极的界面性质。利用电化学阻抗技术可以监测细胞的黏附和增殖行为,实时、定量、连续地反映细胞的生长和运动状态,反映细胞代谢和细胞健康情况,并能反映药物对细胞的作用。

纳米技术的飞速发展,极大地推动了活细胞的固定技术和新型仿生界面的构建方法的发展,从而丰富了细胞电化学传感器的研究内容。研究报道,构建 PDMS/PDDA 生物相容性的界面,可以有效地捕获人类胃癌细胞,还能维持黏附在其上的细胞的活性。

扫描电化学显微镜技术(SECM)也是细胞分析的重要手段之一。它是基于电化学原理来测量微区内物质氧化或还原所产生的电流响应,可以对各种单细胞成像,以及研究在外界刺激下,细胞图像的变化和细胞释放,各种氧化还原物质在细胞膜上的穿透行为和细胞内氧化还原中心与细胞外中介体之间的电荷传递热力学和动力学。

细胞凋亡是多细胞生物受高度调节的一种生理性细胞死亡。机体凋亡功能的紊乱会导致某些病态的产生,如神经退行性疾病、自体免疫系统疾病和癌症等。因此,对凋亡细胞的检测技术引起人们的极大关注,尤其是特异性强、灵敏度高的新技术。

由于电化学技术是一种简单、快速、灵敏的检测手段,而电极的微型化及其表面修饰技术日益成熟,电极通过巧妙的修饰和分子自组装,不仅极大地提高了灵敏度,而且被赋予很高的识别专一性。电化学分析细胞凋亡,通常是应用特殊而简便的电极系统分析细胞凋亡的被动电化学行为。当 DNA 凝胶电泳和流式细胞仪分析显示典型的细胞凋亡特征时,凋亡细胞的电化学伏安行为也呈现明显不同,表现为凋亡细胞的峰电流和电子转移速率的下降。此外,细胞在凋亡过程中会发生一系列的标志性事件,如细胞膜上磷脂酰丝氨酸的外翻、线粒体跨膜电势的陡降、细胞膜通透性的增加和细胞膜上的起泡等。利用电化学方法可以灵敏地反映细胞凋亡,尤其是早期细胞凋亡。

总之,电化学检测细胞凋亡是一个不断发展的新的研究领域,其主要优点包括高通量、检测方便快速且灵敏度高。此外,相对于其他光谱检测和流式细胞仪方法,电化学检测成本低、操作简单,但不能在单细胞分子水平进行凋亡检测,或者说在大量细胞群中不能给出细胞特异性的信息。

9.4　生物免疫分析技术

免疫分析是指利用抗原(Ag)与抗体(Ab)之间的高特异性的反应实现对抗体、抗原或相关物质进行检测的分析方法。免疫分析是生化分析的主要内容之一,它在医药、临床及环境分析等方面有非常广泛的用途。

9.4.1　免疫分析的理论基础

1. 质量作用定律

质量作用定律是免疫分析的基础,抗体(Ab)和抗原(Ag)结合时的结合作用可表示为

$$k_{eq} = \frac{[Ab - Ag]}{[Ab][Ag]}$$

式中,k_{eq} 为平衡常数,Ab−Ag 为抗体和抗原的复合物。k_{eq} 值的大小在 $10^6 \sim 10^{12}$ L·mol^{-1} 之间,但只有当 k_{eq} 值在 10^8 以上时才具有用于免疫分析的价值。被分析的对象可以是抗原,也

可以是抗体。对抗原与抗体间的反应进行直接检测的灵敏度一般都很低,通常在体系中要引入一种标记的抗原或抗体,通过标记的抗原或抗体及设计适当的免疫分析模式达到间接分析的目的,这就是标记免疫分析。

2.免疫分析模式

免疫分析的模式有竞争免疫分析模式和非竞争免疫分析模式。

(1)竞争免疫分析模式

该模式的做法是让标记的抗原和待分析样品中的抗原竞争性地与有限量的固相抗体结合。洗除非特异性结合的两种抗原,通过对固相标记抗原的检测确定待测抗原的浓度。显然,所检测到的标记抗原的浓度与待测抗原的浓度呈反比,并且当抗体和标记抗原的浓度减小时可获得更高的分析灵敏度。但抗体的浓度不能太小,以保证有足够强的检测信号。

(2)非竞争免疫分析模式

非竞争免疫分析模式种类很多,这里仅介绍其中一种:夹心式免疫分析模式。一般抗原具有多个在空间上分离的抗体的结合位点,据此可设计出夹心式的分析模式:被分析的抗原首先被第一种过量的固相化抗体所捕获,并与游离的样品抗原分离。被捕获抗原的另一个抗原决定簇再选择性地与过量的标记的抗体反应。结合的标记抗体的世与样品中抗原的量呈正比。

从理论上讲,免疫分析模式的设计是应该无限制的,最终都可达到确定被分析对象浓度的目的。经典免疫分析的共同特点是:它们都是通过一个标记的抗原或抗体来间接地确定分析物的浓度。由于标记物以结合和游离两种形式存在,所以它们的分离非常重要,有关分离方面的内容可以在本章后的参考文献中找到。

9.4.2 免疫分析技术

现代免疫分析技术的设计都包含一种标记物,由于标记物的不同就出现了不同的分析检测系统。标记免疫分析免疫分析技术种类繁多,下面介绍两种比较重要的免疫分析方法。

1.荧光免疫分析(FIA)技术

将荧光法引入免疫分析是因为它与分光光度法相比具有更高的灵敏度。另外,荧光测定可以把荧光激发波长、发射波长、寿命或偏振等参数同时结合起来,形成特异而花样繁多的分析系统。荧光化合物对微环境的敏感性使得直接研究一些分子过程成为可能。

荧光偏振免疫分析主要用于小分子药物的分析,在临床化学中应用极其广泛。实际分析中,样品小分子及其荧光团标记的样品标样竞争性地与一定量的抗体反应,由于小分子的荧光标记物的相对分子质量和体积相对较小,其荧光偏振值也很小;但当其与高相对分子质量的抗体蛋白质反应后,由于分子体积很大,荧光偏振值加大,在不需要分离的情况下可以直接测定反应液的荧光偏振值,其大小与样品的浓度呈反比关系。

荧光免疫分析技术主要被用于治疗药物的监测及违禁药物的筛选,也用于一些激素的检测。FPIA 的主要问题是标记试剂与血清蛋白的结合会使样品的背景信号增大。同时,该方法适用的动态范围一般比较窄。由于许多分析样品中总是存在一些高背景的荧光物质,使得常规荧光免疫分析的灵敏度受到了很大的限制。事实上,常规荧光免疫分析在一般情况下的

灵敏度局限于 $\mu mol \cdot L^{-1}$，浓度范围。时间分辨荧光免疫分析高灵敏度的实质是消除常规荧光测定中的高背景，从而提高了信噪比。为了达到这一目的，常采用长寿命荧光标记物，其寿命要比散射光及来自样品、样品管、滤光片等的背景荧光的寿命长很多。

例如，长寿命的镧系螯合物的荧光适合于微秒级时间分辨荧光测定，常用于解离增强镧系荧光免疫分析系统(DELFIA)。它采用氨基多羧络合物 N－(p－异硫氰基苯基)二乙二三胺四乙酸连接镧系发光离子，如 Eu^{3+}，如图 9-1 所示。

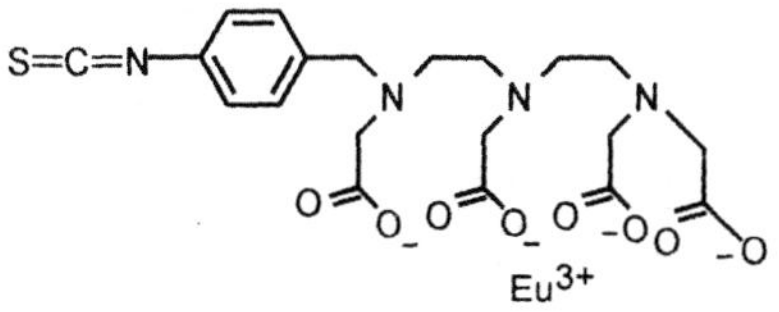

图 9-1　N－(p－异硫氰基苯基)二乙二三胺四乙酸与 Eu^{3+} 的络合物

铕或其他镧系离子的氨基多羧络合物的荧光非常弱，所以在免疫反应和结合相与游离相标记物被分离之后要加入增强液，这样可以使 Eu^{3+} 的络合解离，同时增强液中还含有 2－萘三氟乙酰丙酮(NTA)，它可以与 Eu^{3+} 形成强荧光络合物，增强液中还加有三正辛基氧化磷(TOPO)以保护络合物的荧光不受水分子的猝灭。通过形成 TritonX－100 胶束可以增加络合物的溶解度，并使其荧光进一步增强，如图 9-2 所示。在优化条件下，利用时间分辨荧光技术可以对 Eu^{3+} 在 $5 \times 10^{-14} \sim 10^{-7} mol \cdot L^{-1}$ 范围内进行定量测定。

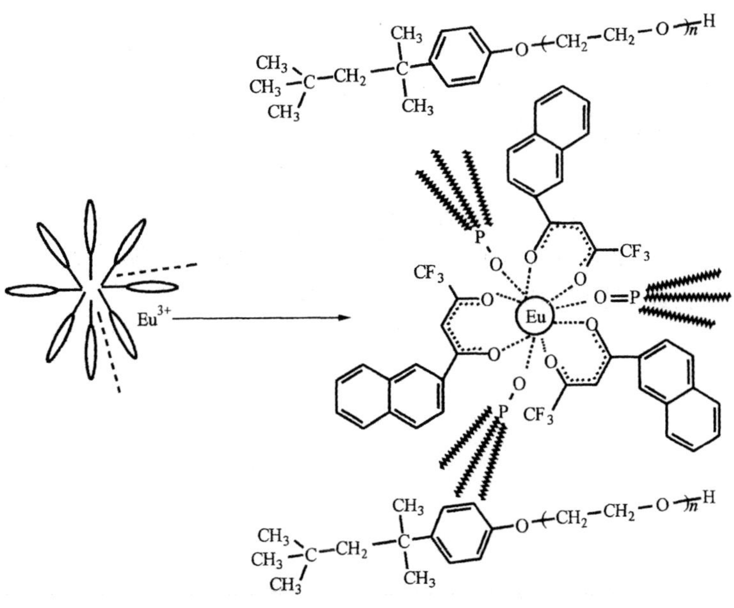

图 9-2　强荧光铕络合物的结构示意图

2.酶免疫分析(EIA)

酶免疫分析是以酶作为标记物，根据酶－底物反应产生有色的、发光的或荧光的产物对被分析对象进行定量。根据酶的放大效应可以建立多种灵敏的分析方法。

多相酶免疫分析是在固相载体表面进行免疫反应,使用较多,测定之前需要固—液两相的分离。酶联免疫吸附分析是采用酶标试剂中应用最为广泛的一种,但它主要用于描述非竞争固相免疫分析,结合相酶标试剂的活性直接正比于抗原的浓度。固相试剂用来分离游离的和结合的酶标记物,同时也加速每一步骤后过量试剂的去除。

9.4.3 免疫分析技术发展的趋势

在众多免疫分析技术中,放射免疫分析由于具有准确、灵敏的特点,至今使用仍较多。但放射性污染的弊端也是同样明显的。酶联免疫分析是最先提出的非放射免疫方法,并在进入20世纪80年代后首次占据主导地位,酶免疫分析方法覆盖了一半以上的文献;荧光免疫分析在建立时间分辨荧光免疫分析后有了突跃性发展;而化学和生物发光免疫分析法,由于其高灵敏度和测定简便的特点使其在免疫分析中一直占有一定的位置。在今后比较长的一段时间内,酶免疫分析法将仍占主导地位,特别是在应用方面更将是如此。

各种均相的免疫分析法由于不需要分离都可以用来设计制造自动化的免疫分析仪器。近年来,Abbott TDx荧光偏振免疫分析(FPIA)仪已成为广泛应用于临床药物分析的自动化免疫分析仪。新型均相免疫分析体系的开发及非均相免疫分析自动化研究都具有很大的需求。免疫分析传感器具有简单的特点,但重复性和再生性是需要解决的关键性问题。其中石英压电晶体免疫传感器、平面波导荧光免疫传感器和标记物连续释放荧光免疫传感器是3种具有应用前景的传感器。

大众化免疫分析试剂的研究是另一重要方向,它要求简单而快速。目前市场上还只有采用胶体金标记的以检测人体绒毛膜促性腺激素(HcG)为主的定性的分析试剂盒及试纸。半定量乃至定量的商品试剂基本上还是空白,虽然已有一些雏形的方法,但是这方面仍有很多的工作等待研究工作者去完成。

色谱和流动注射法及高效毛细管电泳等技术与免疫分析技术相结合,可以弥补免疫分析上的一些局限性,从而使之具有更好的选择性、灵敏度和快速测定等特点,尤其在药物及其代谢物的分析及结构相近化合物的同时分析方面将发挥重要的作用。

第10章 化学分析前沿技术

除了常用的滴定分析技术、电化学技术、色谱技术和光谱技术外,为满足现代各领域发展的需要,出现放射分析技术、X射线粉末衍射技术、危险物品分析技术等新型技术。

10.1 放射分析技术

10.1.1 放射化学分析技术的分类

放射化学分析技术是应用放射性同位素及核辐射测量对元素进行微量和痕量分析的方法。常用的方法有两类。

一类是放射性同位素作示踪剂的方法:

①同位素稀释法,根据同位素稀释前后分出试样的放射性活度比来计算试样中待测元素的含量。

②放射滴定法,滴定剂和待测离子两种物质都可用放射性同位素标记。根据加入滴定剂后溶液的放射性变化作为指示剂,由放射性活度与加入滴定剂体积作图的转折点来确定滴定终点。

③放射分析法,用适当的方法分离、纯化样品后,用衰变性质、核素的半衰期、放射性衰变的类型和能量来鉴别某个特定的核素。

另一类是活化分析法,是用适当能量的中子或其他带电粒子轰击样品,测量样品中产生的特征辐射的性质和强度的方法:

①中子活化分析,是一种能定性和定量测定样品原子组成的高灵敏度、无损检测方法。在核粒子的作用下,待分析物质中的稳定核素转变为放射性核素或元素周期表上与其相邻的放射性核素,然后用 γ 射线能谱仪测量其放射性。

②光子活化分析,用高能光子与待测元素作用,当光子的能量高于元素原子核的结合能时能产生(γ,n)反应,测量产生的中子的通量。

10.1.2 元素的衰变

1.元素的衰变过程

有些元素的原子核不稳定,能自发地放射出某种射线,同时核也发生变化,这种现象叫做放射性,这种过程称为放射性衰变。表 10-1 列出了常见放射性衰变产物的特性。

表 10-1　常见放射性衰变产物的特性

射线种类	符号	电荷	质量数
α 射线	α	＋2	4
电子	β⁻	−1	1/1840
正电子	β⁺	＋1	1/1840
γ 射线	γ	0	0
X 射线	X	0	0
中子	n	0	1
中微子	ν	0	0

放射性衰变是一个完全随机的过程,衰变速率完全不受外加因素的影响。衰变后的核有的是稳定的,有的是不稳定的,不稳定的核继续衰变。衰变前的核称为母体,衰变后的核称为子体。单位时间内有多少个核发生衰变,即衰变率$-\mathrm{d}N/\mathrm{d}t$,对大量相同原子核可用下式描述:

$$-\frac{\mathrm{d}N}{\mathrm{d}t} = \lambda N(t)$$

式中 N 表示在时间 t 时试样中放射性原子核的数目,λ 是某一特定放射性同位素的特征衰变常数,它的单位是 s^{-1}。衰变常数值大的放射性同位素衰变得快,反之衰变得慢。把式在 $t=0$ 和 $t=t$ 区间内积分,在此期间试样中的原子核数目从 N_0 减少到 N ,得

$$\ln\frac{N}{N_0} = -\lambda t$$

通常表示放射性特征的参数还有半衰期 $T_{\frac{1}{2}}$,其定义为放射性核的数目(或原子数目)因衰变而减少到原来的一半时所需要的时间,用 $\frac{N_0}{2}$ 代 N 得到

$$T_{\frac{1}{2}} = \frac{0.693}{\lambda}$$

半衰期可由实验直接测量,不同的放射性核素具有不同的半衰期,其差别很大,有的半衰期只有 10^{-10} s,甚至更短,有的长达亿年以上。

2.元素的衰变形式

放射性核素的衰变形式是多种多样的,已知的主要有 α 衰变、β 衰变、β⁺ 衰变、电子俘获、γ 衰变,还有自衰变、放射中子的衰变等形式。

(1)α 衰变

放射性核素在 α 衰变之后,它的质量数 A 降低 4 个单位,原子序数 Z 降低 2 个单位。如以 X 代表母体,Y 代表子体,则 α 衰变可以表示为

$$^{A}_{Z}X \longrightarrow {}^{A-4}_{Z-2}Y + \alpha + Q$$

其中 Q 为衰变能。能发生 α 衰变的天然放射性核素绝大部分的原子序数大于82。人工放射性核素大部分不发生 α 衰变,而能做 α 衰变的人工放射性核素也大多是原子序数大于82的核素。

（2）β 衰变

β 衰变后的母体和子体的质量数 A 是相同的,因 β 粒子的质量与核的质量相比要小得多,但子体原子序数 Z 比母体提高了一个单位。β 衰变可用下式表示:

$$_Z^A X \longrightarrow _{Z+1}^A Y + \beta + \nu + Q$$

式中 ν 是中微子,Q 为衰变能。β 衰变可以看成是母体核中有一个中子转变成质子的结果,即

$$n \longrightarrow p + \beta + \nu$$

（3）γ 衰变

γ 射线是从原子核内部放射出来的一种波长很短的电磁辐射,其性质和 X 射线十分相似。通常是 γ 射线伴随 α 射线或 β 射线等一起发射。在母体放射 β 粒子后,子体处于激发态,并立即跃迁到基态,而放出 γ 射线。这种能级跃迁对于核的原子序数和原子质量数都没有影响,所以称为同质异能跃迁。这种处于不同能级,但 A 和 Z 都相同的核素称为同质异能素。

（4）β^+ 衰变

β^+ 粒子称为正电子,是一种质量和电子相同,但带有 1e 正电荷的粒子。β^+ 衰变可以看成是由核中的一个质子转变成中子而放出 β^+ 粒子和中微子:

$$p \longrightarrow n + \beta^+ + \nu$$

β^+ 衰变的子体和母体具有相同的原子质量数 A,但原子序数 Z 降低了 1 个单位,可表示为

$$_Z^A X \longrightarrow _{Z-1}^A Y + \beta^+ + \nu + Q$$

（5）电子俘获

原子核俘获了一个绕行电子而使核内的一个质子转变成中子和中微子,表示为

$$p + e \longrightarrow n + \nu$$

这种衰变方式可以下式表示:

$$_Z^A X + _{-1}e \longrightarrow _{Z-1}^A Y + \nu + Q$$

由于 K 壳层最靠近核,K 电子被俘获的概率比其他壳层电子被俘获的概率大,所以常见的是 K 电子俘获。

10.1.3　放射性测量与检测器

1. 放射性测量形式

（1）测量 α 粒子

测 α 放射性的样品应尽可能薄,以减少自吸收损失。同样,样品和计数器之间的窗口也应做得很薄。把 α 源封入无窗气体流动式正比计数器中测量计数可消除自吸收问题。采用脉冲高度分析器可获得 α 发射体的能谱。

（2）测量 β 粒子

对于能量大于 0.2 MeV 的 β 源通常是将一层均匀的样品用薄窗 Geiger 或正比计数管计数。对于低能 β 源则最好用液体闪烁计数器。用符合计数器可使检测器和放大器的本底噪音降低。

（3）测量 γ 辐射

用于 γ 辐射测量的有 NaI(Tl)、正比计数器、高压电离室、Ge(Li)、HPGe、Si(Li)、GaAs、CdTe 等装置。其中 NaI(Tl)、高压电离室等多用于活度测量，Ge(Li)、HPGe 等多用于能谱测量，Si(Li)、HPGe 多用于低能 γ 和 X 射线的测量。

（4）测量中子

中子与物质的相互作用不能产生直接电离，它主要是与原子核作用产生新的带电粒子，带电粒子所引起的次级电离现象再被记录。主要有产生带电粒子的核反应法、核反冲法、核裂变法和活化法。

2. 放射性检测器

放射性检测器主要有以下几种类型。

（1）闪烁计数器

射线与闪烁晶体作用时使其激发而闪烁发光。常用的无机闪烁体有 NaI(Tl)、CsI(Tl)、ZnS(Ag)3 种晶体，由高纯无机物质作基质，微量掺质作激活剂。ZnS(Ag)主要用于 α 测量，NaI(Tl)和 CsI(Tl)主要用于 γ 测量。

有机闪烁体有 3 种：

①透明的有机晶体，如蒽、芪等晶体。

②塑料闪烁体，是在聚乙烯单体中加入发光物质三联苯和波长转换剂 1，4－二［2－（5－苯基嚛唑基）］苯（POPOP），经过聚合而制成。

③有机液体闪烁体，是在有机溶剂甲苯或二甲苯中溶入少量发光物质（如三联苯）和 POPOP 而制成。有机闪烁体主要用于 β 测量，特别是对低能量和低比度的测量。

闪烁晶体中产生的闪光先射到光电倍增管的光阴极上，然后转换为可被放大和记录的电脉冲。闪烁体的一个重要特性是每次闪光所产生的光子数目都与入射辐射的能量呈正比。

（2）半导体检测器

半导体检测器从制备材料来说，可分为硅、锗及化合物 3 类；从制作工艺来说，可分为扩散、面垒、漂移及本征锗等类型。以硅单晶做成全硅面垒检测器，主要用于测量 α 和质子等带电粒子。用硅或锗单晶做成的锂漂移型检测器，其中用硅做成的对测量口射线有较好的分辨率；用锗做成的则对测量 7 射线的能量分辨率特别好。锂漂移型探测器需要在液氮温度下贮存和工作。

半导体检测器的工作原理与电离室的工作原理类似，而在半导体中产生一个电子－空穴对仅消耗约 3 eV（对锗）的能量，这就提高了半导体检测器的能量分辨能力。

（3）能谱仪

常用的能谱仪有 α 能谱仪、β 能谱仪和 γ 能谱仪，它们是将上述 NaI(Tl)、Si(Li)或 Ge(Li)探头与多道脉冲分析器连接而成。用能谱仪可测量放射性总活度，又可测量射线的能谱。

（4）充气型检测器

充气型检测器包括电离室、正比计数器和 Geiger 计数管等。核辐射在检测器内受阻，损失能量使工作气体电离。电离离子对的数目随工作气体入射核辐射类型及能量的不同而不同。通过电极收集正负离子，记录到电离电流或形成的脉冲信号。根据电离电流的大小或脉冲信号的频率和高度就可确定射线的强度或能量。

10.1.4　亚化学计量放射性同位素稀释分析

1. 亚化学计量直接放射性同位素稀释分析

将两份相等的亚化学计量的试剂分别加到两份溶液中，其中的一份是已知放射性比度的标准放射性溶液，另一份是预先加入了相同放射性活度的样品溶液。然后以完全相同的条件进行亚化学计量分离，只需测出分离部分的相对放射性活度 A_0 和 A_x 及加入分析试样溶液中放射性同位素的质量 m_0，就可按下式计算出待测元素的质量 m_x。

$$m_x = m_0 \left(\frac{A_0}{A_x} - 1 \right)$$

2. 取代亚化学计量同位素稀释分析

该方法是用过量的试剂萃取金属离子，然后除去过量试剂，并用亚化学计量的另一金属离子从有机相中置换出金属离子。取代亚化学计量法的基本反应为：

$$n(MA_m)_{org} + mN \rightleftharpoons m(NA_n)_{org} + nM$$

式中，M 和 N 分别是具有电荷 m 和 n 的阳离子，A 是一价的螯合剂阴离子。

为测定金属 M，一般要加入亚化学计量的金属 N 的水溶液，最后测量水相的放射性。为了测定金属 N 也可以加入亚化学计量的螯合物 MA_m，最后测量有机相的放射性。

反应平衡常数为：

$$K_e = \frac{[M]^n [NA_n]_{org}^m}{[MA_m]_{org}^n [N]^m}$$

金属离子 M 和 N 的萃取常数分别为：

$$K_M = \frac{[MA_m]_{org} [H]^m}{[HA]_{org}^m [M]}$$

$$K_N = \frac{[NA_n]_{org} [H]^n}{[HA]_{org}^n [N]}$$

于是有：

$$K_e = \frac{K_N^m}{K_M^n}$$

假设取代程度≥99.9%，当 $V_{org} = V_{aq}$ 时，取代亚化学计量分离的最佳条件和 pH 阈值为：

$$m\lg K_N - n\lg K_M \geqslant 3m$$

$$pH \geqslant 6 - \frac{1}{m}\lg K_M$$

取代亚化学计量同位素稀释分析法比较成功地避免了试剂低浓度时的不稳定。

3. 亚化学计量双同位素稀释分析

将等量的已知放射性活度为 A_0 的放射性指示剂分别加到两份含有相等待测元素质量 m_x 的样品溶液中，再往其中的一份加入非放射性同位素，已知其质量为 m_1，而另一份加入质量

为 m_2。两份同位素稀释溶液的比放射性分别为：

$$S_1 = \frac{A_0}{m_1 + m_x}$$

$$S_2 = \frac{A_0}{m_2 + m_x}$$

由以上两式得：

$$m_x = \frac{S_2 m_2 - S_1 m_1}{S_1 - S_2}$$

若由两份溶液中亚化学计量分离出等量的待测元素或化合物,其放射性活度分别是 A_1 和 A_2,则：

$$m_x = \frac{A_2 m_2 - A_1 m_1}{A_1 - A_2}$$

当 $m_1 = m_x$,而 $m_2 \gg m_x$ 时是最佳条件。

4. 亚化学计量反同位素稀释分析

将已知量的非放射性载体加到未知量的放射性溶液中,通过同位素稀释,可测定放射性溶液的载体质量。将待分析的试样分成相等的两份,每份都含有待测元素质量 m_x,则第一份试液的放射性比度为：

$$S_1 = \frac{A}{m_x}$$

在第二份试液中加入已知质量 m_c 的非放射性载体,于是这份试液的放射性比度变为：

$$S_2 = \frac{A}{m_x + m_c}$$

由以上两式得：

$$\frac{S_1}{S_2} = 1 + \frac{m_c}{m_x}$$

若在每份试样溶液中加入等量的亚化学计量的反应试剂,并分离出相同量的待测元素,且测得的放射性活度分别为 A_1 和 A_2,于是

$$\frac{S_1}{S_2} = \frac{A_1}{A_2} = 1 + \frac{m_c}{m_x}$$

因此

$$m_x = m_c \left(\frac{A_2}{A_1 - A_2} \right)$$

亚化学计量反同位素稀释分析可用于测定放射性同位素制备中的载体质量。

10.1.5 中子活化分析

1. 放化和仪器中子活化分析

中子活化分析按方法学可分为放化中子活化分析和仪器中子活化分析。

若样品经照射之后需要经放射化学分离,分出欲测元素,再测量它的 γ 射线强度和半衰

期,才能确定欲测元素的含量。这种方法称为放化中子活化分析或破坏性中子活化分析。在某些情况下,可利用高分辨的 γ 谱仪直接测量照射后的样品,从而对它进行定性和定量分析。这称为仪器中子活化分析或非破坏性中子活化分析。

由于高分辨 Ge(Li)探测器和计算机技术的普遍使用,使仪器中子活化分析通常可以不破坏试样同时测定 20～30 种元素,易于实现自动化,能满足大量样品的快速常规分析。然而,放化中子活化分析也是必不可少的。对痕量元素的分析含量要求达 $ng \cdot g^{-1}$ 级或更低,欲分析的元素几乎是元素周期表中所有元素。为了使含量如此低的元素活化到可探测的活度,基体和常量共存元素将达到很高的放射性水平。在这种情况下,不进行放化分离,往往不能满足这种超痕量元素分析的要求。

放化中子活化和仪器中子活化分析相结合可以最大限度地发挥反应堆中子活化分析高灵敏度、多元素同时测定的优越性。

2. 热中子、共振中子和快中子活化分析

中子活化分析根据中子能量可分为热中子、共振中子和快中子活化分析 3 种。

若在反应堆中子照射过程中,用 0.7～1 mm 厚的镉箔把样品包起来,那么热中子就被屏蔽掉,这样,只有"超镉中子"才能在样品中发生 (n, γ) 反应,这就是共振中子活化分析。未用镉包时,样品既被热中子活化又被共振中子活化,这就是热中子活化分析。

对元素周期表中大多数元素来说,热中子的活化截面比其他粒子反应的活化截面要高,因此,热中子活化分析具有较高的灵敏度,是较常用的分析手段。但是,对于像氧、氮等轻元素,热中子活化截面很低,而采用 14 MeV 快中子活化分析就能获得较高的灵敏度。

3. 绝对法、相对法和单比较器法中子活化分析

在活化分析中,从所测放射性活度推导待测元素含量的基本方法有以下 3 种。

(1)绝对法

通过对生成核的放射性活度 A 的测量,从由下式直接计算出欲测元素在试样中的质量 m。由于有关核参数的准确度不够高及中子通量测量的精度等原因,绝对法尚不能常规使用。

$$A = \frac{N_A m}{A_r} \theta \gamma \varepsilon \sigma_1 \varphi S D$$

式中,A 为待测元素放射性同位素的放射性活度(Bq),N_A 为 Avogadro 常数,m 为试样中欲测元素的质量(g),A_r 为待测元素的相对原子质量,θ 为靶核同位素丰度(%),γ 为所测 γ 射线分支比,ε 为测量仪器对该特征峰能量的 γ 射线的探测效率(%),σ_1 为靶核同位素的活化截面(b),φ 为中子通量($cm^{-2} \cdot s^{-1}$),S 为饱和因子,D 为衰变因子。

(2)相对法

实际应用时一般都采用相对法,将一个待测样品和一个已知待测元素含量的标准试样在相同条件下进行辐射和测量,按下式计算样品中待测元素的含量:

$$m_{样} = m_{标} \frac{A_{样}}{A_{标}}$$

式中,$m_{样}$、$m_{标}$ 分别为样品和标准中待测元素的质量,$A_{样}$、$A_{标}$ 分别为样品和标准中待测元素

的某一放射性同位素的放射性活度。

该法有较高的准确度,所以是最广泛使用的方法。为提高分析的精确度,要求标准样品的基体成分尽可能和待测样品相似。这样可以减少因中子在样品中的自屏蔽和 γ 射线自吸收的不同而引起的误差。由于采用不同基体的"标准参比物"作标准样品,从而提高了相对分析法的精确度。

但该法存在制备、照射和测量各待测元素的标准的不便,不能测定事先未预期的元素,不适合与计算机结合的大量样品多元素自动化分析等缺点。因此,发展了一种既有绝对法的简便性,又不失相对法准确度的单比较器法。

(3)单比较器法

该方法是仅用一种或几种核素作标准与样品同时辐照,进行多元素分析的方法。用该方法只需要测量通量监测器、比较器和样品中待测元素的特征了射线的全能峰面积,就可以按下式计算样品中待测元素质量 $m(\mathrm{g})$:

$$m = \frac{A_P/SDC}{A_{sp}^* K}$$

式中,A_P 为特征 γ 射线全能峰的平均计数率;A_{sp}^* 为测得的比较器的比饱和放射性;S 为饱和因子;D 为衰变因子;C 为测量因子($C = (1 - e^{-\lambda t_m})/\lambda t_m$),它是对测量时间间隔 t_m 内的衰变作修正;K 是实测因子,$K = K_0 \dfrac{F+D}{F+D^*} \dfrac{\varepsilon_P}{\varepsilon_P^*}$,其中 F 是通量比,$F = \dfrac{\varphi_{th}}{\varphi_e}$,$\varepsilon$ 为测量仪器对特征峰能量的 γ 射线的探测效率,$*$ 表示比较器,K_0 是复合核常数。由于 K_0 值不受辐照、测量系统的限制。可在各实验室通用,便于测定和使用。

10.2　X 射线粉末衍射技术

X 射线衍射法是研究物质的物相和晶体结构的主要方法。在 X 射线衍射分析中,采用单色 X 射线和粉末状多晶试样进行衍射的一种方法,称为粉末 X 射线衍射分析法。主要用于物质鉴定、晶体点阵常数、多晶体的结构、晶粒大小、高聚物结晶度测定等。

10.2.1　基本原理

1.X 线的产生

(1)连续 X 射线的产生

连续 X 射线是指由某一最短波长开始的至一定波长范围为止的、由一段波长范围所组成的 X 射线光谱。研究最多的是由电子轰击金属靶材所产生的连续 X 射线光谱。大量的电子射到固体靶面上,电子经一次或多次碰撞后耗尽全部能量。因为电子数目很大,碰撞是随机的,所以产生了连续的具有不同波长的 X 射线,即形成连续 X 射线光谱。产生连续射线的 X 射线管的结构如图 10-1 所示。

当 X 射线管内阴极和阳极之间的高压增加到一定的临界激发电压时,电子脱离阴极,被电场加速成高速电子;高速运动电子撞击靶材料,就足以将靶原子内层的电子激发到高能运动

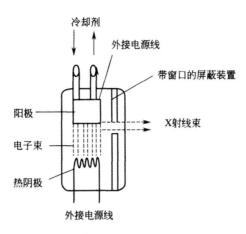

图 10-1　X 射线发射管的结构示意图

态,使内层的电子形成空轨道即空穴,处于外层的电子会跃迁至内层较低能级的空轨道上,填补空穴,并以光的形式释放多余的能量,于是产生 X 射线辐射。

一次碰撞就丧失其全部动能的电子将辐射出具有最大能量的 X 射线光子,其波长最短,称为短波限。一个高速运动电子具有的动能可以写成 eV,V 为 X 光电管电压,则电子的能量按下式转化为 X 光能:

$$eV = hv_{max} = h\frac{c}{\lambda_{短波限}}$$

$$\lambda_{短波限} = \frac{hc}{eV} = \frac{1239.8}{V}$$

连续 X 射线谱的短波限仅与光管电压有关,升高管电压,短波限将减小,即 X 光量子的能量增大。连续 X 射线的总强度 I 与 X 光管的电压 V、靶材料的原子序数 Z 有关,其关系式为:

$$I = AiZV^2$$

式中,A 为比例常数;i 为 X 光管电流。由公式可以看出,增加靶材料的原子序数 Z,可提高光强,故常采用钨、钼等原子系数大的金属作为 X 光管靶材,以得到能量较高的连续 X 射线。

(2)特征 X 射线的产生

高能光子或高速带电粒子轰击试样中的原子时,会将自己的一部分能量传递给原子,激发原子中某些内层能级上的电子到外层高能轨道上,内层形成空轨道;形成的空穴可以立即由外层较高轨道上的电子内迁填充,多余的能量以 X 射线光子的形式释放出来,其能量等于跃迁电子的能级差,$\Delta E = hv$。图 10-2 是特征 X 射线的产生原理示意图。

根据莫斯莱定律,元素特征 X 射线的波长 λ 与原子序数 Z 的关系为:

$$\sqrt{\frac{1}{\lambda}} = K(Z - S)$$

式中,K、S 是与线性有关的常数。根据公式可知不同的元素由于原子序数不同,因此具有不同的 X 射线。根据特征谱线的波长就可以进行元素定性分析;而 X 特征射线的强度则与该元素的含量多少成正比,据此可进行定量分析。

特征 X 射线的产生原则为:

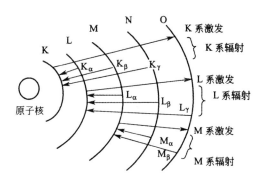

图 10-2　特征 X 射线产生原理示意图

①主量子数 $\Delta n \neq 0$；

②角量子数 $\Delta L = \pm 1$；

③内量子数 $\Delta J = \pm 1$ 或 0。

内量子数是角量子数 L 和自旋量子数 S 的矢量和。

不符合上述选择定律的谱线称为禁阻谱线。

X 射线特征线可分成若干系（K，L，M，N…），同一线系中的各条谱线是由各个能级上的电子向同一壳层跃迁而产生的。同一线系中，还可以分为不同的子线系，同一子线系中的各条谱线是电子从不同的能级向同一能级跃迁所产生的。$\Delta n = 1$ 的跃迁产生 α 线系，$\Delta n = 2$ 的跃迁产生 β 线系。K_{α} 表示 α 系单线、$K_{\alpha_1 \alpha_2}$ 表示 α 系双线；K_{β} 表示 β 系单线、$K_{\beta_1 \beta_2}$ 表示 β 系双线。但是，目前在 X 射线光谱分析中，特征线的符号系统比较混乱，尚未达到规范化。

2.晶体对 X 射线的衍射

晶体是由原子或分子在空间周期性排列构成的，具有在三维空间延伸的点阵结构。晶体中空间点阵的单位叫做晶胞，它是晶体结构的最小单位，包含一个结构基元的叫素晶胞，包含两个或两个以上结构基元的叫复晶胞。晶胞的三个向量 a, b, c 的长度，以及它们之间的夹角 α, β, γ 分别称为晶胞参数，可表示晶胞的大小和形状。当一个晶面与三个晶轴坐标相交，其截距值的倒数比为 $h : k : l$，可用晶面指标 $(h \quad k \quad l)$ 符号表示。X 射线衍射分析可以用来确定晶胞参数和晶面指标。

X 射线的穿透力强，照射晶体时大部分射线将穿透晶体，部分产生吸收，吸收的能量使晶体中的电子和原子核产生周期性振动，因原子核的质量比电子大得多，故其振动可忽略，所以振动着的电子就成为一个新的发射电磁波的波源，以球面波方式发射出与入射 X 射线波长、频率相同的电磁波。

当入射 X 射线按一定方向射入晶体并与电子作用后，再向其他方向发射 X 射线的现象称为散射，电子越多，散射能力越强。由于晶体中大量原子散射的电磁波相互干涉而在某一方向得到加强或抵消的现象称为衍射。当晶体中离子间的距离 d 近似等于 X 射线的波长时，晶体本身就是一个反射衍射光栅。见图 10-3，具有波长 λ 的一束平行 X 射线以 θ 角入射晶体，X 射线波分别被第一晶体平面和第二晶体平面的原子弹性反射后，其光程差为 $(BD + BF)$，由于

$$BD = BF = d\sin\theta$$

式中，d 为晶面间的距离。则两条 X 射线的光程差为

$$BD + BF = 2d\sin\theta$$

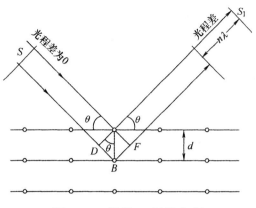

图 10-3　晶体 X 射线衍射

仅当光程差为波长的整数倍时，干涉而产生最大程度加强的光束，即满足布、拉格衍射方程：

$$n\lambda = 2d\sin\theta$$

式中，行为 $0, 1, 2, 3, \cdots$ 整数，即衍射级数。

在 X 射线衍射分析时，需要采用单波长的 X 射线。

晶体中的原子对 X 射线的散射能力取决于它的电子数，晶体衍射 X 射线的方向与构成晶体的晶胞大小、形状以及入射 X 射线的波长有关，衍射光的强度则与晶体内原子的位置有关，所以每种晶体都有自己的衍射图，从中可获得晶体结构的相关信息。

在实际应用中，X 射线衍射可分为粉末衍射和单晶衍射两种方法。

10.2.2　粉末 X 射线衍射仪

图 10-4 为粉末 X 射线衍射仪，它由单色 X 射线源、试样台和检测器组成。X 射线源一般采用 X 光管，X 光管的阳极通常采用金属铜为靶材，产生 K_α 线和 K_β 线，将 K_β 线过滤掉来获得 K_α 线，然后照射试样晶体产生衍射，采用闪烁检测器记录衍射图。测定时，通常使试样晶体平面旋转，使 X 射线能对晶体各部位进行照射。光源对试样以不同的 θ 角进行扫描，检测器则在 2θ 角位置进行探测。

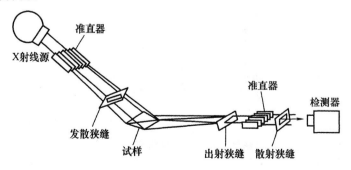

图 10-4　粉末 X 射线衍射仪

10.2.3　X射线粉末衍射技术应用

多晶粉末法常用来分析晶体的结构和测定粒子的大小。

1.分析晶体结构

多晶粉末法常用于测定立方晶系晶体的结构,并可对固体进行物相分析。对于简单的晶体结构,根据粉末衍射图可确定晶胞中的原子位置晶胞参数以及晶胞中的原子数。

实验上得到的各种晶态物质的粉末衍射图有不同的特征,其衍射线的位置(θ)和强度(I)的分布都各不相同。对于每一种晶态物质,可用已知标样根据其衍射图建立一套相应的$\frac{d}{n}-I$数据,编成X射线粉末衍射图谱,文献库中已存有数千种粉末衍射图。可根据所测得的衍射数据,可对固体未知物进行检索,对比鉴定。通过计算机处理获得晶面间距、晶胞参数等数据。

如果试样是一混合物,则应对每一组分进行鉴定。先按d值找出可能的组分,再按谱线的强度比,确定其中所含的某一组分。然后将这一组分的所有谱线删掉,对剩余的谱线重新定标,即以强度为100,其他谱线按此比例重新算出其相对强度,再重复上述方法找出其余组分。

X射线粉末衍射法是鉴定物质晶相的有效手段。例如鉴别两种元素组成的几种氧化物,如FeO,Fe_2O_3,Fe_3O_4等。

2.测定粒子大小

固体催化剂、高聚物以及蛋白质粒子的晶粒太小,不能再近似地看成是具有无限多晶面的理想晶体,所得到的衍射线条就不够尖锐,具有一定的宽度。根据谱线宽度,利用有关计算公式,可求得平均晶粒大小。图10-5为BaS的粉末衍射图。2~50 nm的微晶或非均质,能在很低的角度内产生衍射效应,通过测量在$0\sim2°$的低角散射强度I,根据有关公式,也可求出粒子的大小。由于此法是基于粒子的外部尺寸而不是内部的有序性,所以对晶体和无定形物质都适用。

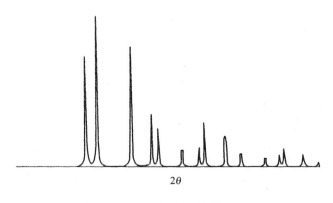

2θ

图10-5　BaS的粉末衍射图

10.3　活体分析技术

活体分析技术能够实时监测生物活体的生化反应,对研究细胞损伤与修复机制、临床疾病监测、大脑神经活动与功能等都具有重要作用。

活体分析方法可分为侵入式(微透析/微过滤技术和传感器植入技术)和非侵入式(借助光学或者核放射标记技术获取各类活体成像)。

1. 侵入式活体分析

微透析是将空心的半透膜微管植入活生命体内的组织器官中,灌入灌注液,将小分子溶液通过相关系统扩散到体外,然后进行体外定量分析。目前,低流量推挽灌流技术还可尽量减少高流速引起的组织伤害。

微过滤则是利用施加在滤膜上的压力活体在线获得滤后的体液。该法取液慢,但结果偏差小。与 LC、CE、酶检测、电化学传感器和 MS 等联用可以用于活体监测各类代谢事件,特别是研究神经紊乱时的代谢动力学过程。但是,该法受到研究目标的活动空间和分析时间的限制,时空分辨率均不够高。为解决这个问题,可将微传感器植入活体,以同时提高监测的时间和空间分辨率。常见的植入电极包括铂和碳纤维微电极。碳纤维微电极尺寸低于 10 μm,电化学性能优异,生物相容性较好,检测时对活体损伤少,可用于神经递质的检测。

近年来,活体分析多采用快速电化学技术,如用高速计时安培法和快速扫描循环伏安法(FSCV)来获取更高的采样速度,提高对不同神经递质的选择性。在研究动物行为引起的多巴胺瞬变时,用碳纤维电极进行检测,每 100 ms 观测一次,可以揭示其在药物成瘾中的实时调节作用。另外,微电极的表面处理和阵列化有利于改善其灵敏度和选择性。结合酶传感策略发展的陶瓷修饰铂微电极阵列能同时高灵敏测定胆碱和乙酰胆碱等分析物,能初步反映神经递质间的相互联系。

需要注意的是,侵入式研究的靶标分子多局限于神经递质。超微电极的出现,使分析化学及生物化学工作者有了很好的研究手段,可以将微电极直接插入各种生物体的组织中,而不损坏它们。很多组织导电性能十分优良,具备了电化学必要的辅助电解质的条件。1973 年,Adams 等首先将微电极直接插入大白鼠的大脑尾核部位,进行循环伏安扫描,获得了第一张活体循环伏安图,表明了神经递质多巴胺的存在并创建了活体伏安法这一富有创造性的方法。它与以往测试方法的不同之处,是不需要从被测物质里采集一定量的样品并将其处理后,再用有关的方法测定。

图 10-6(a)为一只老鼠脑内的现场活体伏安图,为研究证明该活体伏安图中 3 个还原峰对应的成分和浓度,当超微电极从鼠脑取出后,在 1×10^{-4} mol·L^{-1} 维生素 C$+1 \times 10^{-6}$ mol·L^{-1} 3,4-二羟基苯乙酸$+2.5 \times 10^{-6}$ mol·L^{-1} 5-羟基吲哚乙酸标准溶液中进行相同实验的研究,其伏安图如图 10-6(b)所示。对照图 10-6 中的两条伏安曲线,可清楚获得老鼠脑内的一些神经递质的成分及其浓度,进而可现场研究在鼠体处于不同状态时,如果服药或受刺激后,这些神经递质浓度的变化情况,从而给一些神经类疾病的治疗及研究提供理论基础。

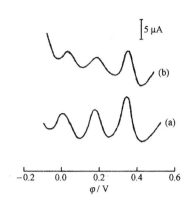

图 10-6　大鼠脑内活体伏安图

(a)脑内现场活体伏安图；

(b)电极取出后,在 1×10^{-4} mol·L^{-1} 维生素 $C+1\times10^{-6}$ mol·L^{-1} 3,4—二羟基苯乙酸$+2.5\times10^{-6}$ mol·L^{-1} 5—羟基吲哚乙酸标准溶液中的伏安图

2.非侵入活体分析

为避免对活体在成损伤,于是出现各种非侵入的活体序像分析方法。如活体的荧光/生物发光成像,它可以通过标证肿瘤细胞、病毒和基因等,观察动物体内靶细胞的生长及其对环境的响应,探知靶标生物分子在体内的分布和代谢情况。常用的荧光成像标记物包括荧光蛋白、有机染料和量子点。

另外,酶催化代谢产生生物发光可以用来追踪细胞运动和定量评佳基因表达。将鲁米诺氧化发光反应用于炎症小鼠内髓过氧化物酶(MPO)能活性监测,由于炎症条件下 MPO 催化氧化鲁米诺释放蓝光,于是可以定位炎症部位。其光强与 MPO 活性成正相关,意味着该方法在浅表部位的炎症组织临床诊断上有潜在应用。

除此之外,正电子发射成像(PET)和核磁共振成像(MRI)也可以作为主流医用分子和功能成像模式。PET 通过监测放射性核发射出的正电子衰减时产生的两个 511 keV 湮灭光子来研究活体内分子探针的分布,其本质是放射自显影术,由于空间分辨率低,于是需结合两个或两个以上的多模态成像来提供更全面的信息。MRI 以强磁场下活体不同组织间、正常组织与病变组织间氢核密度、弛豫时间 T_1、T_2 等参数的差异作为诊断依据。发展高效造影剂和靶向方法将有助于提高检测灵敏度,实现高时空分辨的 MRI 分子成像。

目前,非侵入模式的多模态成像技术在不断发展。MRI 能为 PET 提供大量辅助信息,增加临床检测的灵敏度和特异性,故 PET/MRI 联用具有重要作用和意义。其他光学手段,如红外、拉曼光谱,逐渐渗透到活体成像领域,也可能成为多模态研究中的重要技术。

总之,活体分析领域有着广阔的发展空间,同时也面临着巨大的挑战。

10.4　危险物品分析技术

10.4.1　食品安全分析

食品安全是关系到人体健康和国计民生的重大问题。在现在全球化的影响下,食品安全性问题已经变得没有国界,世界各地区的食品安全问题都会相互交叉影响,从而也会对我国食品安全性的信誉带来巨大的负面影响。

目前,我国在食品安全方面存在的主要技术存在几个方面问题:

①食品安全检测关键技术不完善且落后。

②缺乏完善的食品安全控制技术。

③没有广泛地应用危险性评估技术,特别是对化学性和生物性危害的暴露评估和定量危险性评估。

④食品安全标准体系与国际不接轨、内容不完善、技术落后。

下面,介绍几种常见的食品安全分析技术。

1. 农药残留检测技术

目前在我国使用的农药大多数为化学农药。由于农药性质、使用方法及使用时间不同,各种农药在食品中的残留程度有所差别。

在农药残留快速检测方面,国际上多采用酶联免疫法、放射免疫法、受体传感器法、金标记法和 eDNA 标记探针法等先进技术进行快速筛检。使用大型精密仪器检测时,为了缩短检测周期而使用一些先进技术,如快速溶剂提取(ASE)、固相萃取(SPE)、超临界萃取(SPF)、免疫亲和色谱(IAC)等样品的处理、浓缩技术,且实现了样品提取的自动化。为了追求灵敏度和效率,检测方法的更新和提高十分迅速,如 SPME 技术也正在从环境水、气样品分析应用向食品安全检测领域过渡。

目前,欧美等技术发达国家由于技术和仪器设备方面的优势,对农药残留的检测已从单个化合物的检测发展到可以同时检测几百种化合物的多残留系统分析,兽药残留的检测也向多组分方向发展。目前,国际上最具代表性的多残留分析方法主要有美国 FDA 的多残留方法、德国 DFG 的方法、荷兰卫生部的多残留分析方法、加拿大多残留检测方法。同时,为了适用于不同介质样品的分析,有些国家将农药残留分析的主要步骤、样品的采集、制备、提取、纯化、浓缩、分析、确证等采用的不同方法建成不同的模块,根据样品及分析要求的不同组合成不同的处理分析流程,从而建立起一个多残留检测选择检索程序的前处理技术平台,使复杂的技术流程简化而又有分析质量保证。

目前在农药多残留检测关键技术方面,具有挑战性的任务主要包括:

①农药残留分析平台研究,按农药品种分组分类建立系统的检测方法和农药多残留检测的技术平台,覆盖农药品种的范围能基本满足国内外相关法规和标准的要求,适用于粮谷、茶叶、蔬菜、水果和果汁。

②我国已有最高残留限量但缺乏检验方法的农药残留量技术的建立,包括除草剂、生长调

节剂、杀菌剂和杀虫剂。

③快速检测技术和设备的研制,重点为氨基甲酸酯农药和有机磷农药快速检测方法及其试剂盒和相关设备。

2.兽药残留检测技术

兽药残留是指食品动物用药后,任何可食动物源性产品中某些药物残留的原型药物或其代谢产物以及与兽药有关的杂质残留。我国主要使用的主要兽药包括抗生素、β-受体激动剂、驱寄生虫剂、激素及其他生长促进剂等。

目前,在兽药残留分析领域所取得的重要进展或发展趋势主要有样品分离纯化技术和定量分析新技术两个方面。样品分离纯化技术的简单化、微型化和自动化大大提高了提取或净化效率及自动化水平。其该技术包括固相萃取(SPE)、免疫亲和色谱(IAC)和分子印迹技术(MIT)等。在兽药残留定量分析方面,除了 GC 和 LC 仍然是最常用的手段外,毛细管电泳、毛细管电色谱(CEC)、免疫分析技术、生物传感器及各种联用技术都在食品分析中发挥越来越大的作用。

3.食品添加剂和违禁化学品检测技术

食品加工技术的不断发展将会使用一系列的新工艺和新技术,如食品发酵工业中使用新的菌种、使用辐照技术来防腐、纳米钙与螯合钙等的出现,而这些也带来了一系列新的食品安全问题。在新技术方面,容易出现转基因食品安全性的不确定性和辐照食品副解产物的安全性问题。

另外,食品新资源的开发利用导致新的菌种不断涌现,而我国在食品工业用菌的食用安全方面,从管理到技术支持均存在大片空白。即使是一些投产时认为安全的菌种,在长期的传代使用过程中也可能发生变异,突变为产毒菌种,导致有毒代谢物对食品的污染。

针对我国添加剂检验方法跟不上允许使用限量标准发展,而违禁化学品和国外新开发的添加剂的检验方法更加不能满足需要的形势,建立相应检验技术有利于开展市场和进出口岸监督、保护我国消费者的健康和利益,为食品贸易建立技术措施。

在食品添加剂和违禁化学品检测方面亟待解决的技术包括:

①重点建立还没有标准检测方法的甜味剂、色素、防腐剂和抗氧剂等的测定方法,同时将现有的分析方法提高分析等级,使之能满足现代食品工业的要求。

②功能食品中的有效成分,特别是建立我国功能食品中有效成分的测定方法,包括参类、腿黑素和低聚糖等。

③食品中违禁物测定方法,包括枸橼酸西地那非、盐酸酚氟拉明、罂粟碱和四甲基咪唑等分析方法。

④快速检测方法及其试剂和相关设备的研制,包括硝酸盐、亚硝酸盐、生物碱、巴比妥纸片速测技术和甲醇、杂醇油及食品中桐油、矿物油、磷化物等多功能、智能化光电比色计。

4.生物毒素检测技术

生物毒素主要指水产品中的生物毒素,包括河豚毒素、霉菌毒素、麻痹性贝毒、腹泻性贝毒和神经性贝毒微囊藻毒素。人类在摄食了含有这些生物毒素的水产品发生中毒后,追究中毒原因并逐步了解这些毒素的化学性质,从而建立它们的分离检测技术,为防治生物毒素中毒提供了强有力的技术保障。

河豚毒素的检测在我国有特殊的需要,但目前尚没有能满足日常监督检验需要的快速方法。我国在贝类生物毒素的检测能力,特别是在以现代生物手段发展的快速检测技术方面尚没有形成适应我国食品安全监控需要的能力。针对常规化学分析方法测定生物毒素难以满足国际上越来越严格的允许限量标准要求,在灵敏度方面取得突破,并满足食品安全监控中快速检测的要求。通过单克隆抗体技术制备一系列的生物毒素的抗体,进而制备免疫亲和色谱技术和 ELISA 测定试剂盒,使我国食品中生物毒素危害得到有效控制。

在生物毒素检测方面我国亟待解决的技术有:

①霉菌毒素的检测技术包括亲和色谱技术结合 HPLC 检测技术和 ELISA 试剂盒。在黄曲霉毒素检测方面能够检测 B1、B2、G1、G2,并发展黄曲霉毒素硅酸盐溶胶凝胶高效分离微柱技术。

②贝类毒素和藻类毒素,建立麻痹性贝毒、遗忘性贝毒、神经性贝毒、腹泻性贝毒、蛤毒素和淡水藻中微囊藻毒素的检测方法的免疫法和 LC－MS 法。

5. 转基因食品的安全性分析

转基因食品(GMF),是指部分或全部利用转基因生物体生产的食品和食品添加剂。与传统食品相比,转基因食品可以增加食品的营养成分,延长食品的保持期,降低生产成本,提高生产效率及产量等。

然而,转基因食品对人类健康产生不良影响:

①可能含有对人体有毒害作用的物质。

②可能含有使人体产生致敏反应的物质。

③营养价值可能与非转基因食品具有显著不同,长期食用转基因食品可能对人体健康产生某些不利影响。

另外,转基因食品的原料即转基因生物对生态环境的影响,包括转基因生物与非转基因生物的生存竞争性、生殖隔离距离、与近缘野生种的可交配性及对非靶生物的影响等。

转基因食品的检测主要从两方面入手:

①核酸检测,即检测遗传物质中是否含有插入的外源基因。

②蛋白质检测,即通过对插入外源基因表达的蛋白质产物或其功能进行检测,或者是检测插入外源基因对载体基因表达的影响。

核酸检测主要有各种 PCR 方法、Southern 杂交、Northern 杂交和基因芯片技术等。蛋白质检测主要有酶联免疫吸附测定法、蛋白质印迹法、"侧流"型免疫测定法和试纸法等。近年来,CE 技术也逐渐应用到转基因食品的检测中。CE 方法比平板凝胶电泳法具有更高的分离效率和更快的分离速度,于是有取代平板凝胶电泳方法的趋势。

目前,有多种 CE 方法成功地应用在转基因食品的检测中,这些方法从电泳分离手段分类可分为毛细管凝胶电泳、毛细管无胶筛分电泳及芯片 CE 等,从电泳检测器分类可分为紫外检测、荧光检测、激光诱导荧光检测、化学发光及电致化学发光检测法等。另外,芯片 CE 技术也在转基因食品检测中得到了应用。

10.4.2　毒物分析

毒物是指在一定条件下,较小剂量就能够对生物体产生损害作用或使生物体出现异常反应的外源化学物。毒物与机体接触或进入机体后,能与机体相互作用,发生物化反应,引起机体功能性的损害,甚至严重的甚至危及生命。

1.重要无机毒性物质分析技术

(1)铅的测量与分析技术

铅中毒会影响人的大脑发育并造成人体缺钙,儿童对铅中毒反应特别敏感。通常用于分析测定铅离子总含量的主要方法有分光光度法、火焰原子吸收光谱(FAAS)法、ICP－OES 和 ICP－MS 等。这些方法中,分光光度法和 FAAS 灵敏度较低,干扰比较严重,无法满足复杂体系中微量铅的检测;ICP－OES 是常用的方法,灵敏度较高,重现性好,线性范围宽,可用于微量铅的测定;ICP－MS 的灵敏度高,稳定性好,抗基体干扰能力强,可以用于超微量铅的分析测定。

(2)汞的测量与分析技术

汞的蒸气具有很强的毒性,对于水体中的各种汞化合物和大气中的元素汞的测定都十分重要。通常用于汞测定的主要方法有氢化物原子吸收法、AFS 和 ICP－MS。这三种方法都拥有极高的灵敏度,可以用于测定超微量的汞,目前广泛应用于微量汞的测定中。但是,氢化物原子吸收法和 AFS 的稳定性相对比较差。当然,上述三种方法只能用于汞总量的测定,无法用于不同形态汞化合物的分析测定。目前,大气中的元素汞主要利用在线自动汞检测仪进行检测,此仪器的测定原理主要是利用微米金颗粒来捕获大气中的元素汞,然后通过加热释放出元素汞并通过氢化物原子吸收法或 AFS 进行测定。水中有机汞化合物的主要测定方法有 HPLC－AFS 联用法和 HPLC－ICP－MS 联用法,它们都可用于 ppb 级乃至 ppt 级的甲基汞或二甲基汞的测定,具有很好的可靠性。另外,CE－ICP－MS 联用技术也可以用于汞的形态分析,但是目前有关报道还不多。近年来,出现高灵敏、快速传感技术,这类传感技术主要利用 Hg^{2+} 和 DNA 中的 T 碱基结合原理,并利用电化学或光学技术检测技术来测定二价汞离子,但无法对水体中的主要汞化合物甲基汞和二甲基汞进行检测,且稳定性和抗基体干扰能力都有待于提高,目前还无法用于实际样品的分析检测。

(3)砷的测量与分析技术

砷为致癌强毒性元素,砷的主要测定方法有原子吸收光谱法(AAS)、原子荧光光谱法(AFS)、中子活化法(NAA)、电感耦合等离子体原子发射光谱(ICP-OES)法和电感耦合等离子体质谱(ICP-MS)法等。这些方法中,原子发射光谱法灵敏度较低,石墨炉原子吸收法稳定性较差,中子活化法分析时间长并涉及放射能,已经无法满足现代对砷分析的需要。氢化物原子吸收法、原子荧光法和 ICP-MS 具有很高的灵敏度和较好的稳定性,被广泛应用于环境和食品中微量砷的测定。

(4)镉的测量与分析技术

微量镉的测定方法主要有 FAAS,ICP-OES 和 ICP-MSE:

①FAAS 灵敏度较低,基体干扰比较严重。

②ICP-OES 灵敏度较高,抗干扰能力较强,通常用于土壤等盐离子浓度较高的样品中微量镉的测定。

③ICP-MS 灵敏度高,稳定性好,可用于超微量镉的测定。

近年来,人们利用各种联用技术建立了生物样品中各种镉螯合肽的分析方法,以帮助了解 Cd 和生物分子间的相互作用。这些联用技术包括 HPLC-ICP-MS 和 CE-ICP-MS。

(5)重金属元素的测量与分析技术发展

过去常用的分光光度法基本上满足不了现代分析检测的需要,目前用于微量重金属总含量检测的方法主要包括 AAS、AFS、ICP-OES 和 ICP-MS 等,ICP-MS 变得越来越流行。同时,近年来,许多研究已经表明毒性重金属离子在体内或环境中极易发生形态变化,形成毒性更强或毒性更弱的形态。

重金属元素形态的分析目前主要还是依赖于联用技术,主要包括:GC 和 AAS、AFS 以及 ICP-MS 联用;HPLC 和 AAS、AFS 以及 ICP-MS 联用;以及 CE 和 ICP-MS 联用方法。GC-AAS 和 HPLC-AAS 联用技术由于灵敏度较低,而 HPLC-ICP-MS 联用技术发展得比较成熟,已经有商品化仪器并应用于许多元素的形态分析。CE-ICP-MS 联用技术暂处于试验阶段。

2. 有机类毒物的分析与检测

(1)杀鼠剂检测与分离技术

除了无机强毒性重金属元素外,杀鼠剂也是易引发重大公共安全事件的强毒性物质。20世纪 90 年代,国内外对于鼠药的分析方法研究非常多,但常规分析方法灵敏度相对比较低只能测定含量较高的样品。现在,MS 联用技术被广泛应用于包括毒鼠强、氟乙酰胺、氟乙酸钠和甘氟等急性鼠药的检测,这些方法包括:GC-MS、GC-MS/MS、LC-MS 和 LC-MS/MS。这些方法不但灵敏度高,而且能够给出待测物质的分子质量和特征质量谱图等有关分子结构方面的信息,可以用于对样品中的鼠药进行快速的定性和定量分析。

另外,有关鼠药的各种预富集、预分离技术也得到充分研究,膜辅助溶剂萃取技术(MASE)、搅拌棒吸附萃取(SBSE)和 SPME 技术等已经被应用于复杂体系中微量毒鼠强和含氟急性鼠药的预分离和预富集。同时,基于 ELISA 的快速检测技术及试剂盒也已被开发用于急性鼠药的筛查。

(2)主要毒品分析技术

最为常见的毒品包括吗啡、可卡因、大麻和冰毒等。对于毒品的分析检测,目前主要有以下两类方法。

①非色谱方法。

非色谱方法是比较经典的方法。近年来,RIA 得到发展,当放射受体分析方法用于吗啡类毒品的分析检测时,具有快速、简单、灵敏度较高和准确度较好的特点。在非色谱方法中,毒品的传感检测技术是近年来发展最快的方法之一。另外,基于适体的毒品传感器也出现了,基于可卡因适体和电致化学发光检测的传感器可以检测低至 10^{-9} mol·L^{-1} 的可卡因。基于抗体的免疫传感器也已经被开发并用于其他各种毒品如吗啡等的检测,这类传感器有较高的灵敏度和较好的特异性。

②基于色谱的方法。

基于色谱的方法主要有:GC 联用方法,LC 联用技术和 CE 联用方法。用于毒品检测的主要是 LC－MS 或 LC－MS/MS 方法。结合各种 SIDE 技术或 LLE 技术,LC－MS 或 LC－MS/MS 法几乎可用于分析检测生物样品中各类毒品,UHPLC－MS 法还具有快速和试剂消耗量少的优点。CE(包括 CEC)－MS 是近年来发展起来的新的毒品分析方法,并已被尝试用于一些生物样品中的某些毒品,灵敏度和 GC－MS 以及 LC－MS 相当,但具有快速和试剂消耗量少等优点。

(3)藻毒素的分析技术

藻毒素富集于鱼类或贝类中并通过食物链传递,直接存在于饮用水中,严重威胁人类的健康,水体中微囊藻毒素的检测主要有化学分析法和生化分析法。

LC－MS(包括 LC－MS/MS)是最常用的方法,它不但可以对藻毒素进行定量分析,而且可以了解其分子质量和特征质量谱图,对其进行定性。结合各种新型 SPE 技术,如分子印迹 SPE 技术,被广泛应用于水体中各种微量藻毒素的检测,灵敏度达到亚 ng 级,并很好地解决多数藻毒素标准缺乏的问题。快速原子轰击质谱(FABMS)和液相次级离子质谱(LSIMS)是确定毒素分子质量的有效手段。

GC 结合电子捕捉检测器方法已被用于某些藻毒素的检测,检测限达到 pg 级。GC－MS 技术也已被广泛应用于藻毒素的检测,可以对藻毒素同时进行定性和定量分析,很好地解决多数藻毒素标准缺乏的问题。最近发展了 CE 法,CE 分析速度快、样品消耗量少,具有柱上富集功能。结合 LIF 检测器或 MS 检测器,也被用于藻毒素的检测,但在灵敏度方面要逊色于 LC。

毒素的免疫监测技术的原理是利用毒素诱发免疫反应产生抗体,利用抗体对抗原的特异性识别来对各种毒素进行监测。水质免疫检测中最常用的检测方法是竞争性非匀相酶联免疫检测。ELISA 检测藻毒素具有特异性好、灵敏、快速、简单、便携、易用和适用现场分析等特点,显示出良好的发展趋势。近年来,基于抗体和现代纳米材料及光电技术的免疫传感技术得到快速发展,这些免疫传感器保留了 ELISA 的高特异性,并提高了灵敏度。

由于微囊藻毒素能够抑制磷酸酶 PP1 和 PP2A 的活性,可以通过对酶活性的抑制程度来监测这几种毒素。磷酸酶抑制法能很好地检测出毒素,但是灵敏度太低。为了提高磷酸酶抑制法的灵敏度,近年来基于磷酸酶和现代光电技术的高灵敏藻毒素传感器得到快速发展,这些传感器的检测限可以达到亚 ppb 级,大大低于传统的磷酸酶抑制法。

(4)其他有机毒性物质的分析方法

有机毒性物质种类繁多,一些难降解有机污染物是高危毒性物质。对于这些类的有机毒性物质,目前主要的分析方法仍然是色谱及其联用技术,特别是 GC－MS 和 LC－MS 得到广泛的应用,极大地提高了这些物质检测结果的可靠性和准确性。

近年来,GC－MS/MS、LC－MS/MS、UPLC－MS/MS、GC(或 LC)－HRMS 技术和多维色谱-MS 联用技术得到快速发展,使得我们可以对上述毒性物质进行高通量分析,同时对多种毒性物质进行定性和定量分析。CE 结合高灵敏度检测器如 LIF 等,以及 CE－MS 联用技术近年来也在上述有机毒性物质的分析检测中得到应用,但是由于 CE 的稳定性问题,目前在实际样品的检测中应用较少。

除了色谱及其联用技术外,有机毒性物质的光电传感检测技术近年来也得到了迅速发展。

10.4.3　爆炸物分析

由于爆炸物的品种繁多,隐藏手段和策略又多种多样,给检测工作带来了诸多困难,再加上大多数爆炸物的蒸气压都很低,使得爆炸物检测一直都是一个挑战性难题。目前,以定性定量分析为基础来解决实际问题的分析化学是爆炸物分析检测中极其重要的手段,尤其是新型分析方法的出现和纳米技术的飞速发展给爆炸物的检测带来了新的机遇。

爆炸物检测技术分为体探测技术和痕量探测技术。体探测技术主要包括成像技术和核技术,痕量探测技术按照信号输出方式可分为离子迁移谱法,电化学分析法,光学分析法以及化学与生物传感法等。由于微量检测技术具有可靠性高、性能优异、多功能集成、可批量生产等优点,已经成为爆炸物检测研究的主流。

1. 核技术

核的技术探测性能非常好。像核四极矩共振(NQR)技术可以确定原子种类,判定分子结构,还可以研究爆炸物的形态变化。NQR 检测虚惊率很低,但信号微弱,需要借助弱信号接收装置,并处于最佳的射频脉冲序列。此外,NOR 在公共安全检查时有可能对行李中的磁记录介质和磁性物质造成破坏。

由于中子能和原子相互作用产生特征 γ 射线,并可通过这些 γ 射线的数量推断物体中元素含量,从而判断爆炸物是否存在。近年来,在该方面出现了许多行之有效的技术方案,如热中子法(TNA)、快中子法(FNA)、脉冲快中子法(PFNA)、脉冲快速/热中子法(PFTNA)、快中子散射法(FNSA)、伴随 α 粒子法/中子飞行时间法等。其中,PFTNA 被国外的安检部门所使用,其原理是利用快中子探测物品中 C 和 O 的含量,并利用被测量物品慢化的热中子测量N 和 H 的含量。而伴随粒子法可给出 C、N、O 含量的空间分布图,具有相当高的空间分辨本领和较强的爆炸物识别能力。

2. X 射线

X 射线成像技术是目前爆炸物检测中最简单和有效的方法之一,被广泛应用于火车站、码头、机场等公共场所。其成像的关键是如何通过图像分割技术将违禁品区域提取出来以克服爆炸物被其他物体遮挡问题。目前的 X 射线成像原理采用不同能级的多个 X 射线放射源,从不同方向透视被检查的物体,进而用排成阵列的多个传感器接收存储物体的图像,以获得与爆炸物相对应的彩色三维图像,大大提高了鉴别率。另外,先进的 X 射线检查仪还安装了自动报警系统,能够对炸药成分进行判断预警。

3. 离子迁移谱分析

离子迁移谱分析是较成熟的痕量爆炸物检测技术。首先将爆炸物分子电离成离子,再施一弱电场令其漂移,通过计算离子的迁移率推断爆炸物是否存在。

4. γ 射线成像技术

γ 射线可以代替 X 射线对爆炸物成分进行成像。由于 γ 射线的穿透能力更强,所以生成的图像质量会更好。尽管 X 射线、γ 射线成像技术对隐藏爆炸物的检测是有效的,但它们不能从本质上对爆炸物等违禁物品进行检测。此外,射线对人体有害,不能对人体进行检查,因此对"人体炸弹"起不到预警作用。

5.光学分析方法

光学分析方法以其操作方便、过程简单、稳定性好等优点,在爆炸物检测方面发挥着重要作用。其中,光纤传感器是最有效、最接近实用化的气体传感器。

光学分析方法按照光信号的来源不同,可分为吸收法、荧光法、拉曼光谱法、太赫兹光谱法等。吸收法最为简单,因吸收峰移动产生的颜色变化可用于爆炸物的可视化检测。毛兰群研究组。拉曼光谱是分子的"指纹谱",因此通过拉曼光谱可快速准确地识别爆炸物。

6.电化学分析方法

硝基芳香类、硝胺类和硝基酯类爆炸物具有电化学活性,因此可以采用电化学方法对其进行分析检测。化学修饰电极能使爆炸物成分有效地分离富集,从而提高检测灵敏度和选择性。近年来,纳米技术的飞速发展为爆炸物的电化学检测提供了新的敏感材料。

7.爆炸物的化学与生物传感检测

化学与生物传感器具有选择性好、灵敏度高、分析速度快、成本低、能在复杂的体系中进行在线连续监测的特点;可以高度自动化、微型化与集成化,适合野外现场分析的需求。因此,爆炸物的化学与生物传感检测一直是比较活跃的研究课题。

(1)质量传感器用于痕量爆炸物的分析

随着质量测量精度的不断提高,质量传感器已广泛应用于爆炸物的检测中。其中,石英晶体微天平(QCM)利用石英振子的频率变化与晶体表面质量成正比的原理,可实现对超痕量爆炸物的检测。

声表面波(SAW)传感技术通过测定表面结合爆炸物分子所引起的表面波特征变化来实现爆炸物检测的,具有较高的敏感性。

随着微电子机械系统(MEMS)技术的快速发展以及在多个领域的成功应用,MEMS 检测爆炸物也受到人们的关注。其中,微悬臂梁传感器通过监测爆炸物吸附所产生的弯曲量或频率变化可实现爆炸物的实时探测。

(2)爆炸物的生物传感器检测

生物受体可产生对目标分子的特异性,因此利用与爆炸物分子互补的生物受体作为敏感材料的生物传感器灵敏度高、选择好,能够实现对爆炸物快速、连续检测。其中,免疫传感器将免疫测定法与传感技术相结合,利用免疫反应将爆炸物分子吸附到传感器件上,从而产生敏感的信号输出。自从酶联免疫吸附测定技术被用于废水中 TNT 的检测以来,免疫传感器吸引着研究者的兴趣,信号输出方式也由最初的吸收光谱法发展到荧光、电化学、质量检测、表面等离子体共振等。

10.5　化学分析的前沿领域

现代分析化学完全能提供各种物质的组成、含量、结构、分布、形态等全面的信息。而微区分析、无损分析、联用技术、在线检测等新技术、新方法的应用正使分析化学向更高的境界发展,孕育着新的飞跃。

分析化学将进一步吸取生物学、微电子学、计算机学、数学、材料科学等学科的新成就,朝着提高选择性,提高灵敏度,提高分析速度的方向发展。提高分析技术的智能化水平,尽可能地获取复杂体系的多维化学信息,充分利用与挖掘化学信息。同时分析化学将由现在的化学模式转变为生物—化学模式。分析化学家将更加关注生物活性物质和生命体本身的研究。

下面简单介绍分析化学信息、环境分析化学、高分子材料性能分析等进展。

10.5.1　分析化学信息的发展

21 世纪人类已经进入了信息化时代,国际的人流、物流和信息流在不断地交换和更迭,信息所包含的内容也在不断地扩展和延伸。信息具有普遍性、无限性、时效性、真伪性和保密性等多种特征。真实的信息反映客观事物的运动状态及变化规律,只有真实的信息才成为科学决策的依据。

按照载体的不同,信息可分为纸质印刷型和非纸质印刷型。纸质印刷型是目前最为主要、最为普遍的信息媒体类型,如图书、期刊等;非纸质印刷型利用的是光、电、磁技术所建立的现代信息媒体,如缩微胶片、计算机阅读型的各种文件、数据库及机读电子出版物等,特别是建立在现代计算机技术和通信技术基础上的网络系统,可以使人们以前所未有的速度和容量获取信息。

分析化学是人们利用分析方法研究物质组成、含量和结构等化学信息的科学,在科学研究和社会发展的不同领域中应用十分广泛,产生了"海量"的分析数据和分析结果,形成了巨大的分析化学信息资源,并随着计算机技术和网络技术的飞速发展而迅速传播、交流和扩展。所以,学习和掌握有效地获取与利用分析化学信息资源的基本知识,应是分析化学专业的重要内容之一。

10.5.2　环境分析化学的发展

世界上重大环境污染事件不断出现,就不断地向分析化学提出了新课题,促进环境分析化学在解决没完没了的新难题中新生,引人注目的水俣病事件(甲基汞)、骨痛病事件(cd)、米糠油事件(多氯联苯)、毒大米(黄曲霉素严重超标)、瘦肉精(盐酸克伦特罗)、农药蔬菜等。

1999 年 3 月,比利时发生二噁英污染事件。先是从鸡蛋和鸡肉中发现了二噁英,继而在饲料、乳制品、其他畜禽产品中也发现了二噁英。由于二噁英是世界上已知毒性最强的化合物,被列为一级致癌物,致癌性超过了黄曲霉毒素,因此人心惶惶。二噁英组成复杂,分为多氯二苯并二噁英和多氯二苯并呋喃,它们分别由 75 个和 135 个同族体构成,常写成 PCDD/Fs。氯原子取代数目不同而使它们各有 8 个同系物,而每个同系物随氯原子取代位置的不同又存在众多异构体,这些异构体毒性可相差 1000 倍。另外,二噁英具有高度脂溶性,它先溶于脂肪,再渗入细胞核,与蛋白质结合紧密,难以分离和提取。二噁英含量甚低,进行超痕量分析易受基质中其他成分影响。所以测定前需要复杂、冗长的分离和富集步骤。二噁英的测定需用高效毛细管色谱法加高分辨质谱联用,过程耗时,花费甚高,难以推广普及。

由此可知,发展快速简便的分析方法为当务之急。目前,免疫分析法显示了一定的优越性。无机分析的难点是元素的化学形态分析,化学形态包括价态、化合态、结合态和化学结构态等。只测定污染物的含量很难说明其污染行为。例如:Cr^{6+} 的毒性比 Cr^{3+} 的毒性高 100 倍;亚砷酸盐的毒性比砷酸盐的毒性高 60 倍;同是含 N 的 NO_3^- 和 NH_4^+,在土壤中被吸附和淋溶的能力相去甚远。形态分析是一种超痕量分析,需要发展灵敏度高、检出限低的新方法。

由于环境体系的开放性、多变性,以及污染物具有时空分布的特点,需要创新,发展新的原理、新仪器,实现环境分析的连续自动化。当前,各种方法和仪器的联用,取长补短,发挥各自特点,有助于解决复杂的、重大的环境难题,如 HPLC-ICP,HPLC-ICP-MS 联用等等。

10.5.3　高分子材料性能分析进展

高分子材料作为材料领域的后起之秀,与传统的金属和无机材料相比具有许多十分突出的性能,而且来源丰富、加工方便、价格低廉。一个世纪以来,高分子材料的生产和应用取得了突飞猛进的发展,发展速度远远超过了其他传统材料。

目前,世界高分子合成材料的年产量已达 2 亿吨,并且在现代工业、农业、能源、交通、建筑、国防等各个领域都获得了广泛应用。在当今许多尖端技术领域,例如微电子、光电信息技术、生物技术、空间技术、海洋工程等,高分子材料也已成为不可或缺的重要材料。

高分子材料的优异性能与其特殊结构密切相关。结构是决定高分子材料使用性能的基础,而材料的性能则是其内在结构在一定条件下的表现。要知道高分子材料有什么特殊性能、可以在哪些领域应用,必须对聚合物材料的结构有必要的了解。

此外,材料的性能是决定该材料能否在特定条件下使用的依据。人们在从事高分子材料合成、加工和应用的过程中,通常需要对产品质量进行控制和评价,因此需要分析测试聚合物的各种性能。

聚合物的结构和性能分析除了使用一些经典的分析方法,还需要使用现代分析方法和技术。例如,聚合物的结构分析就涉及红外光谱、拉曼光谱、电子能谱、核磁共振、X 射线衍射、电子衍射、中子散射、电子显微镜、原子力显微镜、热分析等多种现代分析仪器的使用。而对于聚合物材料的性能测试而言,由于材料的性能非常宽泛,包括力学性能、耐热性能、电性能、光学性能、流变性能等,所涉及的测试仪器和试验方法就更多了。

参考文献

[1]高晓松,张惠,薛富.仪器分析.北京:科学出版社,2009

[2]李克安.分析化学教程.北京:北京大学出版社,2005

[3]王淑美.分析化学.郑州:郑州大学出版社,2007

[4]蒋云霞.分析化学.北京:中国环境科学出版社,2007

[5]黄一石.仪器分析(第2版).北京:化学工业出版社,2009

[6]陈集,朱鹏飞.仪器分析教程.北京:化学工业出版社,2010

[7]周梅村.仪器分析.武汉:华中科技大学出版社,2008

[8]孙延一,吴灵.仪器分析.武汉:华中科技大学出版社,2012

[9]刘金龙.分析化学.北京:化学工业出版社,2012

[10]国家自然科学基金委员会化学科技部;庄乾坤,刘虎威,陈洪渊.分析化学学科前沿与展望.北京:科学出版社,2012

[11]周春山,符斌.分析化学简明手册.北京:化学工业出版社,2010

[12]贺浪冲.分析化学.北京:高等教育出版社,2009

[13]陈智栋,何明阳.化工分析技术.北京:化学工业出版社,2010

[14]席先蓉.分析化学.北京:中国医药出版社,2006

[15]潘祖亭,黄朝表.分析化学.武汉:华中科技大学出版社,2011

[16]张寒琦.仪器分析.北京:高等教育出版社,2009

[17]方惠群,于俊生,史坚编.仪器分析.北京:科学出版社,2002

[18]吴性良,孔继烈.分析化学原理(第2版).北京:化学工业出版社,2010

[19]陈媛梅.分析化学.北京:科学出版社,2012

[20]许金生.仪器分析.南京:南京大学出版社,2003

[21]陶增宁,白桂蓉.分析化学.北京:中央广播电视大学出版社,1995

[22]王蕾,崔迎.仪器分析.天津:天津大学出版社,2009

[23]杨守祥,李燕婷,王宜伦.现代仪器分析教程.北京:化学工业出版社,2009

[24]孙凤霞.仪器分析.北京:化学工业出版社,2004

[25]冯玉红.现代仪器分析实用教程.北京:北京大学出版社,2008

[26]叶宪曾,张新祥.仪器分析教程(第2版).北京:北京大学出版社,2007

[27]高向阳.新编仪器分析(第3版).北京:科学出版社,2009

[28]李发美.化学分析(第6版).北京:人民卫生出版社,2007

[29]杨立军.分析化学.北京:北京理工大学出版社,2011

[30]严拯宇.仪器分析(第2版).南京:东南大学出版社,2009